# 林业工程项目环境保护管理实务

慕宗昭　杨吉华　房　用　董　智　刘正臣　主编

中国环境出版集团·北京

**图书在版编目（CIP）数据**

林业工程项目环境保护管理实务/慕宗昭等主编. —北京：中国环境出版集团，2018.12
ISBN 978-7-5111-3554-4

Ⅰ. ①林… Ⅱ. ①慕… Ⅲ. ①森林工程—工程项目管理—环境保护 Ⅳ. ①S77

中国版本图书馆 CIP 数据核字（2018）第 045189 号

| | | |
|---|---|---|
| 出 版 人 | 武德凯 |
| 责任编辑 | 周　煜 |
| 责任校对 | 任　丽 |
| 封面设计 | 宋　瑞 |

出版发行　中国环境出版集团
　　　　　（100062　北京市东城区广渠门内大街 16 号）
　　　　　网　　址：http://www.cesp.com.cn
　　　　　电子邮箱：bjgl@cesp.com.cn
　　　　　联系电话：010-67112765（编辑管理部）
　　　　　　　　　　010-67138929（环境科学分社）
　　　　　发行热线：010-67125803，010-67113405（传真）
印　　刷　北京中科印刷有限公司
经　　销　各地新华书店
版　　次　2018 年 12 月第 1 版
印　　次　2018 年 12 月第 1 次印刷
开　　本　787×1092　1/16
印　　张　20
字　　数　430 千字
定　　价　78.00 元

# 编 委 会

# 前　言

　　林业工程项目是一种林业投资行为和林业建设行为相结合的决策与实施活动，受人力、财力、物力、时间、技术、信息等多种资源的影响；项目在管理上具有复杂性，需要由若干单位共同协作完成。为借鉴国外先进的技术和管理经验，中国各级政府从20世纪80年代开始，利用世界银行贷款相继启动实施了"林业发展项目""国家造林项目""森林资源发展和保护项目""贫困地区林业发展项目""林业持续发展项目""林业综合发展项目""山东生态造林项目""广西林业综合发展和保护项目"等一批林业工程建设项目；进入21世纪，又与欧洲投资银行达成协议，相继在山东、辽宁、贵州、江西等12个省区利用欧洲投资银行实施了林业专项框架贷款项目、应对气候变化框架贷款项目，涉及用材林、国家储备林、林业生物质能源、森林碳汇等建设内容。这些国际金融组织贷款林业项目的实施，有效弥补了林业资金投入不足的问题，加快了我国森林资源培育。

　　更重要的是，在利用国际金融组织贷款实施林业项目的过程中，先进的技术与管理理念逐渐被引入，特别是环境保护与管理的理念得到不断强化，现在实施的林业项目的环境保护工作得到了提高，最大限度地降低了对生物多样性、水土流失、水土资源污染的影响，逐步实现了生态、绿色的目标，给社会提供了更多的优质生态产品。环保措施的落实对贯彻实施"人与自然和谐共生""尊重自然、顺应自然、保护自然"等理念至关重要，是林业建设步入生产发展、生态良好、环境健康之途的关键所在。

　　十九大报告提出"加大生态系统保护力度"之方略，需进一步加强国土绿化，开展生态系统及环境的管理与保护。逢此盛世契机，山东省林业外资与工程项目管理站在生态文明理念的指导下，结合山东省20世纪80年代以来运作与实施的林业外资项目的经验与教训，以世界银行贷款"山东生态造林项目（SEAP）"为典型范例，对林业工程项目实施前、实施中、实施后的环境保护管理中存在的问题、要点、技术、方法、途径、监测、评价等进行了分析、归纳与总结，编撰形成《林业工程项目环境保护管理实务》一书，以期对全国林业工程项目的环境保护与管理者提供参考，使得环境保护与管理的理念与作法在全国得到共享与落实。

　　本书以项目实施过程中涉及的水土资源、生物资源的保护为主线，以项目建设期和运（经）营期不同阶段对环境保护的要求为脉络，内容涵盖了林业工程项目中的生物多样性保护、水土保持、火灾防护、有害生物防治与管理、农药化肥安全使用与管理等诸多方面；同时，以山东生态造林项目为典型范例，给出了项目的环境保护规程、监测与评估方案，结合项目实施与竣工情况，编写了环境保护案例、生态环境影响监测与评估案例，并进一步解析了案例的形成和应用。本书既有丰富的理论支持，又有具体的实施结果与案例支撑，既具有指导意义与价值，又具有实际参考价值，完全可以作为其他林业工程项目环境保护管理的实践参考范式，对构建和谐、共享、绿色的山东林业将发挥重大作用。

　　本书由山东省林业外资与工程项目管理站，山东农业大学，山东省林业科学研究院，项目实施的市、县（市、区）林业局（场、站）的科研工作者，项目管理者与实施人员等共同编写，是集体智慧的结晶。第一章由慕宗昭、房用、刘正臣等编写，第二章由董智、李红丽、王延平等编写，第三章由杨吉华、慕德宇、张永涛等编写，第四章由董金伟、扈兴强、王强等编写，第五章由刘会香、冯军利、何邦令等编写，第六章由马洪兵、李东军、郑金柱等编写，第七章由慕宗昭、房用、邵云华等编写，第八章由慕宗昭、董智、马胜国、慕德宇等编写，第九章由房用、慕宗昭、梁玉等编写，第十章由董智、慕宗昭、秦光华等编写。全书由慕宗昭、房用、董智、梁玉、王强统稿，慕宗昭、杨吉华审稿。

本书的顺利出版，得到了中国环境出版集团环境科学分社社长周煜的大力支持，在此一并表示诚挚的感谢。

由于时间仓促，水平有限，书中难免有不妥与错误之处，谨祈读者批评指正。

编　者

2017 年 10 月 30 日

# 目　录

## 第一部分　理论基础

## 第二部分　案例分析

# 第一部分　理论基础

# 第一章　绪　论

　　林业工程项目环境保护管理实务是国际金融组织贷款林业工程项目管理科学和管理实务中的一个分支部分。为了更好地讨论项目的环境保护与管理的各个环节，有必要先对林业工程项目中的环境保护与管理的一般原理加以探讨。因此，在绪论中我们将讨论林业工程项目的相关概念、项目管理的发展历程、项目特征及控制特点、项目建设现状和趋势、项目环境保护监测指标以及项目环境保护的主要内容等问题，为深入讨论林业工程项目的环境保护与管理奠定初步的理论基础。

## 一、林业工程项目的相关概念

　　19 世纪 90 年代以来，森林的大量盗伐和过度采伐，使生态危机的警钟频频敲响，为确保森林生态系统的安全运行，国际金融组织和各国政府创造了若干前所未有的林业工程项目。我国政府为了从根本上扭转生态恶化的趋势，跟上世界生态修复发展的步伐，在综合分析我国国情和林情的基础上，国务院于 2001 年正式批准了国家林业局提出的六大重点林业工程。这一重大林业战略决策提出的目的是：以大工程带动大发展，实现林业的跨越式发展。这是对我国林业建设项目的系统整合，也是对林业生产力布局的一次战略性调整。林业六大工程的成败和绩效直接影响整个国家的生态安全体系和林业产业体系的可持续发展，在工程建设中，必须将先进的管理理念、管理方法运用于林业工程建设项目的管理中，建立健全林业工程建设项目管理机制，创建和归纳总结与林业工程项目相关的概念。

### 1. 项目与林业项目

　　不同的教科书中对项目的解释不尽相同。一般认为项目是一个在有限资源和时空约束条件下，为完成某既定目标所做的一次性任务的整体。项目具有明确的目标。项目实施的本质就是在一定的约束条件下达到预定目标，并最终按时提交成果。

　　中国正在进行的六大林业项目包括天然林资源保护工程、退耕还林工程、京津风沙源治理工程、"三北"及长江中下游地区等重点防护林工程、野生动植物保护和自然保护区建设工程、重点地区速生丰产用材林基地建设工程。主要目标是：在 21 世纪中叶完成人工恢复和重建森林生态系统，建立比较完善的国家生态安全体系和比较完备的林业产业体系。项目不仅具备一般项目的全部特征，而且带有浓厚的国情特色和行业特征。

### 2．林业工程项目

林业工程项目是最为常见的项目类型，它属于投资项目中最重要的一类，是一种林业投资行为和林业建设行为相结合的林业投资项目。

一般来讲，投资与建设是分不开的，投资是林业项目建设的起点，没有投资就不可能进行林业建设；反过来，没有建设行为，林业投资的目的就不可能实现。建设过程实质上是投资的决策和实施过程，是林业投资目的的实现过程，是把投入的货币转换为林业资产（或产业）的经济活动过程。

### 3．项目控制与工程项目控制

项目控制通常是指管理人员按计划标准来衡量所取得的成果，纠正所发生的偏差，以保证计划目标得以实现的管理活动。

工程项目控制是指为了达到工程项目的建设目标，工程项目管理人员对工程项目建设行为状态进行全面控制的过程。这里所阐述的"控制"，是指把事先预定目标的目的作为控制点，所以又称为目标控制。

### 4．建设工程项目

为完成依法立项的森林生态修复工程、土木工程、建筑工程、安装工程等新建、改建、扩建的各类工程而进行的、有起止日期的、达到规定要求的一组相互关联的受控活动组成的特定过程，包括策划、勘察、设计、采购、施工、试运行、竣工验收和移交。

工程项目是以工程建设为载体的项目，是作为被管理对象的一次性工程建设任务。它以建筑物或构筑物为目标产出物，需要支付一定的费用、按照一定的程序、在一定的时间内完成，并应符合预定的质量要求。

### 5．林业工程项目的周期

工程项目周期，是指一个工程项目由筹划立项开始，直到项目竣工投产，收回投资，达到预期投资目标的整个过程。林业工程项目周期应包括项目建设期和运（经）营期。建设期依据项目可行性研究报告而定，运营期则根据建设目标、区域生态特性等因素综合确定。国际金融组织（如世界银行）对林业贷款项目的通用做法，是项目运营期一般不超过25年。根据林业工程项目的目标要求、运作方式、组织管理等方面，一般把林业工程项目划分为7个阶段，即项目认定、项目立项、项目审批、项目准备、项目执行、项目竣工、项目后续经营。

　　林业工程项目周期各个阶段的划分,不同的教科书有不同的划分方法。需要说明的是:①大型林业工程项目是前瞻性、战略性项目,从创意到启动都要经过漫长、艰苦、反复的工作过程,需要大量的林业工作者的知识、经验、创意和无私的奉献。②依据林业项目成功的概念和项目并行管理的原则,林业项目的验收、竣工只是项目链成功的开端,后期的管理与维护应该在项目初期就充分考虑。③项目周期的各阶段都有一定的成果产出。这些成果不但是检查验收的依据,更是下一阶段工作的依据。如准备阶段提交的总体规划、实施方案、作业设计和项目计划等都是执行阶段的工作依据。依照系统论和控制论的研究成果,项目过程应立足于事先主动控制,尽可能地减少、甚至避免实际值与目标值发生偏离,从而保证项目最后阶段的成功。

## 二、林业工程项目管理的发展历程

　　中国林业工程项目走过了风风雨雨的几十年,其间倾注了各级林业项目管理者的智慧和心血,林业工程项目的管理也在不断地创新、发展和完善。新中国成立以来,我国林业项目管理的发展历程大约经历以下三个阶段,即传统造林管理、工程造林管理和工程项目管理阶段。

### 1. 传统造林管理阶段

　　由于抗日战争和内战相继爆发,造成新中国成立之时,全国就有多达 2.6 亿 $hm^2$ 荒山。在各级政府的大力倡导下,开展了较大规模的群众性植树造林运动,形成了社会办林业、群众搞绿化的良好氛围。1952 年,原林业部发出发动群众"自己采种,自己育苗,自己造林"的号召;1953 年,国务院发出《关于发动群众开展造林、育林、护林的工作指示》。此时的造林生产活动带有明显的社会群众自发性,一些骨干工程也基本上处于造林前无规划设计的状态,只由施工人员根据立地条件,现场研究决定造林树种和造林方式。此时的造营林技术和管理水平比较低,造林成活率不高,造林活动的开展处于无系统管理的状况。

### 2. 工程造林管理阶段

　　1978 年,"三北"防护林体系建设工程启动,我国林业工作者开始探索工程化、规模化、管理模式化的造林建设思路,工程造林的概念首次被提出。工程造林是按照"项目投资、规划设计、设计施工、工程管理"的管理理念,参照国家基本建设工程进行林业生产的全过程控制的一种方法。工程造林有着自身的科学性和系统性,有别于一般的传统造林管理模式。

一是在技术措施上优于一般造林。其造营林措施是根据技术先进、经济合理的原则确定的。其造林和营林的各环节有技术标准和操作规程。

二是在管理上优于一般造林。具体表现在种苗管理、资金管理、检查验收、后期管护等方面，分别制订了计划、资金、技术等多个管理办法。在长江防护林工程建设中，深入推行造林和营林的全面质量管理体制，建立了"项目自查，地市复查，省级抽查，林业部核查"的"四查"制度，并规定了"没有作业设计不准施工，不是适生良种不准使用，苗木不合格不准出圃，整地不合格不准栽植，造林不合格不准验收"的"五不准"制度。

三是在绩效上优于一般造林。工程造林的平均成活率、3年后的平均保存率、造林面积保存率都有大幅度提高。工程造林的集约化、规模化、管理化是我国林业工程项目管理的雏形，是践行中国特色林业工程项目管理体系的基础。

### 3. 工程项目管理阶段

20世纪80年代以来，我国在林业诸多领域，利用世界银行、亚洲银行、欧洲投资银行等国际金融组织贷款成功实施了集约经营人工林、多功能防护林、生物多样性保护、天然林管理、护林防火和林业科学技术工程建设项目，我国林业工程项目已经步入了一个崭新的发展时期。特别是项目管理单位与世界银行密切合作，把世界银行先进规范的项目管理模式借鉴并运用到林业工程项目管理中，探索并创建了"组织管理、计划调控、质量监督、财务管理、物资管理、种苗供应、环境保护、信息系统、监测评估、科研推广、技术培训"11个林业工程项目运行保障体系，从而推动了林业工程项目的有序管理，奠定了我国林业工程项目的管理模式。

林业工程项目的管理模式并不固定，因不同的项目而有所不同，但差异性不大。如世界银行贷款林业项目主要注重以下几个方面：

（1）项目事前可行性研究。世界银行作为项目的投资方，为提高资金的使用效率和项目的社会影响，特别注重项目前期的可行性研究。项目列入国家三年滚动计划后至项目谈判前，世界银行要安排项目预认定、认定、预评估、评估以及环保、社会、经济、技术等多个考察团组到项目区实地调研，就项目的技术、经济、社会、环保、组织管理等方面进行可行性研究。从时间安排看，世界银行对大型项目的前期研究一般要持续2～3年。

（2）资金管理实行"报账制"。世界银行项目管理措施中，控制目标实现的主要手段是资金实施"报账制"管理。如果项目单位不严格按照《项目实施方案（PAD）》执行项目，或是在项目实施中出现虚报冒领，工程质量不合格，资金被截留、挪用等情况，世界银行会随时采取警告、停止报账、注销贷款、追还报账资金等措施，从而确保了项目实施质量。

（3）社区参与式磋商。为了使项目区的公民平等、公正地享有项目的知情权、参与权，化解社会矛盾，提高公民参与项目的积极性，世界银行要求项目建设单位在项目启动前和每年项目实施前都要进行社区参与式磋商，确保项目区群众的知情权和参与权得到落实。

（4）环境保护与监测。环境影响评价是我国工程性项目建设的一般要求。世界银行贷款项目对环境影响评价的要求则更加严格。世界银行规定，在完成项目的评估工作进入贷款谈判阶段之前，项目单位必须完成经过环保部门批准的环评报告书和环境管理监测行动计划，并且环评报告要以适当的方式予以公开。

（5）项目全过程控制法。世界银行林业项目实施的各个方面、各项内容、各个环节都有具体规定和明确标准要求，实现全过程监控管理，特别强调"过程"决定"结果"，有了一个"好的过程"，必定有一个"好的结果"。

（6）项目运行管理规章制度。世界银行林业项目特别注重项目运行管理规章制度的建立，如世界银行贷款山东生态造林项目（以下简称 SEAP），先后制定了《SEAP 管理办法》《SEAP 财务管理细则》《SEAP 检查验收办法》《SEAP 环境保护规程》《SEAP 人工林病虫害防治计划》《SEAP 科研推广管理计划》和《SEAP 科研监测招标合同》等 10 余个与世行项目运行相适应的管理办法和保障机制，确保项目实施质量。

（7）机构能力。根据项目的全目标管理理论，项目的实现和运营需要优良的组织和人员。基于这样的考虑，世界银行要求项目资金的 3%用于机构强化和人员培训。

## 三、林业工程项目特征及控制特点

### 1. 林业工程项目的特征

不同的项目有不同的管理方法，为了更好地管理好工程项目，综合项目的性质，我们把林业工程项目的特征归纳为：①林业工程项目均有明确的建设目标性；②林业工程项目有资金投入额度和时间进度要求的限制性；③林业工程项目一般具有建设的一次性；④林业工程项目影响的长期性；⑤林业工程项目生成的产品具有特殊性；⑥林业工程项目投资的风险性；⑦林业工程项目管理的复杂性。

### 2. 工程项目控制的特点

世界银行特别强调林业项目的全过程控制。实行项目的全过程控制，需要掌握项目的每一个关键节点。综合项目的过程管理，可以将项目过程控制的特点归纳为：①工程项目控制具有过程控制的特点；②工程项目控制具有多目标控制的特点；③工程项目控制对象具有可分解性的特点；④工程项目控制具有前馈和反馈控制的特点；⑤工程项目控制具有一定的相对性特点。

## 四、国内外林业工程项目建设的现状和趋势

森林是陆地生态系统的主体，具有调节气候、涵养水源、保持水土、改良土壤、防风固沙、减少污染等多种功能，对改善生态环境、维持生态平衡、保护人类生存和发展起着决定性和不可替代的作用。

### 1. 国内林业工程项目进展

由于历史和自然的原因，我国森林资源总量不足，质量不高，破坏严重，林业生产力发展水平仍然停留在较低的水平，与经济社会发展对林业的多种需求相比，与世界林业发达国家相比，都存在着相当大的差距。为加快林业建设步伐、扩大森林面积、增加森林资源、加快国土绿化进程、提高森林覆盖率，各级党委和政府高度重视林业建设，先后利用国内外资金，启动实施了一批林业工程项目建设。

（1）内资工程项目

20世纪70年代以来，为扩大森林资源、改善生态环境，我国先后启动了一批重点林业工程项目。1978年，国家首先决定在生态环境脆弱的"三北"地区启动实施"三北"防护林工程，为我国重点林业工程项目建设拉开了序幕。进入20世纪80年代，国家相继启动了沿海防护林体系工程、平原绿化工程、长江中上游防护林体系工程、太行山绿化工程、防沙治沙工程、淮河太湖流域防护林体系工程、珠江流域防护林体系工程、辽河流域防护林工程和黄河中游防护林体系工程等工程。1998年，以特大洪水为契机，国家又相继启动实施了天然林保护、退耕还林、京津风沙源治理工程等。工程项目在建设内容上涵盖了森林资源培育、防沙治沙、退耕还林、野生动植物保护等林业建设的主要方面；工程项目在地域分布上覆盖了全国97%以上的县，基本包括了我国主要的水土流失、风沙和盐碱等生态环境脆弱的地区，加快了我国造林绿化的进程。

进入21世纪，林业在我国国民经济建设中的性质、地位和作用发生了深刻的变化。党中央为推进新时期我国经济、社会又好又快地发展，做出了贯彻落实科学发展观、构建社会主义和谐社会、建设社会主义新农村的战略决策，对林业提出和赋予了前所未有的新要求、新使命。国家林业局将现有林业项目整合为：天然林资源保护工程、退耕还林工程、京津风沙源治理工程、"三北"及长江中下游地区等重点防护林工程、野生动植物保护和自然保护区建设工程、重点地区速生丰产用材林基地建设工程等六大林业工程项目。项目涵盖了森林资源培育、野生动植物保护、生物多样性保护、风沙源及水土流失治理、湿地保育等方面，对21世纪加快我国生态环境治理、增加森林植被，将产生历史性的深刻影响。

（2）外资工程项目

为借鉴国外先进的技术和管理经验，有效利用国外资金，弥补林业资金投入不足的问题，加快培育我国森林资源，我国各级政府从 20 世纪 80 年代开始，利用世界银行贷款相继启动实施了"林业发展项目""国家造林项目""森林资源发展和保护项目""贫困地区林业发展项目""林业持续发展项目""林业综合发展项目""山东生态造林项目""广西林业综合发展和保护项目"等一批林业工程建设项目。进入 21 世纪，在继续与世界银行、亚洲开发银行合作的同时，为应对气候变化，中国政府与欧洲投资银行达成协议，相继在山东、黑龙江、山西、陕西、内蒙古、甘肃、湖南、贵州、辽宁、河南、江西、浙江等省区利用欧洲投资银行实施了林业专项框架贷款项目。项目建设内容从最初以用材林建设为主，逐步拓展至国家储备林、林业生物质能源、森林碳汇、自然保护区建设、木本油料、经济林建设、林产品贮藏加工、近自然森林经营试点示范、城乡绿化一体化建设、生物多样性保护设施恢复重建、生态公益林补偿机制研究与配套政策、服务体系建设等，从营造纯林向营造混交林、修复现有纯林转变，从注重新造林向森林可持续经营转变。项目布局也从东部沿海经济发达省份向中西部生态较为脆弱地区转移，更多向中东部、西南、西北、东北地区倾斜，代表性和影响力更加广泛。30 多年来，我国共利用世界银行、亚洲开发银行、欧洲投资银行等国际金融组织贷款实施了 20 多个林业项目，共利用外资达 19.43 亿美元，受贷省份达 23 个，累计营造人工林面积达 793.3 万多 $hm^2$。项目的成功实施，借鉴并吸收了国外先进的技术和管理理念，有效地增加了森林资源，显著提高了我国森林覆盖率。

### 2. 国内林业工程项目发展趋势

进入 21 世纪，林业在国民经济和社会发展中的地位更加突出，承担的任务更加艰巨。公益林补偿基金、森林生态系统修复等一批林业工程项目的启动，对抑制全球气候变暖、建立国际碳汇市场、加强生物质能源建设、促进循环经济发展等领域中的重大功能和重要作用已经显现。进入新时期，国家储备林基地建设、现有林分的提质增效、生物多样性保护、湿地生态系统保育等林业工程项目显得尤为重要与迫切。当前，改革已成为各行各业的主题。随着林业行业投融资改革的深入，国内倡导的"PPP 项目"以及世界银行倡导的"以结果为导向"投融资方式在林业上的推广应用，必将对我国森林资源培育和生态维护及修复产生深远影响。

### 3. 国外林业工程项目进展

20 世纪以来，全球人口激增、毁林垦荒、资源破坏、生态危机日益加重，世界许多国家各种自然灾害频发。尤其是发展中国家面临的问题更加突出，已经严重影响到自身的经济和社会发展的基础。为了协调解决生态问题与经济问题的矛盾，世界各国政府相继采取了林业生态工程项目的方式推进民生建设与生态建设。如美国"罗斯福工程"、苏联"斯大林改造大自然计划"、北非五国"绿色坝工程"、加拿大"绿色计划"、日本"治山计划"、法国"林业生态工程"、菲律宾"全国植树造林计划"、印度"社会林业计划"、韩国"治山绿化计划"和尼泊尔"喜马拉雅山南麓高原生态恢复工程"等。但具体看，世界各国的生态建设发展趋势大为不同。欧洲、北美、日本、澳大利亚、新西兰等经济发达、林业先进国家和地区，其林业已经走过了生态治理恢复的阶段，加上立法健全，国民的生态意识较高，对林业经营者的政策支持和补助到位，林业步入良性发展轨道和可持续发展的阶段，生态建设与林业经营在许多林地上已经实现了协同和相容，对于生态治理和恢复难度较大的，也由国家财政出资建设；而许多发展中国家，由于在工业化建设进程中资源消耗过大，环境恶化过度，又受本国的财力束缚，其生态环境的治理和重建不少只是处于起步阶段，任重而道远。

## 五、林业工程项目环境保护监测指标与内容

世界银行、亚洲开发银行、欧洲投资银行等国际金融组织的林业贷款项目，全过程地关注项目的监测与评估工作。为尽可能避免或减少项目的技术、生态、环境、经济和社会的风险，对项目涉及的因素和产生的效果（包括生态效果、环境效果、社会效果、技术效果、经济效果等）与影响（环境影响和社会影响）进行全面分析评估，确保项目建设质量、进度和预期目标顺利实现，在环境监测评估方面设计了如下技术参数与指标。

### 1. 监测指标

林业工程项目的环境监测指标体系的建立，因不同的林业项目而有所不同。一般世界银行贷款项目监测指标主要包括：基准年（项目实施的前一年）、项目实施的前期、中期（项目中期调整）、项目竣工验收期以及有项目与无项目区域的环境监测指标。林业项目的环境监测，主要关注项目实施的基准年、中期和终期相关环境监测指标的变化。这种变化是向好的方向发展，还是向坏的方向发展，并分析其原因，为今后的项目实施提供经验或借鉴（监测指标详见表1-1）。

### 2. 监测内容

综合以往国内外林业工程项目的特点，林业项目环境监测的主要内容可概括为6个方面：①水土流失与地力减退；②生物多样性；③有害生物的发生危害；④农药、化肥对环境影响；⑤森林火灾的发生；⑥人类活动及过度放牧对生态环境的影响。

表 1-1 关键监测指标

| 项目发展目标（PDO） | 基准年数据 | 监测值、预期值及其变化 | | | | | | 备注说明 |
|---|---|---|---|---|---|---|---|---|
| | | 中期监测值 | 中期预期值 | 较中期变化值 | 末期监测值 | 末期预期值 | 较末期预期值 | |
| 植被盖度的提高/% | | | | | | | | |
| 乔木郁闭度 | | | | | | | | |
| 乔木平均树高/m | | | | | | | | |
| 项目区生长的植物种类增加/种 | | | | | | | | |
| 生态条件改善 | | | | | | | | |
| 项目内容指标 | | | | | | | | |
| 内容 1 | | | | | | | | |
| 内容 2 | | | | | | | | |
| 内容 3 | | | | | | | | |
| ⋮ | | | | | | | | |

## 六、林业工程项目环境保护的主要内容

### 1. 林地的水土保持

众所周知，林业工程项目建设中，首先遇到的问题是，项目整地造林、营林路建设、抚育中的割灌与松土除草等环节易造成水土流失。因此，项目启动后，特别是在造林环节中，对林地的清理有严格的规定：①严禁采用炼山方式清理林地；②坡度大于 15°的地块，可采用块状或带状清除妨碍造林活动的杂灌（草）；③将清除的杂灌（草）堆积在带间或种植穴间，让其自然腐烂分解；④保留好山顶、山腰、山脚的原生植被；⑤林地清理时，溪流两侧要视溪流大小、流量、横断面、河道的稳定性等情况，区划一定范围的保护区。对造林整地也有严格规定：①整地应视造林地的坡度大小选择穴垦、带垦或全垦的方式。破土面积控制在 25%以下；②造林地块边缘与农田之间保留 10 m 宽的植被保护带，长坡面上若采用全垦整地，每隔 100 m 保留一条 2 m 宽的原生草保护带；③在 15°以上的坡地上造林要采用梯级整地（反角梯田），应能将地表径流水输送到稳定的地面上或使之流入可接收多余水量的溪流中。在项目的营林路建设和森林抚育施工过程中规定，要保留原始植被，预留生态位，采取措施减少坡面径流量，减缓径流速度，提高土壤吸水能力和坡面抗冲能力，并尽可能抬高侵蚀基准面，确保项目施工过程中不造成新的水土流失。

## 2. 生物多样性保护

我国是世界上生物多样性最为丰富的国家之一。我国政府高度重视生物多样性保护工作，将生物多样性保护纳入国民经济和社会发展的格局中，加入了世界《生物多样性公约》，制定并实施了一系列与生物多样性保护有关的法律法规，基本形成了保护生物多样性的法律体系，我国的生物多样性得到了有效保护，生态环境恶化的趋势得到有效遏制。据统计，全国共建立不同级别、不同类型的自然保护区 2 395 个，约占陆地国土面积的 15%。初步形成了类型齐全、布局合理、功能健全的自然保护区网络。这些自然保护区使我国 70% 以上的陆地生态系统、60% 以上的野生动物和高等植物以及大多数的珍稀濒危野生动植物都得到了有效保护。

同样，在林业工程项目规划中，各级政府高度重视生物多样性的保护。项目准备阶段，根据国家有关生物多样性保护的法律法规，制定项目环境保护规程，严格禁止在自然保护区 2 000 m 以内、重要水源地 1 000 m 以内，规划实施林业工程项目。项目启动实施阶段，整地要预留生态位，施工要避免产生污染，造林要为野生动物保留栖息地和廊道，尽可能地采用多树种、乔灌藤草相结合的方式造林，并随时对项目进行环境监测和评价。项目竣工验收时，还要提供详细的项目监测评估报告，对项目实施中的生物多样性保护进行总结与评价。

## 3. 森林火灾防控

森林是陆地生态系统的重要组成部分，火灾是影响和破坏森林的最重要自然因素。火对森林和森林环境的影响和作用是多方面的，有时火的作用是短暂的，有时则是长期的。火烧后，由于林地裸露，太阳光直射，土壤表面温度增加，湿度变小，森林环境和小气候发生改变。森林火灾在改变森林结构的同时，还会引起其他生态因子的重新分配，如影响到森林植物群落和土壤微生物群落的变化。

研究表明，火对森林的影响具有双重属性，即有害作用和有益作用。有益火烧更有利于促进森林生态系统的健康发展，使森林生态系统的能量缓慢释放，促进森林生态系统营养物质转化和物种更新，有益于森林生态系统的健康，火烧后森林容易恢复。有计划的火烧，不仅可以减少林地可燃物和控制病虫、鼠害，促进森林天然更新，而且通过火烧还可以进行炼山造林和森林抚育，促进灌木生长，改善野生动物栖息环境。因此，人们常常利用火的有益作用开展有计划、有目的的火烧，火最早成为人类开垦利用森林和经营森林的一种工具。

火的有害作用一般是指森林火灾对生态系统的危害，森林火灾破坏森林生态系统平衡，是失去对火控制的一种自然灾害。森林火灾的成因，一般由人为和自然因素引起。高强度、大面积的森林火灾，可以对森林资源和整个森林生态系统造成毁灭性的损失。火烧后森林生态系统难以恢复，更严重的会对居民财产、交通、大气环境和人们日常生活造成影响。因此，一方面，森林大火不仅无情毁灭森林中的各种生物，破坏陆地生态系统，而且其产生的巨大烟尘将严重污染大气环境，直接威胁人类生存条件；另一方面，扑救森林火灾需耗费大量的人力、物力、财力，给国家和人民生命财产带来巨大损失，扰乱所在地区经济社会发展和人民生产、生活秩序，直接影响社会稳定。目前，世界各国都把大面积的森林火灾作为重大自然灾害加以预防和控制。

### 4．有害生物的科学防控

林业有害生物造成的危害具有很强的隐蔽性、潜伏性、暴发性和毁灭性。我国林业有害生物种类多，分布范围广。据统计，我国林业有害生物达 8 000 余种，可造成严重危害的有 200 多种，已成为全球林业有害生物发生、危害最严重的国家之一。2007 年以来，我国林业有害生物每年发生面积均在 11 160 万 $hm^2$ 以上，占林业灾害总面积的 50.69%，是森林火灾面积的数 10 倍，年均造成损失 1 101 亿元。近年来，外来有害生物入侵日益频繁，造成的损失触目惊心，并呈现出加剧加重的趋势。造成严重危害的 38 种外来林业有害物种，年均发生面积 280 多万 $hm^2$，年均损失 700 多亿元，占林业有害生物全部损失的 50% 以上。每年出入境检验检疫机构进境检疫截获有害生物 4 000 多种、50 多万次。林业有害生物的发生危害不仅破坏着森林资源，还影响着经济贸易安全和食用林产品安全。因此，国家林业局提出，到 2020 年，主要林业有害生物成灾率控制在 4‰以下，无公害防治率达到 85% 以上，测报准确率达到 90% 以上，种苗产地检疫率达到 100%。

林业工程项目的有害生物防控，根据"预防为主，科学治理，依法监管，强化责任"的方针，按照《森林病虫害防治条例》和《植物检疫条例》要求，严格制定"林业有害生物防治管理计划"，将有害生物防治纳入地方林业有害生物防治体系之中。强化对森林病虫害防治重要性的认识，建立健全预测预报体系，定期预报主要森林病虫害的发生期、发生量和发展趋势。坚持全面防治和重点突出的原则，综合协调运用营林、生物、人工、物理和化学等防治措施，着力促进有害生物防控工作由治标向治本转变，逐步实现森林有害生物的可持续控制。从引种、育苗、造林、经营、管护等各个环节对森林病虫害进行全过程监控和预防，严把林业生产的各个环节，抓好造林前的苗木产地检疫、调运检疫、跟踪检疫，对带有检疫对象受害严重的造林苗要坚决销毁，保证病虫害苗木不出圃、不造林。大力营造混交林，实行科学营林，保护利用天敌，维护生态平衡。

### 5．农药、化肥的合理使用

农药是一类用来防治病、虫、鼠害和调节植物生长的具有生物活性的物质，属于特殊化工产品。按照防治对象来分类，可分为杀虫剂、杀螨剂、杀线虫剂、杀菌剂、除草剂、植物生长调节剂和杀鼠剂等七大类。农药在及时有效地降低有害生物种群、维持森林生态系统的稳定方面做出了巨大的贡献，但也带来了不少的副面影响。诸如农药品种选择、配制、用量、储运、防护等方面，成为当前林业工程项目中亟须解决的问题。

化肥是一些含有养分的矿石和化工原料通过化工厂制造出来的肥料，也叫作无机肥料。根据化肥所包含养分种类不同，将化肥分成氮肥、磷肥、钾肥、复合肥、微肥五类。长期过量而单纯施用化肥，会导致营养失调，土壤中硝酸盐累积，土壤酸化，土壤中一些有毒有害污染物的释放迁移加快或毒性增强，使土壤中的一些有益的微生物死亡，降低了土壤的净化能力。此外，化肥中还含有其他一些杂质，如磷矿石中含镉、钴、铜、铅、镍等，长期大量使用就会造成土壤的重金属污染。

因此，农药和化肥的使用要科学，否则将给环境带来负面影响，甚至造成无法挽回的社会、经济或生态损失。如何安全有效地使用农药和化肥，将在第六章进行详细探讨。

### 6. 封山育林与禁牧

森林植被是森林植物与当地自然环境长期适应的过程中形成的。森林植物都有很强的自然繁衍能力，如几乎所有的阔叶树种，能在伐桩或残留根蘖的休眠芽上发育成新的植株；有些针叶或阔叶树种结实量大、籽粒轻，能以飞籽的形式扩散落地，萌发成林；还有些树种的种子，通过鸟兽远距离传播，果实或种子被鸟兽觅食后，种子随粪便排出，落地的种子萌发长成植株。封山育林就是根据植物与环境相适应的生态规律以及植物具有高度的自然繁殖能力的生物学特性而采用的一种特殊的造营林方法。造林与封山育林结合，更有利于林木的更新成林，是当前林业工程项目造林提倡的一种方法。

随着人口的增加，人类利用和开发资源的愿望与日剧增。我国森林植被大规模快速破坏有两个时期：一是1958年前后，人们砍伐树木用于大炼钢铁；二是1980年前后，分山分树到户，由于配套措施没有及时到位，郁郁葱葱的山林，很快变成光秃秃的荒山。人类不当的经营活动对林业的破坏力是相当大的。农民习惯于把牛、羊等牲畜放养在山上，牲畜啃食并践踏树木和林地，幼苗、幼树遭到破坏，树木很难成林，这也是多年造林不成林的原因之一。因此，在林业工程项目特别是世界银行贷款项目实施中，尤其重点关注禁牧，制订了相关禁牧措施和缓解社会矛盾计划，同时也将其列入项目检查验收的内容之一。

# 第二章　林业工程项目生物多样性保护与监测

　　林业作为生态建设的主体和生态文明建设的主要承担者，肩负着建设和保护森林生态系统、保护和恢复湿地生态系统、治理和改善荒漠生态系统及维护生物多样性、弘扬生态文明的重要职责。林业工程是随着林业发展战略转移、国家生态环境工程建设需求而发展起来的林业生态建设工程，是从生态、环境与区域经济社会可持续的角度，以生态环境改善为目标的林业生态建设。林业生态工程是指根据生态学、林学及生态控制论原理，设计、建造与调控以木本植物为主体的人工复合生态系统的工程技术。其目的在于保护、改善与持续利用自然资源与环境。其类型包括生态保护型、生态防护型、生态经济型和环境改良型四类。林业生态工程的实质是在整个区域人工复合生态系统中各类土地上，采用综合措施，设计、建造、调控人工或天然森林生态系统，实现物种共生关系与物质循环再生，以及整个人工复合生态系统的结构、功能、物流与能量流，以便提高整个人工复合生态系统的经济效益与生态效益，实现生态系统的可持续经营。其主要作用是扩大森林面积、提高植被覆盖率，防止水土流失与荒漠化的加剧与扩大，缓解水资源危机，改善区域小气候与大气环境质量，固碳释氧与减缓温室气体排放，保护生物多样性，促进区域经济可持续发展。

　　由此可知，林业工程项目的建设不仅仅追求经济利益的最大化，更注重生态理念的应用，注重天然生态系统的保护利用与人工生态系统建造调控并存，注重生态系统的可持续经营与生物多样性的保护。在林业工程项目中，生物多样性的保护是现代林业坚持的一项重要原则，也是林业工程项目的一个重要作用。只有在建设林业工程项目的过程中拥有生态意识观念，保护生物的多样性，才能实现对基因多样性、物种多样性、生态系统多样性的保护，才能实现林业生态建设的可持续发展，达到自然、资源、环境和人类的协调统一。林业工程项目中对于生物多样性的保护不仅关系到国家和民族的利益，而且对促进整个人类的可持续发展都具有重要意义。

# 一、生物多样性的价值及其保护的重要性

## （一）生物多样性的价值

生物多样性是生物及其环境形成的生态复合体以及与此相关的各种生态过程的综合，包括动物、植物、微生物和它们所拥有的基因以及它们与其生存环境形成的复杂的生态系统。生物多样性是人类赖以生存和发展的物质源泉，目前生物多样性的丧失已严重威胁到人类的生存和发展，而任何多样性的丧失都是不可逆的、不可再生的。生物多样性的保护将有利于环境保护和生物资源的持续利用，对人类具有极为重要的意义。生物多样性的意义主要体现在生物多样性的价值，对于人类来说，生物多样性具有直接价值（可直接转化为经济效益），包括消耗性利用价值、生产性利用价值；间接价值（不直接转化为经济效益），包括非消耗性利用价值、选择价值、存在价值；潜在价值。

作为生物多样性主体的植被系统，其直接价值是指生物物种被直接用作食物、药物能源、工业原料时体现出来的价值。除直接为人类提供食物外，野生生物还在种质资源交流、改良等方面具有极其重要的价值。间接经济价值是指不能直接转化为经济效益的价值，它涉及生态系统的功能（为人类生存环境服务），主要包括：①提供能量；②涵养水源，调洪防旱；③调节地区与全球气候；④防止水土流失，减轻泥石流滑坡等自然灾害；⑤吸收和分解环境中的有机废物、农药和其他污染物；⑥固碳释氧，净化大气；⑦为人类身心健康提供良好的生活、娱乐环境和休养场所；⑧基因物种及生态系统的多样性，为人类社会适应自然变化提供了选择的机会和原材料（选择价值）等。潜在价值是指暂时还未开发的价值，如野生生物种类很多，但人类认识且开发利用的较少，还有相当多的生物存在价值，只是暂时还尚未可知。

## （二）林业工程项目生物多样性保护的重要性

### 1. 有助于维持森林生态系统的基础

林业工程不仅保留了原有自然生态系统的组分，而且也包含了人工设计、建造、调控的新的人工生态系统，这样一个包括森林植物、动物和微生物及其与环境形成的生态复合体，其物种组成更加丰富多样，其结构、功能、物流与能量流更加复杂，并且可在复杂的时空尺度上维持着生态系统过程的运行，成为新的复合系生态系统功能得以维持的生物学基础；而且，生物多样性是生态系统抗干扰能力、恢复能力及适应环境变化能力的物质基础。通过维护生物多样性，增加系统的生物多样性、可再生能力和生产力。在山东生态造林项目中，整地过程即注重生物多样性的保护，尽可能减少对原有地表及植被的破坏，最

大限度地维持原有的植物、动物和微生物的多样性，维持森林生态系统的基础与其适应性。如森林生态系统多样性高，能吸引灰喜鹊、啄木鸟等更多的益鸟进入森林生态系统栖息，避免害虫大规模爆发，保持林业工程的稳定。

## 2. 有利于遗传基因的保存与生物的进化

在林业工程中，通过保留原有物种的多样性和增加乡土植物种、引进适宜于荒山、盐碱地等困难立地种植的植物种，增强种质资源的收集与保存，提高林业工程的生物多样性。生物多样性越高，保存的遗传基因越多，越有利于物种间的基因交流与生物的进化，使得物种之间（植物与植物之间、植物与动物之间、植物与微生物之间）相互依存、协同进化，共同提高生态系统的进化。

## 3. 有利于生态系统的稳定

生物多样性是生态系统稳定的前提和标志，在稳定的自然群落中，各物种间相互作用、相互影响、相互联系、相互制约，形成了一个相对平衡的状态，这种状态是各生物种长期进行信息交流和竞争的结果。生态平衡的保持，依赖于生态系统内部的自我调节机制，自我调节机制越强，则生态平衡越易保持，而调节能力的强弱又与生物多样性有着密切的关系。生物种类越繁多，多样性越高，异质性越强，生物营养结构越复杂，抵抗力、稳定性就越强，则系统的自我调节能力强，生态系统趋于稳定。

在以往的造林过程中，常常在石灰岩山地营造大面积的侧柏纯林，在花岗岩山地营造大面积的黑松纯林或刺槐纯林，由于种群结构单一，会导致某种病虫的猖獗危害。山东生态造林项目则通过采用预留生态位保护原生植被，再增加其他乡土植物种的措施设计营造混交林，或根据立地类型的不同而栽种不同的植物种营造带状或块状混交林。如将退化山地植被恢复区根据土层厚度、坡位划分出不同立地类型，因地制宜采用 S1（石灰岩山坡上部侧柏纯林）、S2（石灰岩山坡中上部针阔混交、灌木混交）、S3（石灰岩山坡中部阔阔混交）、S4（石灰岩山坡下部经济林）、S5（砂石山山坡上部黑松纯林）、S6（砂石山山坡中上部阔阔混交、针阔混交）、S7（砂石山山坡下部经济林）和 S8（砂石山山坡下部茶叶林）造林模型，而在滨海盐碱地植被改良区，则根据含盐量的多少采用 Y1（含盐量 <2‰）、Y2（含盐量 <2‰）、Y3（含盐量 2‰～3‰）、Y4（含盐量 >3‰）、Y5（含盐量不同的沟渠路）等造林模型营建混交林，增加造林树种，增强系统的异质性，使得生态系统对外界干扰的抵抗力增强，避免了病虫害的大面积爆发，使得生态系统的稳定性提高。

## 4. 有利于环境条件的改善

改善环境条件是人类的共同要求，也是林业肩负的使命。良好的自然生态环境的形成，常常是多种生物共存、和谐发展的结果。通过林业工程的建设，维持林分的生物多样性，增大植被与其生存环境的相互协调能力，形成一个结构复杂、功能良好的生态环境，而良好的生态环境则又有利于生物的进一步发展。随着林业工程的建设，原有荒山或盐碱地的生物群落由简单到复杂，生物多样性提高，环境条件得到改善。山东生态造林项目实施 6 年后，各项目区由于引进了新的树种，乔灌木种类及数量有所增加，一、二年生草本植物和多年生地带性草本植物增多，退化山地植被恢复项目区与滨海盐碱地植被改良区物种丰富度分别提高 40 种和 15 种，而且土壤理化性质也明显改变，土壤总孔隙度提高 10%～17%，土壤有机质和养分含量提高 2 倍左右，土壤结构改善，蓄水功能增强。

### 5．有利于经济的发展

经济的发展与生物多样性有着密切关系，生物多样性可给人类提供生存所需之物，还可提供包括审美的、文化的、娱乐的以及教育研究的价值；且生物多样性的间接生态系统体现在调节气候、制造氧气、调节供水、补充地下水资源、保护土壤、营养循环、保护海岸线、减少洪涝灾害和水土流失、天敌控制农业害虫、固着有毒废弃物（有机物、杀虫剂和重金属），以及促进进化过程等方面。无论是直接价值还是间接价值，均有利于经济的发展。

山东生态造林项目在营建之初不仅重视生态效益树种的选择，筛选了侧柏、黑松、麻栎、臭椿、黄连木、白蜡、刺槐、黄栌、连翘等 30 多个生态防护型、生态用材型树种，同时结合与农户参与式磋商的结果，在退化山地植被恢复区山坡的中下部栽植板栗、桃、核桃、茶叶、山楂、柿树、花椒等生态经济型树种，在滨海盐碱地造林项目区增加枣、冬枣、苹果、梨、无花果、石榴等生态经济型树种。通过此种方式不仅丰富了造林树种与项目区的物种多样性，可为项目区提供干鲜果品、食物、饲料、药材等林副产品，获得直接经济效益，还可为项目区带来环境改善，提升项目区的生态文明、生态旅游等价值，更可提高项目区的固碳释氧、改善小气候、控制水土流失、涵养水源、保育土壤等生态效益，使得项目区的社会效益、经济效益、生态效益同步提高。

## 二、制约林业工程项目生物多样性的主要因素

森林既是木材或发展农业、城市的重要材料来源，又是农业和畜牧业持续发展的种质资源来源，更是生态环境建造的主体与经济发展的有力保障。森林生态系统在调节气候、固碳释氧、调洪补枯、涵养水源、固土保肥、防风固沙、防灾减灾、丰富多样性等方面的间接经济价值巨大。尽管林业工程在生物多样性和生态系统稳定性方面取得了不少成绩，但仍有一些不容忽视的因素影响着林业工程的生物多样性保护。

### （一）造林设计不合理，导致林分结构单一

人工造林是林业工程项目的主要方式，造林设计是林业工程项目建设的基础工作。造林设计即是在查清工程建设地区自然条件、经济状况和土地资源及造林地立地条件的基础上，根据自然规律和经济规律，按立地类型将造林地逐块安排适宜的造林树种，设计先进实用的工程技术措施，为林业工程发展决策和营建施工提供科学依据。由于对林业工程项目今后的森林经营的主体功能不清，不论是生态公益林、经济林、用材林均实行同一种建设模式，采用统一的造林设计，甚至只考虑绿化面积、简化造林与今后抚育特性，设计的造林树种少，甚至有悖于适地适树原则，结果往往造成造林树种单一、形成大面积纯林，降低生物多样性，使得林业工程营造效果不佳，事倍功半。如山区造林除了营造部分经济林外，主要是水源涵养林及水土保持林，但在造林上主要以侧柏、黑松为主要树种，忽视了大量的乡土树种，不仅在森林蓄积量上成效不大，更重要的是作为生态林，其保持水土、涵养水源的作用大为降低，森林生态系统的稳定性非常脆弱。平原造林除了经济林外，以防护林为主的生态林和用材林功能不清、用途不分，形成了建设模式、经营手段上的雷同，主要以用材林树种为主，而且强调速生特性，从而使得树种资源本已有限的平原地区，在树种、林相上整齐划一、层次不清、色彩单一。随着时间的推移，易造成生物多样性锐减、野生动植物种类减少、林地肥力下降、森林病虫害等大面积发生生态问题。如平原区的杨树连作造林不仅造成生产力降低，而且导致林内生物多样性降低，地力衰退，已引起林业工作者与研究者的广泛关注。

### （二）乡土树种保护繁育不力，影响树种的遗传多样性

山东省植被区系属典型的暖温带落叶阔叶林，有许多乡土树种，如栎类、椴树属、槭树属及榆属、桦木属、朴属等树种均是本地区的典型适生树种，但这些树种的保护、繁育、推广却没有引起足够的重视，优树选择、繁育不力，使得这些乡土树种不仅在平原林业工程上得不到应用，即使在山区也并不常见，反而推广了一系列单调的速生树种，致使造林树种的多样性降低。

优良无性系和优良家系是林业育种工作者经过长期攻关和艰苦工作培育出来的，是从众多个体或林分中筛选出来的优良单株或优良林分的后代，有些还经过了杂交组合。这些无性系或家系用来营造用材林时较同类树种的普通品种或生长迅速、或材质优良、或抗逆性强，但同时它们也要求有较好的立地条件与之相适应。但在营造生态防护型、生态保护型林分时，为了追求速效，一些项目区采用无性系造林，而这些无性系造林形成的林分，其基因型一致，不利于物种进化和抵御外界干扰，遇有特殊气象灾害或重大森林病虫害时，很可能会全军覆没。

## （三）整地与抚育方式不当，降低生物多样性

造林地的整地是指造林前通过人工措施对造林地的环境条件进行改善，以使其适合林木生长的土地整理工序。通过整地可以保持水土，为幼树蓄水保墒，提高造林成活率。整地方式分为全面整地、块状整地和局部整地，在林业工程项目上如果整地方式不依据地形、土壤、植被等立地条件特点进行合理的整地，而是一味地采用全面整地或采用大坑、大面积的方式整地，则既会造成对原生植被的破坏，使得生物多样性下降，又会因造林地破土面太大而造成水土流失加剧。如平原区或山区的全面整地，山丘区的梯田式整地及大面积的条带状、水平阶整地等，均会造成整地区域生物多样性的消失或局部性的减少。

抚育管理是为使生态造林林分更加健康生长而进行的一项经营管理措施。在幼林抚育过程中，强调保留目的树种，清除非目的树种，一味地追求纯林和主要树种的木材产量，使许多具有特殊作用的灌木和藤本植物被列为抚育间伐对象，一些药材、林产品大大减少。一个物种的减少往往带来其他物种的减少，既降低了项目区的生物多样性，同时也降低了森林的自控能力。

## （四）造林密度过大，影响林下植被发育

为了保证造林成活率，以往造林要求造林密度大，这种情况一方面需要大范围整地，破坏原有植被，栽植单一树种，使得原有植被丧失，新栽树种形成纯林的局面；另一方面，由于密度大，在成长过程中，较难有其他树种和灌草侵入与之混交，而造成物种单一，种间交互作用匮乏，不利于生物多样性的发展。

## （五）盲目栽植外来物种，打破森林生态系统平衡

生态系统是由生物物体及其生存环境所构成的相互作用的动态复合体，经长期演替进化而形成，各物种之间形成了很复杂的相互作用关系，保持着生态系统的稳定性和持续性。在自然情况下，自然或地理条件构成了物种迁移障碍，依靠物种自然扩散能力进入一个新的生态系统相当困难，但是人类有意或无意的活动却使物种的迁移越来越频繁，外来物种借助人类活动越过不能自然逾越的空间障碍。如果这些外来种在新的生态系统中能够自行繁殖和扩散，而且对当地的生态系统和景观造成了明显的改变，它们就变成外来入侵种。能够成为外来入侵种的物种通常具有很强的抗逆性和繁殖能力，具有迅速扩展和蔓延等特点。

林业工程项目在设计时选择的树种可能是外来树种，造成外来物种的入侵，由于外来入侵种占据了当地植物生存的空间和养分，造成当地植物种类和数量的减少。当地植物的种类和数量的减少，就减少了当地动物的食物来源和栖息地，许多动物物种在当地会相应

地减少甚至消失。这种格局将降低生物多样性，多样性的降低导致很多相应的生态问题，包括水土流失、火灾、虫灾以及当地特有生物资源丧失等。

### （六）农药使用不当，影响种群的稳定性

农药使用不当，不仅会造成农药施用对土壤、大气和水环境的污染，而且会危害植被的生长与生存，影响物种的多样性与系统的稳定性。不同项目区的病、虫、草、鼠的种类多样，农药的种类也非常丰富，在施用农药时应针对防治对象的种类、特点，选择适合的农药品种和剂型，避免盲目用药。如选择的除草剂类型不当，会造成在施用过程中，除掉不该去除的植物，引起植物的死亡，使得林地的物种多样性下降。杀虫剂或杀菌剂的过量施用，使得病虫害的抗药性增强，喷洒农药的作用下降，因病虫害发生而导致植物生长不良或死亡，不仅会降低生物多样性，而且会因一些植物种的消亡而影响生态系统平衡，致使某些天敌数量减少或消失，影响生物多样性。

## 三、林业工程项目对森林生态系统的影响

### （一）林业工程项目对生物多样性的影响

在林业工程建设的新造林地，受造林地清理、整地及封育、造林活动本身的影响，林地内的生物多样性变化明显。山东生态造林项目生物多样性的监测表明，砂石山区造林前各地块的草本植物种平均在 9～10 种；2011 年监测表明，草本植物种类明显增加，对照区共有 15 种植物，由于草本层没有任何遮蔽，以喜阳植物较多。人工造林地，除了原有的草本植物外，一些一、二年生的藜科、禾本科等草本植物开始出现于栽植穴周围，并快速生长，土壤种子库中的一些种子伴随着容器苗的栽植也定居于新造林地，从而引起草本植物数量明显增多，S5、S6、S7 和 S8 林下草本植物种类分别达到了 20 种、25 种、20 种和 18 种。2013 年，对照地的植物种类略有增加，达到 18 种，增长了 20%，这得益于封育后环境压力的减小，使得物种进一步增多，但各造林地林下草本植物种类变化并不一致。S5林下草本种类较 2011 年继续增加，达到了 22 种，但 S6、S7 和 S8 草本种类分别下降为23 种、17 种和 16 种，下降幅度分别为 8.0%、15.0% 和 11.1%。造林地林下草本种类变化既受封育、抚育及人工耕作的影响，同时也受造林地乔灌木的快速生长导致的生境变化的影响。封育后草被不受放牧、割草等人为干扰的影响，种类、数量、覆盖度等均有升高的趋势，而对于造林地，除草、松土等人工抚育措施使得植物种类减少或消失，特别地，对于 S7、S8 而言，核桃、板栗、茶叶林下的草本植物受除草、松土影响显著，地里少有残留，且主要以一、二年生草本为主体，在地埂上及黑松林下植物生长较为繁茂。对于 S6而言，阔叶树木的快速生长及灌草植被的恢复使得树木周围的生境发生变化，生态幅较宽

的物种一直存在，但猪毛菜（*Salsola collina* Pall）、狗尾草 ［*Setaria viridis*（L.） Beauv.］、虫实（*Corispermum hyssopifolium* L.）、扁蓄（*Polygonum aviculare* L.）等一年生杂类草退出群落，代之以多年生草本进入群落；并且一些耐荫的物种开始进入树丛下方，群落逐渐为地带性的草本植物所占据，物种种类发生了明显的更迭。S5 则因树种单一，且黑松生长较慢，林间空隙较大，生境变化不如阔叶林明显，因而植物种类仍处于上升趋势。到 2016 年，对照的植物种没有变化，而 S5、S6 的物种数进一步增大到 24 种和 30 种，而 S7、S8 的物种数下降为 15 种和 14 种，其生物多样性的变化仍然受到林分本身与人为干扰的影响。但总体上均较原有荒山的生物多样性丰富。

石灰岩退化山地植被恢复区物种数的变化与砂石山区基本一致，S1、S2、S3 的物种数一直呈现上升趋势，由荒山造林前的 8～10 种增加到 2016 年的 26～32 种，S4 的物种数呈现增大—减小—稳定的变化趋势，2016 年监测结果为 14～16 种，但所有造林模型均较荒山的物种数增多，生物多样性增大。

盐碱地植物改良区物种数的变化也呈现同样的变化，除冬枣、枣等经济林内受到农民中耕除草、松土等抚育影响，物种数有所减小外，其余生态林、用材林地在 2013 年时林下植物种类均较大幅度增加，而到 2016 年时，受林分郁闭及环境变化的影响，林下植物种类在 10～12 种。

总体上，由于人工造林使得林地生物多样性增大，之后随着林分的郁闭或由于中耕除草等抚育措施，某些林分的生物多样性会有所减小，但整体上均较原有荒山、盐碱地的生物多样性高。

林业工程项目营造的混交林，使得林分在物种组成、空间结构上均表现出异质性，为多种动植物的生存提供了各种机会和条件，利于生物多样性水平的提高和生态系统的稳定演替。在植物多样性增加的同时，动物多样性也明显地增加。在生态造林项目区，以前不曾出现的蛇、兔子、狐狸、喜鹊、灰喜鹊、啄木鸟、乌鸦、老鹰等均来林内栖息，蜜蜂、蝴蝶、蜻蜓在林内嬉戏，养蜂人也来林缘建棚饲养，项目区呈现出鹰飞兔走、鸟鸣蝶舞的景象。林内出现了各种食用菌，如点柄粘盖牛肝菌 ［*Suillus granulatus*（L. ex Fr.） Kuntze］、羊肚菌（*Morchella deliciosa* Fr.）、美味牛肝菌（*Boletus edulis* Bull.）、松乳菇（*Lactarius deliciosus*）、双孢菇（*Agaricus bisporus*）、双环林地菇（*Agaricus placomyces* Pk.）、大白菇（*Russula delica* Fr.）等，生物多样性显著增加。

（二）林业工程项目对土壤理化性质的影响

林业工程实施后，原有荒山、盐碱地变为一个土壤-植物复合系统，林草植被的生长、林草植被的分解产物与枯落物进入土层，形成腐殖质层，林木根系的活动促进土壤结构的改善和养分的变化，因而，人工造林活动可改良土壤结构，增加土壤团粒结构，调节土壤养分、水分状况。整体上，可使土壤表层容重减小、孔隙度增加，土壤稳定入渗速率得到很大提高，蓄水功能增强，并可增加土壤有机质和养分含量，提高土壤质量。

以山东生态造林项目石灰岩退化山地植被恢复区的侧柏纯林（S1）、侧柏黄栌混交林（S2）、侧柏五角枫混交林（S3）、侧柏核桃混交林（S4）四种造林模型与荒坡（CK）为例，监测结果表明：四种典型造林模型容重范围为 1.19～1.30 g/cm$^3$，较荒坡容重平均降低14.7%；总孔隙度范围为 43.89%～52.20%，较荒坡平均增大 35.2%，且毛管孔隙度、非毛管孔隙度均大于荒坡，说明造林后土壤的结构明显改善，容重变小，孔隙度变大，提高了土壤的蓄水保土能力。四种造林模型土壤饱和贮水量、滞留贮水量较荒坡的饱和贮水量、滞留贮水量平均提高 35.53%、41.83%。其中，侧柏黄栌混交林的饱和贮水量和滞留贮水量最高（1 043.75 m$^3$/hm$^2$、296.59 m$^3$/hm$^2$），荒坡最小（689.57 m$^3$/hm$^2$、151.57 m$^3$/hm$^2$）。说明了荒坡在采取造林等措施后，饱和贮水量和滞留贮水量得到了明显改善，土壤的涵养水源、调节洪流量等能力得到明显加强。且四种造林模型中，以侧柏黄栌混交林对土壤结构的改善效果最大，侧柏纯林最小。对土壤有机碳、土壤养分的监测也显示，四种造林模型的土壤有机碳含量、土壤养分含量均高于荒坡，且四种造林模型中，以侧柏黄栌混交林改良土壤效果最好，侧柏针叶纯林最小。这可能是植物本身及整地措施的双重作用，由于植物造林后根系穿插的作用，以及对林草植被的影响，同时鱼鳞坑整地对土壤的疏松以及鱼鳞坑对坡面来水中泥沙的拦截沉淀作用等，增加了土壤中团粒结构的含量，从而提高了土壤孔隙度，降低土壤容重，土壤结构趋于良好发展，土壤有机碳与养分含量明显增大。

### （三）林业工程项目对水土流失的影响

造林是利用植被的降雨截留、改善土壤物理性质，增加土壤入渗、根系固结土壤等作用来减少径流和降低土壤侵蚀的重要手段。

山东生态造林项目的监测结果显示，由于采用了穴状、带状清理与整地，避免了对地表的大规模破坏，有效地保护了带间原有灌草植被，可以有效地拦蓄地表径流。同时，造林时选择多个树种营造了多林种的复层乔灌混交、针阔混交、阔阔混交林，利用植被冠层对降雨的截留作用、灌草植被和枯落物层对地表径流的拦截作用，使得地表径流在造林后明显下降，水土流失得到有效控制。监测表明，石灰岩退化山地植被恢复区 S1、S2、S3、S4 造林模型，2010 年的地表径流量为 2 636 m$^3$/（hm$^2$·a）、2 341 m$^3$/（hm$^2$·a）、2 062 m$^3$/（hm$^2$·a）、1 892 m$^3$/（hm$^2$·a），2015 年时各模型的地表径流量下降为 768 m$^3$/（hm$^2$·a）、628 m$^3$/（hm$^2$·a）、548 m$^3$/（hm$^2$·a）、518 m$^3$/（hm$^2$·a），平均较 2010 年下降了 72.5%（图 2-1）。与此相对应，四种造林模型的土壤侵蚀量由 2010 年的 25.38 t/（hm$^2$·a）、20.91 t/（hm$^2$·a）、15.12 t/（hm$^2$·a）、11.55 t/（hm$^2$·a），下降为 2015 年的 9.41 t/（hm$^2$·a）、7.74 t/（hm$^2$·a）、5.49 t/（hm$^2$·a）、4.18 t/（hm$^2$·a），平均降低 63.4%（图 2-2）。砂石山退化山地植被恢复区

S5、S6、S7、S8 造林模型 2010 年的地表径流量为 1 896 $m^3$/（$hm^2$·a）、1 497 $m^3$/（$hm^2$·a）、1 052 $m^3$/（$hm^2$·a）、1 016 $m^3$/（$hm^2$·a），2015 年时各模型的地表径流量下降为 546 $m^3$/（$hm^2$·a）、419 $m^3$/（$hm^2$·a）、296 $m^3$/（$hm^2$·a）、276 $m^3$/（$hm^2$·a），平均较 2010 年下降了 72%（图 2-1）。四种造林模型的土壤侵蚀量由 2010 年的 34.69 t/（$hm^2$·a）、28.14 t/（$hm^2$·a）、25.52 t/（$hm^2$·a）、21.69 t/（$hm^2$·a）下降为 2015 年的 8.89 t/（$hm^2$·a）、7.85 t/（$hm^2$·a）、6.43 t/（$hm^2$·a）、5.82 t/（$hm^2$·a），土壤侵蚀量平均降低 73.6%（图 2-2）。

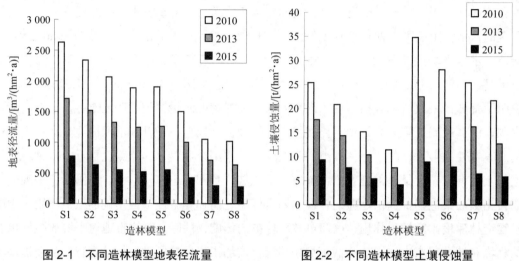

图 2-1　不同造林模型地表径流量　　　　图 2-2　不同造林模型土壤侵蚀量

由此说明，退化山地造林后减少土壤侵蚀的效果显著，减少侵蚀量最大的为 S3、S7，最小的为 S1、S5，也即混交林条件下由于林草植被更加丰富，植被结构更为复杂，其减流降蚀效果较纯林更好。

## （四）林业工程项目对病虫害的影响

林业工程项目通过营造混交林，物种组成丰富，生境条件好转，不仅能够阻断传染病源，使一些害虫或病菌失去大量繁殖的生态条件，而且树木生长状况优于非项目区的纯林，对病虫害的抵抗能力强，同时因树种多、食物多，林内寄生菌、寄生蜂、寄生蝇、益鸟益兽显著增加，病虫鼠兔害发生频率与灾害程度降低。山东生态造林项目病虫害监测表明，退化山地植被恢复区主要病害为苗木的立枯病、白粉病，发病率在 2% 以下；虫害主要为蚜虫、刺蛾、球坚蚧、松梢螟，虫株率<1%，其他病虫害较少。而非项目区因树种比较单一，其病虫害危害逐渐加重，主要病害杨树溃疡病、竹柳溃疡病、核桃枝枯病、桃树流胶病、核桃黑斑病等，发病率最大可达 37.5%；主要虫害有光肩星天牛、小线角木蠹蛾、松梢螟、刺蛾、美国白蛾、杨扇舟蛾、柏毒蛾、球坚蚧、云斑天牛、柽柳红缘亚天牛等，虫株率最大可达 20%。项目区病虫害明显低于非项目区，整体上项目区表现为有虫有病不成灾。

### （五）林业工程项目可能出现的其他不利影响

#### 1. 林分结构单一、异质性差

天然的生态系统在物种组成、空间结构、年龄结构上均具有异质性特征，进而在资源利用上也体现出其异质性特性等。这些异质性为多种动植物的生存提供了各种机会和条件，使不同的物种生活在不同的空间结构层次上，因此利于生物多样性水平的提高和生态系统的稳定演替。而林业工程项目建设过程中，如果忽略了对异质性的要求，种植树种少，配置不合理，苗龄、林龄一致，使得林分结构单一，年龄结构相当，密度均一。这样形成的树林，树木之间难以形成自然竞争、高低错落、层次丰富的林分空间结构，成林后形成单一冠层，很容易阻挡大部分阳光，限制林下其他植物的生长，抑制多样性的提高。

#### 2. 种间生态交互作用匮乏，阻碍生态系统的健康运行

物种间的相互作用关系是维持生态系统健康的基础，在进行林业工程项目建设时应考虑为相应的其他物种提供足够的食物和栖息环境。而林业工程项目建设过程中，如果忽略了混交林建设，常常因林分结构简单、环境单一、食物缺乏，无法为动物的生存提供足够的食物和栖息环境，使得动植物种类显著减少，生物多样性锐减，种间交互作用匮乏，不利于生态系统的健康运行。

#### 3. 林下植被缺乏，造成生物多样性降低

在林业工程项目区，一方面，林农为促进林木生长、经济林果产量的增加而进行的除草、中耕及抚育管理等工作，将林下植被消除殆尽，使得林下植被大量减少或消失，造成生物多样性降低和地表覆盖的下降，水土流失加剧；另一方面，一些项目区初植密度太大，造成郁闭度大而使得林下光照减弱，林下植被发育不良或缺乏生育机会而造成林下植被减少或缺失，也会影响生物多样性。由于地表植被覆盖度低，使得林分失去了涵养水源及保持水土的功能，造成地面水土流失。因纯林郁闭林下植被缺乏或抚育、除草导致的地表植被覆盖不足，往往形成"绿色沙漠"，即远看绿油油、近看水土流的现象。

#### 4. 生态系统脆弱衰退，动物栖息环境变差，病虫害频繁发生

生物多样性低的林地，特别是针叶纯林林地，对土壤中的微生物产生抑制作用，不利于土壤中有机物质的分解和转化，营养循环过程被阻断，造成矿物质元素循环失衡，土壤肥力下降，不利于多种植物的生长发育。

森林生物多样性水平降低，造成物种之间相互作用与反馈机制失调，无法给大多数动

物提供食物或适宜的栖息环境，使得动植物种类显著减少，林产品较少。

因生物多样性降低、生态系统脆弱、食物链简单，生物天敌种类和种群数量极少，树木很易感染病虫害，且一旦感染上病虫害，极易造成大面积的死亡。

## 四、林业工程项目的生物多样性保护

### (一) 造林规划设计与生物多样性

在林业工程项目中，规划设计处于首要地位，它决定着植物种选择、配置、结构等事项的效果，也影响到林分有害生物发生的轻重及林木生长质量的优劣。不科学的规划设计，会造成植物病虫滋生严重、生态系统失衡，生物多样性降低；而生物多样性是保持生态平衡、获得资源与环境可持续发展的基础和重要保证。因此，规划设计工作应充分考虑物种的选择、配置、物种间的相互关系、生物多样性、整地等因素，保证项目可持续目标的实现。

#### 1. 树种选择目标化

不同的林种对树种有不同的要求，防护林要求适应性强、生长迅速、寿命长、树冠枝叶茂盛、根系发达、能固土保水或防风固沙的乔木和灌木树种；经济林要求生长迅速、结实性能好、丰产、稳产、寿命长、经济价值高的各种经济树木；薪炭林要选用适应性和萌芽力强、速生、丰产、热值高的乔木和灌木树种；风景林选用树姿优美的常绿或落叶乔木和花色鲜艳的灌木等。因此，在造林规划设计时，要根据不同林种目的要求，设计适宜树种，且树种尽可能多样化、本土化，要注重选用优良的乡土树种，避免外来物种的入侵。在设计时要设计出主栽树种、辅助树种、伴生树种及后备树种，以免造成苗源不足、有什么苗造什么树的局面。

#### 2. 混交结构复层化

造林规划设计在选择植物时除了多品种、多类型外，还要做到混交合理化、结构复层化。即科学利用植物间的相生、相克关系，合理布局，注意植物株层间的混配与结合，形成高低错落、疏密有致、利于植物生长而不利于病虫发生的复层结构。在林业工程项目区前期调查的基础上，根据立地条件，除一些特殊立地外，尽可能规划设计针阔、阔阔混交林，以达到改良土壤、提高林地肥力、防止病虫害和山火蔓延，建立稳定、高效的森林生态系统的目的。为便于施工，相邻小班可设计不同树种，形成自然块状混交或带状混交。如有成功经验，也可设计行间混交，主要是乔灌木混交。要根据植物的生物学特性和生态学特性因时因地制宜，乔灌藤花并重，构建丰富多彩、层相繁杂的植被景观。这种和谐稳定的森林植物群落结构会直接对病虫害的滋生、蔓延、传播、扩散有机械阻隔作用，可为多种鸟类、蜘蛛等天敌动物及其他有益生物提供生存机会和条件，利于生物多样性水平的提高，并使得系统的自我更新、自我维持能力有极大的提高。

### 3. 整地规格优小化

在林业工程项目区的整地设计方面，应根据近些年来世界银行贷款项目及其他造林项目的生产实践与技术总结，以"小坑、小苗、小水"代替原来的"大坑、大苗、大水"进行设计，植穴规格在 20 cm×20 cm×20 cm～30 cm×30 cm×30 cm，尽可能减少整地破土面，保留原生植被，保护项目区的生物多样性，减少水土流失。

### 4. 造林密度科学化

造林密度不要过大，应根据经营方向和经营目的确定造林密度，减少抚育间伐次数或者只进行幼林抚育，一方面可以降低营林成本，也避免由于抚育不及时而影响树木生长及生物多样性的降低；另一方面合理造林密度，避免全面整地或大范围整地，最好选择穴状整地，减少对原有植被的破坏，尽可能地保留原有植被和生物多样性，维持稳定的森林生态环境和生态平衡。如山东生态造林项目中，Y1、Y2、Y3、Y5 模型造林密度保持在 900～1 600 株/hm$^2$，Y4 为 1 100～2 500 株/hm$^2$，退化山体上部保持在 2 000～3 000 株/hm$^2$，退化山体中部为 900～2 000 株/hm$^2$，退化山体下部为 400～700 株/hm$^2$。

## （二）树种选择与生物多样性

树种的选择取决于造林地的立地条件和树种的生物学和生态学特性。树种选择要依据定向培育、适地适树、生物稳定性原则，以乡土树种为主体，确定一定数量的造林树种或造林模型（含混交类型）作为候选树种，编制造林类型表，再根据造林小班的立地条件套用造林类型或造林树种。

### 1. 树种选择本土化

根据不同林种目的要求，结合立地条件，根据乡土树种为主、外来树种为辅的原则，选择适宜立地条件类型的乡土树种。尽量选用经济价值和生态效益、社会效益较高，又容易营造的乡土树种，同时注意选用种苗来源充足、抗病虫害性能强的树种。乡土树种对当地的土壤、气候适应性强，应作为造林的主要树种。为了扩大种源，可以积极引入一些本地缺少，但能适应本地气候条件、经济价值高、观赏价值高的外来树木品种。但必须经过驯化引种实验，才能推广应用。避免引入外来入侵的物种，以免导致生态系统退化，改变或破坏当地的自然景观。山东省林业工程项目推广使用的树种主要有 57 种（见表 2-1）。

包括：

（1）针叶类生态、用材树种：黑松、赤松、油松、圆柏、侧柏、龙柏；

（2）阔叶乔木、小乔木类生态、用材树种：麻栎、华北五角枫、白榆、毛白杨、美洲黑杨、欧美杨、苦楝、白蜡、绒毛白蜡、大叶白蜡、国槐、楸树、黄连木、刺槐、旱柳、桑树、垂柳、银杏、栾树、臭椿、紫叶李、水榆花楸、盐肤木、合欢、构树、沙枣；

（3）阔叶灌木类生态树种：黄栌、紫穗槐、连翘、黄荆、柽柳、木槿、杞柳、海州常山；

（4）经济类树种：核桃、柿树、茶树、山杏、板栗、李树、枣树、桃、冬枣、杏、石榴、香椿、花椒、金银花、白梨、君迁子、无花果、山楂、苹果等。

**2．树种选择功能多样化**

在坚持适地适树的前提条件下，还要尽可能做到植物种选择的功能多样化。功能多样化是指选择植物时尽量选用多品种、多树种、多类型植物，立足培育多功能、多目标的健康森林，发挥森林的多种效益，以满足培育者对森林资源的多种需求。要模拟野生植物之间的自然搭配，充分考虑植物、动物、微生物之间的生态交互性，兼顾生态系统之间的物质循环和能量流动，使喜阴、喜阳、耐旱、耐涝、针叶、阔叶、常绿、落叶、深根、浅根、匍匐、直立等多种类植物充分混植，互为补充，相得益彰，尽力避免因植物搭配不当而破坏生态系统的完整性。

## （三）混交方式与生物多样性

在林业工程项目建设中应大力提倡混交林，尽量多营造针阔混交异龄林、乔灌混交林，以增强生态系统的稳定性和对灾害的抵抗性。在物种组合搭配上，尽可能选择当地曾经共生的物种，使其在恢复重律的生态系统中充分发挥种间协调作用，使生态系统内部达到和谐。

造林树种的混交方式有株间混交、行间混交、带状混交、块状混交、星状混交和植生组混交，从造林操作的实用性与保护生物多样性的角度，尽可能采用带状混交、行间混交与块状混交（图2-3），在块状混交内部也可实行行间与带间混交的方式。但块状混交的每一地块不宜太大，以免在局部形成大面积的纯林。尽可能根据立地条件，选择不同树种，进行团块状、带状或根据地形进行不规则混交，营造多样化的森林类型，形成多树种搭配、多层次的景观结构，使人工林天然化。

表 2-1　山东省林业工程项目常用树种的生物生态学特性及其分布与适宜立地

| 序号 | 中文名 | 拉丁名 | 生物学特性及分布 | 生态学特性与适宜立地条件 |
|---|---|---|---|---|
| 1 | 黑松 | *Pinus thunbergii* | 松科松属常绿乔木，可高达 30 m，深根性树种；原产日本及朝鲜南部海岸地区。中国东北、山东沿海地带和蒙山山区以及长江流域等地引种栽培 | 喜光，耐干旱瘠薄，不耐水涝，较耐寒，耐土壤瘠薄，耐海雾，抗海风，抗病虫能力强。适宜栽植在滨海地区、砂石山地 |
| 2 | 赤松 | *Pinus densiflora* | 松科松属常绿乔木，深根性树种，可高达 30 m，树冠伞状。分布于华东及北部沿海地区、北亚热带地区 | 极喜光，适宜海洋性气候，抗风力强，耐寒，在土层深厚、沙质的中性土、酸性土生长迅速。宜在砂石山地栽植 |
| 3 | 油松 | *Pinus tabulaeformis* | 松科松属常绿乔木，深根性树种，可高达 25 m，生长快，萌芽能力较强；分布在东北、华北、西北、西南等地 | 中生植物、喜光、喜温暖气候、抗寒、耐瘠薄、耐旱。宜在 300 m 以上的砂石山区栽植 |
| 4 | 圆柏 | *Juniperus chinensis* | 柏科刺柏属常绿乔木，深根性树种，可高达 20 m，生长慢；分布在华北、西北、华东、华中、华南、西南地区 | 中生、喜光、耐荫、耐旱、耐热，对土壤要求不严。宜在石灰岩山地、平原地区栽植 |
| 5 | 侧柏 | *Platycladus orientalis* | 柏科侧柏属常绿乔木，可高达 20 m，树冠圆锥形，萌芽能力强，浅根性树种；侧柏分布很广，除荒漠区、黑龙江、台湾、海南岛外，全国各地都有栽培 | 适应干冷、暖湿的气候，耐低温；对土壤要求不严，耐土壤瘠薄，耐涝和抗风能力弱，耐盐碱。宜在石灰岩山地栽植 |
| 6 | 龙柏 | *Sabina chinensis* cv. 'Kaizuca' | 柏科圆柏属常绿乔木，浅根性树种，可高达 21 m，树冠尖塔形；主要产于长江、淮河流域，除东北、西北地区均可栽培 | 喜阳，喜温暖湿润环境，抗寒，抗旱，适生于干燥、肥沃、深厚的土壤，对土壤酸碱度适应性强，较耐盐碱。宜在石灰岩山地栽植 |
| 7 | 麻栎 | *Quercus acutissima* | 壳斗科栎属落叶乔木，可高达 25 m，深根性树种，根系发达，主干明显，萌芽力强；在中国分布很广，北自东北南部、华北，南达广东、广西，西至甘肃、四川、云南等省区 | 喜光，喜湿润气候，耐寒，耐旱，耐瘠薄，但不耐盐碱土；抗污染、抗尘土、抗风能力都较强。宜栽植在砂石山地土层较厚的地段 |
| 8 | 楸树 | *Catalpa bungei* | 紫葳科梓属落叶乔木，可高达 8～12 m，深根性树种，木材坚硬。原产中国，分布于东起海滨，西至甘肃，南始云南，北到长城的广大区域内 | 喜光，较耐寒，喜深厚肥沃湿润的土壤，不耐干旱、积水，忌地下水位过高，稍耐盐碱。宜在石灰岩山地、砂石山地及盐碱含量低于 0.2% 的地段栽植 |

| 序号 | 中文名 | 拉丁名 | 生物学特性及分布 | 生态学特性与适宜立地条件 |
|---|---|---|---|---|
| 9 | 毛白杨 | *Populus tomentosa* | 杨柳科杨属落叶大乔木，速生，可高达 30 m；深根性植物，主根和侧根发达，树干通直挺拔。分布广泛，以黄河流域中、下游为中心分布区 | 喜光，耐旱力较强，对土壤要求不严，轻度耐盐；宜在石灰岩山地、砂石山地及盐碱含量低于 0.2%的地段栽植 |
| 10 | 美洲黑杨 | *Populus deltoides* | 杨柳科杨属落叶乔木，可高达 30 m，生长迅速；原产于北美密西西比河沿岸，在中国多数地区引种栽培 | 喜光树种，耐旱、耐寒、耐热，具有高抗免疫型。宜在石灰岩山地、砂石山地土层较厚的山体下部、平原或含盐量低于 0.3%的滨海盐碱地栽植 |
| 11 | 欧美杨 | *Populus euramericana* | 杨柳科杨属落叶乔木，可高达 30 m，树冠阔，扦插易活，生长迅速；原产美洲。中国除广东、云南、西藏外，各省区均有引种栽培 | 喜光，喜温暖湿润气候，耐瘠薄及微碱性土壤，适应性强，对病虫害抗性较弱。宜在石灰岩山地、砂石山地土层较厚的山体下部、平原或含盐量低于 0.3%的滨海盐碱地栽植 |
| 12 | 白蜡 | *Fraxinus chinensis* | 木犀科白蜡属落叶乔木，可高达 10～12 m，根性树种，侧根发达，生长较迅速，树干通直，自中国东北中南部，经黄河流域、长江流域，南达广东、广西，东南至福建，西至甘肃均有分布 | 喜光树种，对霜冻较敏感；抗旱，喜深厚较肥沃湿润的土壤，较耐盐碱，宜栽植在平原、滨海盐碱地盐碱含量低于 0.3%的地段 |
| 13 | 绒毛白蜡 | *Fraxinus velutina* | 木犀科白蜡属落叶乔木，可高达 18 m，深根性树种，病虫害少，树干通直，材质优良。原产于美国西南部各州，我国华北、西北均引种栽植 | 喜光，对气候、土壤要求不严，耐寒，耐干旱，耐水湿，耐盐碱，抗风，抗烟尘。宜栽植在平原或滨海盐碱地土壤含盐量 0.4%以下的地段 |
| 14 | 大叶白蜡 | *Fraxinus rhynchophylla* | 木犀科白蜡树属落叶乔木。可高达 8～15 m。深根性树种，侧根发达，生长较迅速。产黄河流域各省和东北三省 | 喜光，耐寒。对土壤要求不严。宜栽植在平原或滨海盐碱地土壤含盐量 0.3%以下的地段 |
| 15 | 白榆 | *Ulmus pumila* | 榆科榆属落叶乔木，可高达 25 m，深根性树种，根系发达，具有强大的主根和侧根；分布于东北、华北、西北、华东、华中及西南，在淮北平原普遍有栽培 | 喜光树种，具有很强的耐寒、抗旱、耐土壤瘠薄、耐盐碱和抗风能力，对有毒气体有较强抗性；对土壤要求不严，宜在砂石山地和平原及含盐量低于 0.4%的滨海盐碱地栽植 |
| 16 | 刺槐 | *Robinia pseudoacacia* | 豆科刺槐属落叶乔木，可高达 10～20 m，萌蘖力强，浅根树种，侧根发达；在全国各地均有栽植，尤其以黄河、淮河流域最常见，多植于平原或低山丘陵 | 强阳性树种，有一定的抗旱、抗瘠薄、抗烟和耐盐碱的能力，对土壤的适应性强，抗风能力较弱；宜在石灰岩山地、砂石山地及含盐量低于 0.2%的盐碱地上栽植 |

| 序号 | 中文名 | 拉丁名 | 生物学特性及分布 | 生态学特性与适宜立地条件 |
|---|---|---|---|---|
| 17 | 旱柳 | *Salix matsudana* | 杨柳科柳属落叶乔木，可高达10 m，萌芽力强，根系发达，主根深，侧根和须根发达。分布于我国东北、华北、华中、西北及滨江苏、安徽、四川等地均有栽培 | 喜光，抗寒，抗旱，耐水淹，抗风力强，喜湿润；对土壤要求不严，可在砂石山地下部、平原及盐碱含量低于0.3%的滨海盐碱地栽植 |
| 18 | 垂柳 | *Salix babylonica* | 杨柳科柳属落叶乔木，可高达12 m，树冠开展而疏散，萌芽力强，根系发达，生长迅速；产长江流域与黄河流域，其他各地均栽培 | 喜光，喜温暖湿润气候及潮湿深厚之酸性及中性土壤。较耐寒，特耐水湿。宜在土壤含盐量低于0.2%的滨海盐碱地栽植 |
| 19 | 国槐 | *Sophora japonica* | 豆科槐属深根性落叶乔木，可高达15～25 m，树冠圆形，树型高大。原产中国，分布广泛，尤以黄土高原及华北平原最常见 | 喜光，适应干冷气候，耐干旱瘠薄，抗风；对土壤要求不严，宜在石灰岩山地、砂石山地及盐碱含量低于0.2%的地段栽植 |
| 20 | 银杏 | *Gingko biboba* | 银杏科银杏属落叶乔木，可高达40 m，生长较慢，寿命极长，深根性，根系发达。栽培范围很广，北至沈阳，南到广州，东至沿海，西至川、云、贵均适生 | 喜光，稍耐旱，不耐严寒及全年湿热，喜温暖湿润气候，在酸性、石灰性土上都能生长。宜在石灰岩山地、砂石山地栽植 |
| 21 | 臭椿 | *Ailanthus altissima* | 苦木科臭椿属落叶乔木，可高达15 m，生长快，萌芽力强，深根系树种；原产于中国东北部、中部和台湾。生长在气候温和的地带 | 喜光，不耐阴，耐寒，耐旱，不耐水湿；对土壤要求不严，除黏土外，各种土壤和中性、酸性及钙质土都能生长，耐微碱。宜在石灰岩地区种植 |
| 22 | 华北五角枫 | *Acer truncatum* | 为槭树科槭属落叶乔木，可高达15～20 m，深根性，抗风力强，萌芽性中等。广布于东北、华北，西至陕西、四川、湖北，南达浙江、江西、安徽等省 | 稍耐阴，不耐涝，较耐旱；喜湿润肥沃土壤，对土壤要求不严，在酸性、中性、石炭岩上均可生长。宜在石灰岩山地及平原地区栽植 |
| 23 | 栾树 | *Koelreuteria paniculata* | 是无患子科、栾树属植物。为落叶乔木或灌木；深根性，萌蘖力强，生长速度中等。产中国北部及中部大部分省区，世界各地有栽培 | 喜光，稍耐半荫，耐寒，不耐水淹，耐干旱和瘠薄，对环境的适应性强，喜欢生长于石灰质土壤中，耐盐渍。宜在石灰岩山地、含盐量低于0.3%的盐碱地及平原地区栽植 |
| 24 | 苦楝 | *Melia azedarach* | 楝科落叶乔木植物，可高达10～20 m；广布于亚洲热带和亚热带地区，温带地区也有栽培 | 喜温暖湿润气候，喜光，较耐寒，耐干旱、瘠薄，对土壤要求不严，在酸性、中性和碱性土壤中均能生长，在含盐量0.4%以下的盐渍地上也能良好生长。在退化山地和盐碱地均可栽植 |

| 序号 | 中文名 | 拉丁名 | 生物学特性及分布 | 生态学特性与适宜立地条件 |
|---|---|---|---|---|
| 25 | 黄连木 | *Pistacia chinensis* | 漆树科黄连木属植物。落叶乔木，高达 25～30 m，深根性；中国黄河流域至华南、西南地区均有分布 | 喜光，适应性强，耐干旱瘠薄，对土壤要求不严，微酸性、中性和微碱性土壤均能适应。宜在石灰岩山地栽植 |
| 26 | 桑树 | *Morus alba* | 桑科桑属落叶乔木或灌木，可高达 15 m。中国东北至西南各省区，西北直至新疆均有栽培 | 喜光，幼时稍耐阴。喜温暖湿润气候，耐寒。耐旱耐瘠薄，对土壤的适应性强。宜在平原区栽植，可在盐碱地栽植 |
| 27 | 盐肤木 | *Rhus chinensis* | 漆树科盐肤木属落叶小乔木，可高达 2～10 m；除东北北部的其他地区均有分布 | 喜光，对气候及土壤的适应性很强。宜在山地和盐碱地栽植 |
| 28 | 合欢 | *Albizia julibrissin* | 豆科合欢属落叶乔木，可高达 16 m，浅根性 | 性喜光，喜温暖，耐寒、耐旱、耐土壤瘠薄及轻度盐碱，不耐水湿。宜在山地和盐碱地栽植 |
| 29 | 构树 | *Broussonetia papyrifera* | 桑科构属落叶乔木，可高达 10～20 m，深根性；产于中国各地 | 喜光，适应性强，耐干旱瘠薄，宜在石灰岩山地栽植 |
| 30 | 沙枣 | *Elaeagnus angustifolia* | 胡颓子科胡颓子属落叶乔木或小乔木，可高达 5～10 m。在西北各省区和内蒙古西部、华北、东北分布 | 适应力强，对土壤、气温、湿度要求不严，抗旱，抗风沙，耐盐碱，耐贫瘠。宜在盐碱地栽植 |
| 31 | 紫叶李 | *Prunus Cerasifera f. atropurpurea* | 蔷薇科李属落叶小乔木，可高达 8 m，浅根性；中国华北及其以南地区广为种植 | 喜光、温暖湿润气候，对土壤适应性强，不耐旱，较耐水湿，耐中性、酸性土壤，不耐碱。宜在山地与轻度盐碱地栽植 |
| 32 | 连翘 | *Forsythia suspensa* | 木樨科连翘属落叶灌木，除华南地区外，其他各地均有栽培 | 喜光，喜温暖、湿润气候，耐寒；耐干旱瘠薄，怕涝；不择土壤。在山地与盐碱地栽植 |
| 33 | 黄荆 | *Vitex negundo* | 马鞭草科牡荆属植物落叶灌木或小乔木，可高达 2～5 m；产中国长江以南各省，北达秦岭淮河 | 喜光，耐干旱、耐瘠薄和寒冷，萌蘖力强，耐修剪。宜在山地栽植 |
| 34 | 柽柳 | *Tamarix chinensis* | 柽柳科柽柳属植物，灌木或小乔木，可高达 2～5 m；中国特有种，分布较广。生长较快，寿命较长，根系发达，萌蘖性强 | 喜光，不耐荫，耐旱耐湿，耐盐碱，对土壤要求不严，宜在土壤含盐量低于 1%的滨海盐碱地栽植 |
| 35 | 黄栌 | *Cotinus coggygria* | 漆树科黄栌属落叶灌木或小乔木，可高达 5～8 m。根系发达，落叶量大，萌蘖性强 | 喜光略耐荫，抗旱耐瘠薄，稍耐寒，不耐水湿，能适应各种恶劣自然环境；宜在砂石山、石灰岩山地山体中部及以下地段栽植 |

| 序号 | 中文名 | 拉丁名 | 生物学特性及分布 | 生态学特性与适宜立地条件 |
|---|---|---|---|---|
| 36 | 紫穗槐 | *Amorpha fruticosa* | 豆科紫穗槐属植物，灌木，可高达 1～2 m；生长快，萌芽力强，枝叶茂密，根系发达，具有根瘤菌，能改良土壤 | 喜光，耐干旱瘠薄，耐盐碱，对土壤要求不严；宜在砂石山、石灰岩山地及土壤含盐量低于0.5%的滨海盐碱地栽植 |
| 37 | 木槿 | *Hibiscus syriacus* | 锦葵科木槿属落叶灌木，可高达3～4 m；浅根性，在全国均有栽培 | 适应性强，喜温暖湿润气候，对土壤要求不严，萌蘖性强。宜在盐碱地栽植 |
| 38 | 海州常山 | *Clerodendrum trichotomum* | 马鞭草科大青属灌木或小乔木，可高达1.5～10 m；产辽宁、甘肃、陕西以及华北、中南、西南各地 | 适应性较强，喜温暖湿润气候，对土壤要求不严，宜在山地栽植 |
| 39 | 板栗 | *Castanea mollissima* | 壳斗科栗属落叶乔木，可高达20 m；根系发达，深根性，根萌蘖力强，寿命长；现北自东北南部，南至广东、广西，西达甘肃、四川、云南等省区均有栽培 | 喜光，耐水湿，较耐寒、耐旱，对有毒气体有较强抵抗力；对土壤要求不严，宜在土较厚的砂石山下部栽植 |
| 40 | 核桃 | *Juglans regia* | 胡桃科胡桃属落叶乔木，可高达30 m，深根性树种，根系发达，主根明显。从东北南部到华北、西北、华中、华南及西南均有栽培，而以西北、华北最多 | 喜光，耐寒，抗旱，抗病能力强；适应多种土壤生长，喜深厚、肥沃、湿润而排水良好的微酸性至微碱性土壤，宜栽植在石灰岩、砂石山土层较厚的山地下部 |
| 41 | 无花果 | *Ficus carica* | 桑科榕属落叶灌木或小乔木状，可高达3～10 m，多分枝；树皮灰褐色，广卵圆形，果实味美。主产长江流域以南地区，南北均有栽培 | 喜温暖湿润气候，耐瘠，抗旱，不耐寒，不耐涝。以向阳、土层深厚、疏松肥沃，宜在石灰岩山地、砂石山地土层较厚的下部栽植 |
| 42 | 枣树 | *Zizyphus jujuba* | 鼠李科枣属落叶乔木，易繁殖，结果早，经济价值高，根系发达，生长缓慢，寿命长。原产中国，在中国广为分布 | 喜光，耐干旱瘠薄，耐热、耐寒、耐涝，对土壤要求不严，对土壤酸碱度适应能力强。宜在土层较厚的砂石山、石灰岩山地山体下部及平原、含盐量低于0.3%的滨海盐碱地栽植 |
| 43 | 冬枣 | *Ziziphus jujuba* cv. "Dongzao" | 鼠李科枣属落叶小乔木，根系发达，原产地山西省运城市庙上乡，现大量种植地分布于山西、河北、山东、陕西、新疆等地 | 适应性强，喜光、耐热、喜干、耐寒，耐干瘠、耐涝和微碱。宜在土壤盐碱含量低于0.5%的滨海盐碱地和平原地段栽植 |
| 44 | 柿树 | *Diospyros kaki* | 柿树科柿树属深根性落叶乔木，高达15 m；原产中国，分布极广，北至河北长城以南，南至东南沿海、广东、广西及台湾，西至四川、贵州、云南均有分布 | 喜温暖湿润气候，耐干旱，根系强大，吸水、吸肥的能力强，对土壤要求不严，宜在石灰岩山地、砂石山地土层较厚的中下部栽植 |

| 序号 | 中文名 | 拉丁名 | 生物学特性及分布 | 生态学特性与适宜立地条件 |
|---|---|---|---|---|
| 45 | 君迁子 | *Diospyros lotus* | 柿科柿属落叶乔木，可高达 30 m；浅根性树种，根系发达，生长迅速；原产中国，分布极广 | 喜光，耐半荫；耐寒及耐旱性比柿树强；很耐湿。喜肥沃深厚土壤，对土壤要求不严，有一定的耐盐碱力，宜在石灰岩山地、砂石山地土层较厚的中下部栽植，可在含盐量 0.17% 的轻度盐碱土中正常生长 |
| 46 | 白梨 | *Pyrus bretschneideri* | 蔷薇科梨属落叶乔木，根系发达，深根性树种，根幅广阔，分布极广，其中安徽、河北、山东、辽宁四省是集中产区 | 喜光喜温，较耐寒，抗旱，耐涝、耐盐碱。对土壤要求不严，宜在土层较厚的砂石山、石灰岩山地下部和平原及含盐量低于 0.3% 的滨海盐碱地栽植 |
| 47 | 桃 | *Prunus persica* | 蔷薇科桃属落叶乔木。原产中国，各省区广泛栽培。生长快，结果早，宜衰老，寿命一般在 20～25 年 | 喜光，较耐干旱，不耐水湿，喜排水良好肥沃的沙壤土；对土壤酸碱性适应性广，耐盐碱能力较差。宜在土层较厚的砂石山、石灰岩山地下部和平原地区栽植 |
| 48 | 杏 | *Prunus armeniaca* | 蔷薇科李属落叶乔木，可高达 5～8 m，原产于我国新疆，适应性强，根系深 | 喜光，耐旱，抗寒，抗风，对土壤要求不严，宜在土层较厚的砂石山、石灰岩山地下部和平原地区栽植 |
| 49 | 香椿 | *Toona sinensis* | 楝科香椿属深落叶乔木，可高达 25 m；原产中国，长江流域以及南各省区均有分布。垂直分布多在海拔 800 m 以下 | 喜光，不耐庇荫，喜温暖湿润气候，不耐严寒。对土壤要求不严，宜在石灰岩山地、砂石山地栽植 |
| 50 | 苹果 | *Malus pumila* | 蔷薇科苹果属落叶乔木，高至 15 m，干性较弱，侧枝粗大。原产欧洲及亚洲中部，全世界温带地区均有种植 | 喜光，耐瘠，抗旱，不耐寒、不耐涝。宜在石灰岩山地、砂石山地土层较厚的下部栽植 |
| 51 | 山楂 | *Crataegus pinnatifida* | 蔷薇科山楂属落叶乔木，深根性树种，生长中等，萌芽能力强；主要分布于东北、华北等地 | 中生，喜光稍耐荫，耐寒，耐干旱瘠薄。宜在砂石山、石灰岩山地山体下部及平原地区栽植 |
| 52 | 花椒 | *Anthoxylum bungeanum* | 芸香科、花椒属落叶小乔木，可达 7 m；全国各地多有栽种 | 喜温暖湿润，萌蘖性强，耐寒耐旱，喜光，抗病能力强。宜在山地栽植 |
| 53 | 金银花 | *Lonicera japonica* | 忍冬科忍冬属落叶灌木，中国各地均有分布 | 适应性很强，喜阳，耐阴，耐寒，耐干旱和水湿，对土壤要求不严，宜在山地栽植 |

| 序号 | 中文名 | 拉丁名 | 生物学特性及分布 | 生态学特性与适宜立地条件 |
|---|---|---|---|---|
| 54 | 茶树 | *Camellia sinensis* | 山茶科、山茶属灌木或小乔木。原产中国，我国大部分地区均有栽培 | 喜欢温暖湿润气候，耐酸碱度pH 4.5～6.5为宜。宜在砂石山地栽植 |
| 55 | 山杏 | *Armeniaca sibirica* | 蔷薇科、杏属植物，灌木或小乔木，可高达 2～5 m；深根性，黄河流域重要乡土树种 | 适应性强，喜光、耐寒、耐旱、耐瘠薄；宜在山地栽植 |
| 56 | 李子树 | *Prunus cerasifera* | 蔷薇科李属落叶小乔木，高度可达 8 m，浅根性，我国大部分地区均有栽种 | 喜光，抗寒，适应性强，怕盐碱和涝注。可在山地与平原区栽植 |
| 57 | 石榴 | *Punica granatum* | 石榴科石榴属落叶乔木或灌木，中国各地均有栽培 | 喜温暖向阳环境，耐旱、耐寒，也耐瘠薄，对土壤要求不严，宜在山地和平原地区栽植 |

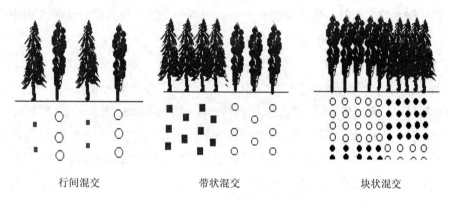

行间混交　　　　带状混交　　　　块状混交

图 2-3　林业工程项目常用混交方式

## （四）林地整理与生物多样性

### 1. 林地清理与生物多样性

（1）割除清理与堆积清理相结合

林地清理有割除清理、堆积清理、火烧清理和化学药剂清理等方法。从保护生物多样性的角度来看，生态造林项目宜采用割除清理配合堆积清理的方式进行，清理作业时，不宜大面积割除，而是采用团块状、小片状清理，在拟进行造林整地的地段，将林地上的杂草、灌木等割除砍倒，并在不造林地段进行堆积，将其除掉或使其腐烂而化为养料。

（2）清理过程中注意保留原生树木

在林业工程项目区进行造林地清理时，不要彻底清除原生植被，特别是有野生的、珍稀的或原来人工造林树种残存时，要合理地进行保护，在保留的树种间交叉种植新的造林树种，以便培育出具有更好的生态服务功能和保护当地野生动植物的多物种混交林。

### 2. 造林地整地与生物多样性

项目区立地条件多样，整地措施本着既要为幼林创造良好的小环境，又要减少破土面的原则进行。主要依据造林地地形、地势、植被、土壤、造林树种等因素确定不同的整地方式和规格。山东生态造林项目使用小规格块状整地或小面积带状整地，具体如下所述。

（1）小规格块状整地，保护天然植被

在陡坡上进行造林时，不宜大面积进行整地，要尽可能多地保留原生植被，只宜采用小规格的穴状整地，以保护集水流域和防止水土流失，改善集水功能和保护当地的生物多样性。一般地，在退化山地陡坡及山顶土壤瘠薄的小班地块，整地宜以种植穴为中心，采用块状整地方式，清除穴周的植被，在不影响苗木生长的前提下，尽可能采用小规格整地，尽可能多地保留原生植被。块状整地可根据立地条件分别采用穴状、鱼鳞坑和块状整地三种方式（图2-4）。

穴状整地——圆形穴坑，穴面与原地面平或成水平面，穴径为 0.3～0.4 m，深度为 0.33～0.4 m，适用于岩石裸露土层较厚或平原地区，常用整地规格为 0.3 m×0.3 m×0.3 m。

块状整地——正方形或矩型坑，坑面保持水平，边长为 0.3～0.5 m，深度为 0.3～0.5 m，外侧修埂，适用于山地土层比较厚的中部和下部或平原地区。

鱼鳞坑整地——近似半月形的坑穴，坑面低于原地面，成水平面，一般长径为 0.4～0.6 m，短径为 0.3～0.5 m，深 0.3～0.4 cm，外侧有 20～30 cm 高的埂。适用于水土流失严重、地形破碎的干旱山地。

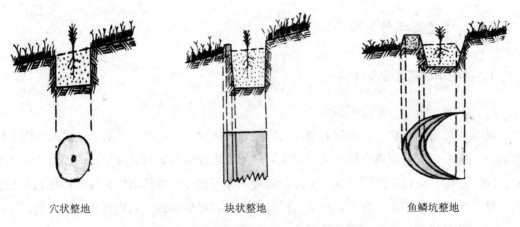

穴状整地               块状整地                    鱼鳞坑整地

图2-4  林业工程项目常用块状整地方式

（2）带状整地，保护生物多样性

在平缓的山坡或坡度 15°以下的中厚层土山坡、沟底，为了避免水土流失的发生，可结合生物多样性保护采用水平阶、水平沟整地（图 2-5）。在缓坡山地上进行带状整地须沿等高线走向，平原地区一般为南北走向进行，根据苗木规格确定整地带的宽度，带间须保留原生植被，以便尽可能保持其生物多样性。

水平阶整地是沿等高线将坡面修筑成狭窄的台阶状台面。阶面水平，阶外缘培修土埂或无，宽度一般为 0.5～1.5 m，长度一般为 1～3 m，随地形而定。适用于土层较薄的石质山地。

水平沟整地是沿等高线断续或连续带状挖沟的整地方法。断面形成梯形沟，外侧修埂，沿等高线自上而下开沟，呈"品"字形配置。一般沟深 0.3～0.5 m，口宽 0.5～1.0 m，沟宽 0.3～0.5 m，沟长 2～4 m。两水平沟上下间距 2～3 m。同一等高线沟间距 1 m。适用于土层较厚的山地。

带状整地适用于平原区或山地的平缓坡上进行，为了更好地保护生物多样性，可采用隔带整地方式进行。带面与坡面基本持平。带宽为 0.6～1.0 m 或 3～5 m，深为 0.25～0.5 m，带间距大于（等于）带面宽。

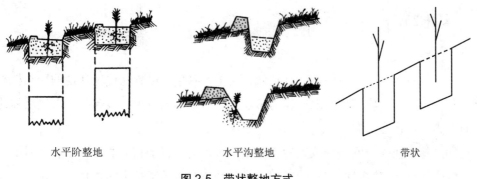

水平阶整地 　　　　水平沟整地 　　　　带状

图 2-5　带状整地方式

（五）封育与生物多样性

封育可以减少干扰，加快林木的生长，缩短实现森林覆盖所需的时间，也可以保护物种和增加森林的稳定性。封育技术包括封禁、培育两个方面。所谓封禁，就是建立行政管理与经营管理相结合的封禁制度，为林木的生长繁殖创造休养生息条件；培育主要是通过人为的必要措施，即封育初期在林间空地进行补种、补植，中期进行抚育、修枝、间伐、伐除非目的树种的改造工作等，不断提高林分质量。

林业工程项目区可采用封禁措施，禁止人畜破坏，特别是放牧行为的发生，减少对林木生长的干扰，加快林草覆盖地面的速度，增强生物多样性和生态稳定性。封禁的主要内容包括：建立封山育林育草制度，树立标牌和边界标志、开设防火线、设立护林站、建立护林瞭望台、建立通信网络等。对于新造林地或经过补植的林地，及时采取封禁措施，不仅保护新造和补植树种免受人为损害，而且利于保护原有树种和植被，并使新造与补造树种与原有植被形成混交林，促进生物多样性的提高。

　　培育大体可以分为林木郁闭前和郁闭后两个阶段进行。郁闭前主要是为天然下种和萌芽、萌条创造适宜的土壤、光照条件，具体方法有间苗、定株、整地松土、补植等。郁闭后主要是促进林木速生丰产，具体方法有平茬、修枝、间伐等。通过培育使林分形成乔灌草相结合的混交复层林，形成良好的森林环境，有利于减免森林病虫的危害，给林木的生长发育打下良好的基础。

## （六）森林抚育与生物多样性

　　抚育作为森林经营的主要措施，是影响森林生态系统内部生物多样性的主要因素，它为林木创造良好的生长环境，提高了林木质量，同时也使森林的生物多样性发生变化，影响森林的生态功能。因此，林业工程项目区既要搞好幼林地管理，又要搞好中幼林地与成林地的抚育管理，否则，必然会影响林业的可持续发展。

### 1. 幼林地管理

（1）幼林抚育

采用局部抚育法，围绕幼树进行扩穴、松土、除草，尽量保留幼林地的天然植被。除草后所剩的植被剩余物应留在地里作为覆盖物。禁止樵采林下枯枝落叶，以提高林地水源涵养的能力和保持土壤肥力。

　　在幼龄林中伐除一穴多株或天然更新密度过大的非目的树种和过密幼树，但不必全部伐除，而应保留一定数量的非目的树种。伐除幼树时必须坚持去劣留优的原则。

（2）以耕代抚

为增加地表植被覆盖，可在林地内进行农林间作，形成农林复合系统，农地可以采取多种种植模式，以增加生物多样性。在滨海盐碱地区，为减少地面蒸发，消除杂草竞争，提倡林下间作农作物，达到以耕代抚的目的，但树的两侧要保留 50 cm 的保护行。在坡地上进行林间混种应按水平方向进行，大于 25° 的坡地上不允许进行间种作业。介于 15°～25° 的坡地上，穴垦整地不得进行间作；只有在沿等高线进行的宽带状整地或梯级整地时，才可间作，间作时，最好种植对土壤有改良作用的豆科植物。对于坡地造林区，尽量避免梯田化整地，以免破坏原生植被；对于原有梯田化整地造林区，在梯田内按照设计密度与树种造林后，可在地埂上进行乔、灌的培育，形成防止侵蚀的屏障，或在地埂上种植绿色肥料和固氮物种形成生物地埂；同时在林下进行农林复合经营，增加生物多样性。

## 2. 中龄林抚育

中龄林抚育时，宜按照"生态林业"和"近自然林业"的理念，保留一定数量的非目的树种，非目的树种是自然生长的树种，适应性强，可以与栽植的主要树种形成混交林，能够保持生态系统的稳定性。中龄林抚育的方法及要求主要有：

（1）透光抚育

在过分稀疏的地段补植目的树种，使密度达到合理状态。透光抚育采用局部抚育透光伐、团状抚育或带状抚育透光伐，间密留疏，去劣留优，调整林分结构，以保持水土和生物多样性。

（2）卫生伐

针对遭受病虫害、风折、风倒、冰冻、雪压、森林火灾等灾害的林分，清除生态功能明显降低的受害木。一般情况下，应全部伐除受害木，但是为了给林分保留一定的郁闭度，维持森林生态环境，则尽可能对受害较轻的林木加以保留。耐火烧树种在火灾发生后的2~3年内分数次逐步伐除火烧木，首次伐除的严重火烧木不要超过林木总数的30%。

（3）修枝与割灌

在自然整枝不良、通风透光不畅的中幼林中，通过合理修枝可以有效地提高干材质量，促进林木生长。一般杨类在郁闭前只修除影响生长的竞争枝、卡脖枝和不利于干形的粗侧枝，郁闭后修枝1~2次即可，修枝强度以冠高比2：3~1：2为宜。刺槐等其他阔叶树种，造林后第二年即应修去竞争枝、双顶枝等；3年生后共可修枝2~3次，强度以冠高比不小于1：2为宜。修枝要遵循"轻修枝，留大冠，控制竞争，利用辅养"的原则，尽量少去枝，防止一次修枝过重，以免造成伤疤过多，难以愈合，影响树木的生长。

在下木生长旺盛，与目的树种生长争水争肥，影响目的树种生长及幼苗更新的中幼龄林中，可采取机割、人割等不同方式，清除妨碍目的树木生长、幼苗高生长的灌木、藤条和杂草。但在割灌过程中，注意保护有生长潜力的幼苗、幼树。

## 3. 成熟林的择伐

成熟林实行块状择伐，保留天然更新幼树或补植与原有植被形成的混交林，避免由于皆伐造成的森林环境的破坏。择伐时要保留天然更新幼树，也可进行补植其他树种，使林分形成异龄复层混交林，最大限度地发挥森林的多种功能。通过块状择伐，结合择伐后的补植与新造，形成组成上多物种、结构上多层次、年龄上多世代、斑块上多样化的复层异龄森林生态系统。复层异龄混交林与单纯林相比，生物种群丰富，食物链复杂，互相制约，相互平衡，不会造成某一种病虫害的大面积发生。

### 4．低效林改培

按照不同的林分类型采取不同的改造培育方式，对复层异龄残次林等选择综合改造的方式，通过采取补植、抚育、调整等方式，育林择伐、林冠下更新等措施，提高林分质量。对于低效纯林可选择调整改造的方式，采取抽针（阔）补阔（针）、间针（阔）育阔（针）、栽针（阔）保阔（针）等方法调整林分树种，一次性间伐强度不得超过林分蓄积的 25%，重点培育珍稀树种和大径级材。具体措施是按照补植为主、伐除为辅的原则，可先清后补，也可以先补后清。伐除部分影响补植、占用林地面积和空间较大的非目的树种，以及老龄过熟木、多头木、病腐木、断梢木、霸王树、树干弯曲破损木、散生木，为林下补植创造有利条件。补植时应根据上层保留木胸径大小和株数、幼苗幼树分布以及立地条件等因素确定补植树种和密度。补植后适时进行抚育管护。

### 5．病虫害综合管理

在病虫害的防治中应充分认识生物多样性保护的重要性，改善和提高森林的生物多样性，走生态防治道路，这是控制森林病虫、促进森林持续发展的关键措施之一。因此，应丰富栽培树种的多样性，加强栽培管理措施，增强树势，提高树木自我防御能力，同时，保护和引入天敌资源，增强天敌对害虫的自然控制作用。要努力建立森林植物系统、动物系统、微生物系统之间以及自然环境与社会环境之间的整体协调、高效益的持续发展格局。

（1）坚持以生物防治为主的综合治理策略

病虫害防治坚持以生物防治、物理机械防治为主，以化学防治为辅助，综合防治的措施，尽可能减少农药用量，必须采用药物防治时，选用低毒、低残留或无公害农药。施用农药时注意喷洒量、喷洒时间、喷洒方式等，避免一次喷洒过量，以免造成农药浪费和多余农药流失进入环境，防止环境污染，确保人畜安全，尽量减少杀伤有益生物。

（2）保护有害生物的繁殖地和栖息地

采取合理的措施，保护病虫害天敌的繁殖地和栖息地，如鸟类、蝙蝠、蜘蛛、鱼类和青蛙等；避免过度使用杀虫剂杀死有害生物害虫的天敌，污染家畜和人类的食物链或水源，以免破坏生物多样性。

# 第三章　林业工程项目与水土保持

在造林过程中，无论是林地清理还是造林整地，总会扰动地表植被、土壤，甚至破坏地表土壤结构，形成一定的破土面积，使得原先比较坚实的土壤变得疏松多孔，虽然疏松多孔的土壤有助于蓄水保水，但如果保护不好就可能造成水土流失。因此在造林整地过程中，首先，要注意尽可能保持地表原生植被，尽量减少破土面积，提高整地的质量，将造林整地过程中的破土面积控制在一定的范围内，以防止造成更为严重的水土流失；其次，要注意营造混交林，通过增加物种多样性，提高地表覆盖，避免径流形成与减少水土流失；最后，要加强抚育管理，保持林木健康生长和林地的持续经营，减少水土流失，增强其生态与经济效益。

## 一、造林地清理与水土保持

### （一）林地清理可能造成的水土流失

造林地的清理就是在翻垦土壤前，对造林地上的灌木、杂草等植被进行清除，或者是对采伐地中的枝桠、梢头、伐根、站杆、倒木等剩余物进行清理的一道工序。其目的是为了改善造林地的卫生状况，为翻垦土壤、整地、林木栽植、幼林抚育等作业创造有利条件。

通过不同形式的清理，创造不同的微地形和气候，以适应不同生物学生态学特性树种的需求。例如，全面清理更适合喜光树种的更新造林，而局部清理适用于耐阴树种的营造；植被清理后，还减少了植被对于养分的直接消耗，增加了土壤中的有机质含量，改变了土壤的物理性质，有利于土壤微生物的活动，加速了营养元素的循环，加快了土壤中的供应。通过林地清理将迹地中与幼林进行竞争的杂草、灌木清除，从而减少造林地内土壤水分和养分的消耗，还可将残留的病木带出林地，以破坏病虫赖以滋生的环境，减轻病虫的危害。造林地清理也有利于播下的种子萌发和新栽苗木的成活，并促进幼林的生长。

在清理造林地时，会不同程度地造成地面的水土流失。根据赵秀海（1985）《采伐迹地清理方式对水土流失及更新苗木的影响》，从水土资源和养分的保持效果来看，未清理最好，带状清理次之，火烧清理最差。无论何种清理方式，水土流失量和养分流失量均随坡度的提高而增加，当坡度小于8°时，火烧清理的水土流失量较轻，但坡度大于15°时，水土流失极为严重，在此坡度以上的迹地应禁止用火烧清理。因此，过度清理天然植被，会改变土壤理化性质，造成土壤条件恶化，导致水土流失。所以应因地制宜地选择合适的林地清理方式与方法。

## （二）清理方式与水土保持

林地清理方式有全面清理、带状清理和块状清理三种。在造林地清理过程中，应根据造林地的植被种类和覆盖度、采伐剩余物的数量和分布、造林方式以及经济条件等因素来决定清理方式的使用。

### 1. 全面清理

全面清理是全部清除天然植被和采伐剩余物的清理方式，包括全面割除和化学清理。全面清理工作量大，增加造林成本，适用于坡度缓、土层厚、营造经济林和速生用材林的造林地，便于机械化栽植和今后的抚育。

### 2. 带状清理

带状清理是以种植行为中心呈带状地清理其两侧植被，并将采伐剩余物或被清除植被堆成条状的清理方式，主要是割除和化学药剂处理。该方法适用于坡度陡、土层薄、营造用材林和干杂果经济林的造林地。

### 3. 块状清理

块状清理是以种植穴为中心呈块状地清理其周围植被，使用的清理方法主要是割除和化学药剂处理。适用于地形破碎、坡度陡、土层薄、营造防护林的造林地，较灵活、省工。

不同的清理方式有不同的效果和适用条件。其中全面清理的清理效果最好，但由于全面清理清除了造林地上所有的植被，造成地表裸露，造林地失去了原有的保护层，易造成水土流失。带状清理能够产生良好的造林地清理效果，同时在清理过程中保留的天然植物带可以在很大程度上防治水土流失，保护幼苗幼树，提高造林成活率，因此在生产上被广泛地使用。但块状清理的清理效果较差，因此在生产上仅用于病虫害少、杂草灌木稀疏的陡坡防护林造林地或营造耐荫的树种。

## （三）清理方法与水土保持

### 1. 割除清理法

通过割除的方法，不但能将造林地表面的杂草割除，而且不破坏土壤结构，此外保留在土壤内的杂草根系，能增加土壤的抗蚀性和抗冲性，预防水土流失。割除清理主要用手工工具和割灌机进行，割除清理的方法适用于杂木林、灌木、杂草繁茂的荒山荒坡及植被已经恢复的老采伐迹地等。一般地区多采取带割的方法，带宽 1～3 m，随植被的高度而不同，割除带沿等高线布设。割下的灌木、杂草平铺在地表，可以有效覆盖地面，防止水土流失，而且杂草、灌木腐烂后也可以改善土壤理化性质。

### 2. 化学处理法

当造林地上的植被比较繁杂、造林地的地形复杂，人工清理具有一定困难时可采用化学药剂清理。化学药剂清理效果显著且具有省时、省工、经济、不造成水土流失和使用方便等优点。目前使用比较广泛的化学药剂主要有：2,4-D（二氯苯氧乙酸）、2,4,5-T（三氯苯氧乙酸）、草甘膦、茅草枯、百草枯、五氯酚钠、阿特拉津、西玛津等。运用化学药剂清理造林地时，所选用的化学药剂种类、浓度、用量以及喷洒时间，应根据植物的特性、生长发育状况以及气候等条件决定。化学清理也具有弊端，如化学药剂运输不方便、不安全；用量和用法掌握不当会造成环境污染且可能对人畜造成毒害；残留的药剂会对更新的幼苗幼树造成毒害；杀死有益的生物；化学药剂在使用时也可能会受到限制等。因此化学药剂清理法应视造林地的具体情况而定。

### 3. 堆积清理法

堆积清理包括堆腐法、带腐法和撒铺法。堆腐法是指把采伐剩余物截短后堆成堆，置于林地内让其腐烂。此法经济易行，在实践中得到广泛应用，一般堆的长、宽、高以不超过 2.0 m×1.5 m×1.0 m 为宜。堆的位置应选在没有幼树的空地上或低洼地，对侵蚀沟以填平为主，但不要影响有正常排水作用的小河或小溪的流动。带腐法是指在皆伐迹地上常应用的一种宽 1.0～1.5 m、高约 1 m 的带状堆腐。与堆腐法相比，具有省工、便于更新作业的进行和能起到一定水土保持作用的优点，在坡度较大的迹地上，采伐剩余物较多、较粗的枝条时，这些优点尤为明显。撒铺法就是将采伐剩余物截成长 0.5～1.0 m 的小段，均匀地撒布或带状平铺在迹地上任其腐烂。一般多在干燥、瘠薄陡坡地方应用这种方法。

（四）山东生态造林项目造林地清理的主要做法

（1）严禁采用炼山方式清理林地；
（2）坡度大于 15°的地块，可采用块状或带状清理妨碍造林活动的灌藤草；
（3）将清除的灌藤草堆积在带间或种植穴间，让其自然腐烂分解；
（4）林地清理时，溪流两侧要视溪流大小、流量、横断面、河道的稳定性等情况，区划一定范围的保护区。

## 二、造林地整地与水土保持

### (一) 整地的水土保持作用

整地是指造林前通过人工措施对造林地的环境条件进行改善，以使其适合林木生长的措施。整地可改善造林地的土壤理化性质与土壤的温度、湿度等微气候立地条件，促进直播种子快速吸水膨胀，生根出土；栽植的苗木根系愈合快，发生新根多，水分供需均衡，苗木可以顺利成活。整地后，土壤疏松，土层加厚，灌木、杂草及石块被清除，苗木根系向土层深处及四周伸展的机械阻力减小，促进林木根系及地上部分生长。

整地是一种坡面上的简易水土保持工程，它可以形成一定的积水容积，把一时来不及渗透的降水贮蓄起来，避免形成地表径流而产生水土流失。同时，在水土流失严重的地区，整地是水土保持工作中的生物措施（造林种草）的一个重要环节。人工林浓密的树冠、庞大的根系和丰富的枯落物具有涵养水源、改良和保持土壤的巨大效能，是预防水土流失的重要武器。整地通过促进人工林的成活与生长，促进人工林尽快郁闭成林，发挥其良好的水土保持作用。

在山坡进行整地对保持水土的作用是通过如下途径实现的：第一，改变小地形，把坡面局部改为平地、反坡或下洼地，改变了地表径流的形成条件，在一旦地表径流形成时，又可避免其过分汇聚，减少流量，延缓流速。第二，均匀分布在坡面上的整地部位，可以有效地积水，把截得的地表径流分散保蓄。第三，整地后土壤疏松，水分下渗快，可以更多地渗入土壤内。

### (二) 整地方式与水土保持

整地方式可分为全面整地和局部整地。局部整地又可分为带状整地和块状整地。

#### 1. 全面整地

全面整地是对造林地进行全部土壤翻耕。这种方式对造林地土壤环境的影响面大，对土壤理化性质的改善效果较好，对造林地上杂草、灌木的清除较为彻底，对促进苗木成活、生长有积极作用。全面整地后土壤疏松，蓄水能力增强；但与此同时，全面整地破坏土壤的表层结构，由于表土裸露，抗侵蚀能力也相应减弱，加剧了土壤和养分的流失。为减少因全面整地而造成的水土流失，山地区均不采用全面整地方式。全面整地方式适宜于山东生态造林项目滨海盐碱地改良区。全面整地多采用机械化作业，包括翻耕、耙地、镇压等工序。机耕深度多为 30～50 cm，以保证苗木根系舒展。

### 2. 局部整地

局部整地只翻耕造林地局部地段土壤，与播种或苗木栽植部位直接发生联系。局部整地方式可进一步区分为带状整地和块状整地两类。

（1）带状整地

带状整地是在造林地上，按照一定的方向和规格条带状翻耕土壤。带状整地具有良好的改善立地条件的效果，对于保持水土具有积极作用，同时也便于机械化作业。带状整地的具体方法有水平阶、水平沟、环山水平带等。带状整地方式随造林地立地条件不同所采取的方法各异，特别是受地形条件的支配作用较大，并受整地目的、造林地植被条件、水土流失特点等的限制。带状整地应充分考虑水土流失特点，尽可能达到最大的水土保持效果。整地应视退化山地植被恢复区的造林地坡度大小选择穴垦、带垦或梯级整地方式，破土面积控制在 25% 以下。一般地，在退化山地坡度小于 15° 的直面上，采用水平阶、水平沟等阶梯整地方式。在坡度为 15°～25° 时，采用穴垦、沿等高线的带状垦殖，带宽视整地目的和植被状况在 1～3 m 不等；带长依地形变化而定，应注意避免水土流失，条带过长易产生汇集径流的冲刷。当坡度大于 25° 时，主要采用穴垦整地，"品"字形排列，一般采用鱼鳞坑整地方式。此外，在滨海盐碱地改良区，可采用台条田带状整地方式进行整地。

①水平沟整地：整地方向沿山坡等高线进行。梯形水平沟的设置为"品"字形，利于保持水土。梯形水平沟规格为上口宽为 0.6～0.8 m，沟底宽约 0.4 m，沟深 40～60 cm，外侧斜面约 45°，内侧斜面约 35°，沟长 4～6 m，水平沟间距 2～3 m。挖沟时用底土培埂，表土填入沟内，以保证植苗部位有较好的肥力条件。水平沟整地适于 1°～20° 的坡地。由于沟深，容积大，具有拦蓄径流、保持水土的作用。

②水平阶整地：沿等高线将坡面修整成台阶状的阶面，阶面水平或稍许内倾。阶面宽窄因坡地条件而定，石质山地较窄，为 0.6～0.8 m；上石山地较宽，为 1.0～1.5 m；阶长无一定标准，视地形情况 6～10 m；台阶面外缘培埂。整地时从坡下开始，先修下边的台阶，向上修第二台阶时，将表土下翻到第一台阶上，修第三台阶时再把表土投到第二台阶上，依此类推修筑各级台阶。水平阶整地适用于 15°～20° 的坡面，具有一定的改善立地条件作用，整地规格因地形条件可灵活掌握。水平阶整地多应用于砂石山区土层和风化程度较厚、具有植被覆盖的造林地。

③台条田整地：在滨海盐碱地改良区，可采用筑台、条田的方法进行整地，宽一般为 30～70 m，台面四周高，里面低，便于拦截天然降水，并且有排水设施，尽可能降低土壤含盐量。

（2）块状整地

块状整地是在造林地上，按照一定的要求和规格块状地翻耕土壤。块状整地在各种立地条件的造林地均可采用，并且破土面小，对于保持水土作用较大，省工省力，灵活方便。块状整地更适宜于坡度陡、土层薄、地形破碎的退化山地以及经营条件较差的边远地区的荒山荒地。块状整地的方法有穴状、块状、鱼鳞坑整地等。

①穴状整地：为圆形坑穴，穴面与原坡面持平或稍向内倾斜，穴径一般为 0.3～0.5 m，深 0.4 m。穴状整地主要运用于生态造林项目的盐碱地改良区，也可在退化山地植被恢复区根据小地形的变化灵活选定整地位置。一般按造林株行距确定穴间距离。坑穴间排列呈三角形，整地投工数量少，成本较低。

②块状整地：为正方形或矩形穴状，穴面与原坡面持平或稍向内倾斜，边长 0.3～0.4 m，深度 0.3 m，外侧可培埂；在土层深厚的平原区边长可在 0.5 m 以上。块状整地破土面小，灵活性强，适于各种立地条件，具有蓄水保墒、保持水土的功能。在退化山地植被恢复区一般用于植被较好、土层较厚的坡面，在地形较破碎的地段，可采用小规格，地形较为完整的地段，可适当放大规格，供培育经济林或改造低价值林分用。

③鱼鳞坑整地：坑穴为近似半月形的破土面，坑穴间排列呈三角形。挖坑时先把表土堆在坑的上方，把生土堆在坑的左侧或右侧，把石块和母质堆在坑的下方，将熟土和生土再填入坑内，坑穴的下方外缘用石块和母质做成半环状埂，埂高 10～20 cm。坑穴的月牙角上要制成斜沟（引水沟），以蓄积雨水。坑内侧可做成蓄水沟与引水沟连通。为避免造成更大的水土流失，结合世界银行的小苗、小坑整地原则和退化山地的土壤厚度，鱼鳞坑的规格大小主要采用长径为 0.4～0.6 m，短径 0.3～0.5 m，坑深 0.3～0.4 m，坑距为 2～3 m。鱼鳞坑整地适用于退化山地植被恢复区，具有比较好的水土保持效果，鱼鳞坑整地主要用于退化山地 25°以上的坡地。

## （三）整地规格与水土保持

造林整地规格主要是指整地的断面形式、深度、宽度、长度和间距等，这些指标都不同程度地影响着造林整地的质量。断面形式是指整地时翻垦部分与原地面构成的断面形状。整地的主要目的是为了更多拦蓄降水，增加土壤湿度，防止水土流失。整地深度对整地效果的影响最大，增加整地深度不仅有利于根系的生长发育，还有利于提高土壤的蓄水保墒能力。

### 1. 造林整地规格

（1）整地深度

整地深度是整地各种技术指标中最重要的一个指标。整地深度在改善立地条件方面作用显著，有助于为林木的生长发育创造适宜的环境。在确定整地深度时，主要考虑造林地的气候特点、立地条件和苗木根系大小。山东生态造林项目退化山地植被恢复区土壤干旱、土层薄，下方为基岩，整地费工费力，整地深度不可能太大；加之世界银行对造林苗木的要求为小苗，从苗木根系角度来说，整地深度也不亦太深。因此，在退化山地植被恢复区，穴状整地与鱼鳞坑整地的深度一般为 0.3～0.4 m，而在滨海盐碱地改良区整地深度可采用 0.4～0.5 m。

（2）整地宽度

局部整地时的整地宽度，应以在自然条件允许和经济条件可能的前提上，力争最大限度地改善造林地的立地条件为原则。确定破土宽度一般需要根据下列条件：

①发生水土流失的可能性。整地既是保持水土的措施，又是引起水土流失的原因，所以，整地的宽度不宜过大。

②坡度的大小。在陡坡，如果破土宽度太大，断面内切过深，土体不稳，容易塌陷，既费工，又造成水土流失。缓坡整地的宽度就可以大一些。

③植被状况。在有植被覆盖的造林地上，杂灌木越高，遮荫范围越大，破土宽度也应越大，以保证幼林的地上部分和根系有较大的伸展余地，在与杂、灌、草的竞争中处于有利地位。

④树种要求的营养面积，特别是经济林树种更要有较大的营养面积。

破土穴或带间的距离，主要根据造林地的坡度和植被状况等而定。在陡坡、植被稀少、水土流失严重的地方，带（或穴）间保留的宽度可以大些，原则上应使其保留带所产生的地表径流量能为整地带（穴）所容纳。山东生态造林项目整体要求破土面积控制在 25% 以下，一般破土宽度与保留部分宽度为：杂草、灌木高度不大的荒山可为 1∶6 或 1∶7，灌木高大茂密的地方，可采用 1∶4 或 1∶5。

（3）整地长度

整地破土面积的长度，主要是指带状整地带的边长。在山地上，破土面的长度随地形破碎程度、裸岩分布和坡度而不同。一般地形越破碎，影响整地施工的障碍越多，破土的长度应越小，坡度越陡，破土面长度也应越小，因为在有些条件下，长度过大，破土面不易保持水平，反而会使地表径流大量汇集沿坡流下造成冲刷。破土面长度大些，有利于种植点的均匀配置。

（4）断面形式

破土面与原地面所构成的断面形式一般多与造林地区的气候特点和造林地的立地条件相适应。在山东生态造林项目中，为了更多地积蓄大气降水，减少蒸发，增加土壤湿度，破土面可低于原地面（或坡面），与原地面（或坡面）成一定角度，以构成一定的积水容积。

在退化山地项目区的整地中，除了以上需要注意的事项外，还涉及坑缘埂的有无及其规格等，一般在带（或穴）外缘修筑土埂有利于蓄水拦泥；在带中筑横埂有利于防止水流汇集。而在鱼鳞坑或穴状整地中，根据退化山地的情况，或在坑外缘修筑土埂，或直接利用整地过程中清理出的石块及坑周的石块，用石块在坑的周边堆砌石埂，以此达到拦蓄径流，增加就地入渗、减小水土流失的目的。

**2．不同穴状整地规格的水土保持效果**

挖大穴破土面大，出土量多，弃土面（挖穴时从穴中挖出的土覆盖林地面积）也大，易引起的水土流失可能率也大。据调查，在坡度为 25° 的坡面上，挖一个 50 cm×50 cm×40 cm 穴的弃土面积为 1.02 m² 左右，挖一个 40 cm×40 cm×30 cm 穴的弃土面积为 0.56 m²，而挖一个 30 cm×30 cm×20 cm 穴的弃土面积仅为 0.21 m²。如按造林密度 2 500 株/hm² 计，挖 50 cm×50 cm×40 cm 穴的弃土面积为 2 550 m²/hm² 左右，相当于林地上 1/4 的面积都是浮土；挖 40 cm×40 cm×30 cm 穴的弃土面积为 1 400 m²/hm² 左右，挖 30 cm×30 cm×20 cm 穴的弃土面积仅为 525 m²/hm²。由此推算，挖 50 cm×50 cm×40 cm 穴的弃土面积是挖 40 cm×40 cm×30 cm 穴的弃土面积的 1.82 倍，是 30 cm×30 cm×20 cm 穴弃土面积的 4.86 倍；挖 40 cm×40 cm×30 cm 穴的弃土面积是 30 cm×30 cm×20 cm 穴弃土面积的 2.67 倍。穴的规格越大，弃土面积越大，由此而造成的水土流失也就越严重。因此，从水土保持的角度而言，在山地造林时，在保证苗木成活率的前提下，尽可能减小植穴规格，减少水土流失。退化山地植被恢复区的整地规格保持在 30 cm×30 cm×20 cm 至 40 cm×40 cm×30 cm。

**（四）整地方法与水土保持**

不同整地方式的破土面积与水土流失均有一定差异。其中穴状整地和鱼鳞坑整地破土面积小，不易引起水土流失，土方量小，减小了劳动强度，但由于穴状和鱼鳞坑坑小，在降水强度较大时容易造成水蚀。水平阶和水平梯田的破土面积大、土方量大、人工整地劳动强度大，易引起水蚀，但对强降水有很好的拦截作用。造林地的实际水土流失量的大小，会因破土面积大小、整地后坡度大小、坡面整地工程蓄水聚土能力大小等大幅度变化，是可以调控的。研究表明随着破土面积的增大，水土流失情况也会随之加大，因此在生产中应严格控制破土面积。

在坡度陡（大于 25°）、土层薄（小于 20 cm），采用穴状整地，整地规格 0.4 m×0.4 m×0.3 m，破土面积控制在 5% 以内；坡度为 20°～25°，土层厚度为 20～30 cm，采用鱼鳞坑整地，整地规格 0.5 m×0.4 m×0.3 m，破土面积控制在 8% 以内；坡度为 15°～20°，土层厚度为 30～40 cm，采用水平阶整地，水平阶宽度 1.0～1.5 m，破土面积控制在 15% 以内。

# 三、混交林营造与水土保持

## （一）混交林树种选择及其水土保持

### 1. 混交林树种选择的意义

混交林由于能够更充分利用营养空间，把不同生物学特性的树种进行混交，充分利用不同时期、不同层次范围内的光照、水分和各种营养物质；改善立地条件作用明显，混交林冠层厚，枯落物多，枯落物腐烂分解后改良土壤理化性状和土壤结构，提高土壤肥力，蓄水保土功能大。混交林冠层浓密，根系深广，枯落物丰富，涵养水源，保持水土的作用大；抗御火灾的能力强，营造混交林可以防止树冠火和地表火的蔓延和发展；病虫害轻微，有病有虫不成灾。然而，混交林的这一切优势必须以树种的合理搭配为前提，如果树种搭配不当，就会导致某个树种的被压制，甚至被排挤掉，以致使混交林变成纯林，混交林失败。

### 2. 混交树种选择的原则

首先，必须明确混交的目的及主要树种的生理生态学特性，然后提出一系列可能的混交树种，分析它和主要树种之间可能产生的种间关系，是否有利于达到混交的目的，以此作为选定混交树种的主要准则。从这一点出发，混交树种必须具有促进主要树种生长、稳定的特性，或具有加强发挥全林分其他性能（防护作用、观赏价值等）的特性。其次，混交树种和主要树种之间具有不同生态要求及不同根型的树种一起混交，一般希望混交树种稍耐荫，生长也较慢。通过选择合适的混交树种，加快林木的生长与郁闭，增强地表覆盖，减少降雨对地表的打击与溅蚀，同时地表因积累众多的枯枝落叶层而增强蓄水保土与涵养水源的功能，减少水土流失。为选择适宜的混交树种，一般应遵循以下原则。

（1）符合造林目的

营造混交林要根据造林目的来选择主要树种和伴生树种。如营造用材林要选择生长快、材质优良、生产力高的树种。在生态造林中则主要考虑生态防护功能强、稳定而长寿的树种，如乔木与灌木树种混交，对分散地表径流、固定土壤、防止侵蚀等方面有较大的作用。

（2）混交树种能充分利用光能

一般情况下，喜光树种常居林冠上层，中等耐荫树种居中层，耐荫树种居下层。林冠合理分层有助于提高林分生物量的积累，促进林分高产。因此，选择喜光树种和耐荫树种混交，常形成复层树冠，能充分利用地上空间和光照。复层树冠的形成，一方面，有利于截留降雨，减少到达地表的降雨量，减少地表径流形成的可能；另一方面，复层树冠通过林冠截留降低降雨的动能，减缓降雨对地表的打击和侵蚀，避免产生更大的水土流失。

（3）注意树种根型的差异

树木通过根从土壤中获取水分和养分，根型不同，根系分布的土层不同，可以更好地利用土壤中的水分和养分，避免互相竞争，深根性树种和浅根性树种之间的混交在土壤、水分、养分上分层吸收，避免同层土壤的相互竞争。深根性树种与浅根性树种在土壤内部相互交织，可以形成强大的根网，增强对土壤的固持能力和抗土壤侵蚀能力。

（4）有利于改善立地条件

林分地力的维持和提高取决于林木养分的归还量和林木养分的循环速度。由于针叶树种的落叶灰分少，难分解，所以针叶纯林不利于林分地力的维持和提高。而阔叶树叶灰分丰富，容易腐烂分解，某些固氮能力较强的树种，可以直接给土壤补充营养物质。因此，提倡营造针阔混交林，以便有效地改善林地的立地条件，控制水土流失的进一步发生。而且针阔叶混交林，既可改善立地，增强水分的入渗能力，减少地表径流的形成，又可通过枯枝落叶保蓄水分与土壤，达到水土保持的目的。

（5）树种间无共同的病虫害

选择树种时，应避免有共同病虫害的树种混交在一起，以便有效地防止其迅速地大面积蔓延，便于病虫害的防治。另外，在混交林中，病虫害的天敌较多，可以更好地发挥生物除害的作用，不但有利于减少病虫害的发生，还能减少防治费用，降低防治成本，保护环境，间接提高经济效益。良好生长且无病虫害的林分，可充分发挥其改良土壤、增加枯落物的能力，以此达到水土保持的目的。

### 3. 混交树种的选择

（1）在山东退化山地植被恢复区的山坡上部营造防护林应选择下列树种：主要树种可选用黑松、侧柏、油松和黄栌等，灌木树种可选紫穗槐、连翘、扶芳藤、山杏和山桃等。

（2）在山东退化山地植被恢复区的山坡中部营造水土保持用材林，应选择下列树种：主要树种有黑松、油松、侧柏、刺槐、麻栎和五角枫等，伴生树种有黄栌、黄连木、臭椿、栾树、皂荚和苦楝等。

（3）在山东退化山地植被恢复区的山坡下部营造经济林应选择下列树种：主要树种有桃、杏、核桃、板栗、柿树、枣和山楂等，伴生树种有香椿、花椒、金银花和李树等。

## （二）混交方式、混交类型与水土保持

### 1. 混交方式

混交树种确定以后，选择合理的混交方式是营造混交林成功的关键要素之一。混交方式乃是不同树种的植株在混交林中的配置方式。在实际生产过程中，混交方式归纳起来有株间混交、行间混交、带状混交、块状混交、星状混交和植生组混交，有的研究者也将上述混交方式归纳为四类，即株间混交（包括星状混交、零星混交）、行间混交（包括纯行与混交行交替、行内分组混交）、带状混交（包括宽带状混交）、块状混交（包括"品"字形混交、带状分组混交、不规则片状混交、植生组混交）。通过合理的混交方式，减少树木生长间的竞争与矛盾，加快林分的尽快郁闭，发挥其改良土壤与改善环境的功能，达到减少水土流失的目的。

（1）株间混交

株间混交是最灵活的混交方式，株间混交可以是行内隔株混交两个树种；也可允许一些树种采用较少的混交比例，隔几株栽一株，此时称为零星混交。株间混交时两个树种的种植点位置靠得很近，当种间有矛盾时，这种矛盾表现得最早，也最难于调节。

株间混交是最不安全的方式，而且混交关系不稳定，但如果树种选择得当，种间互助占主导地位，则此混交方式就最善于利用种间互助关系。株间混交除了不安全以外，还有施工麻烦的缺点，施工时要求较高的技术条件。因为此种混交方式形成的林分不稳定，水土保持效果不显著，因此林业工程项目中不用此种混交方式。

（2）行间混交

行间混交即每隔一行就换一个树种的混交。行间混交简化了造林工作，用这种方式混交时，种间关系表现较迟，当相邻行树种间发生矛盾时，行内已郁闭，因而比较稳定，来得及进行人为干涉。行间混交方式应用较广，要求技术条件不高，容易形成比较稳定的林分，该林分水土保持效果也比较好，因此在林业工程项目中常常采用此种混交方式。

（3）带状混交

带状混交时，一个树种连续栽几行（一般在3行以上）成一带，再换别的树种；当混交带在7行以上时，可称为宽带状混交。带状混交的主要意义在于抗风、防火及病虫害隔离。带状混交方式由于施工简便，较为安全，在生产上应用广泛。

（4）块状混交

块状混交分规则和不规则两种，用规则的块状混交时，把造林地划分成很多正方形（"品"字形混交）或长方形（带状分组混交）的块状地，在每个地块上按一定的株行距栽上一种树种，此方式也适用于种间矛盾较大的树种营造防护林和水土保持用材林。块状混

交时块的边长一般为 30～50 m 或更大。至于具体块状混交林的大小应根据每一地块的坡度和土层厚度栽植适宜的树种，形成块状混交。在带状分组混交时，不一定把长方块先划好，而在造林地分带进行种植，在带内随地形等因子的变化而改换树种，因此更为灵活。在小地形变化明显的造林地上可采用不规则的片状混交，因地制宜地达到适地适树及混交的目的。在滨海盐碱地改良区常常采用规则混交，而在退化山地植被恢复区则根据地形情况常采用不规则混交。

### 2. 混交类型

混交类型是根据树种在混交林中的地位及其生物学特性、生长型等人为地搭配在一起而成的树种组合类型。通过人为地搭配树种，使得树种间尽可能地实现其营造林功能与目的，尽可能地减少树种间的资源分配竞争，使得树种能迅速生长、尽快覆盖地表，或者通过主要树种与伴生树种、主要树种与灌木树种形成复层林，减少降雨对地表的打击溅蚀和地表径流的冲刷侵蚀，达到水土保持的目的。混交类型主要有以下几种。

（1）主要树种与主要树种混交

这种类型的混交反映用材林和防护林中两种以上的目的树种混交时的相互关系。两种主要树种混交，可以充分利用地力，同时获得多种经济价值较高的木材和更好地发挥其防护效益，如刺槐麻栎混交林、侧柏黄栌混交林、黑松五角枫混交林以及麻栎栾树混交林等。

（2）主要树种与伴生树种混交

这种类型的混交林林分生产率较高，防护性能较好，稳定性较强。主要树种与伴生树种混交多构成复层混交林林相，主要树种居第一林层，伴生树种位于其下，组成第二林层。如刺槐栾树混交林、刺槐黄栌混交林、麻栎黄连木混交林、五角枫黄栌混交林、麻栎黄栌混交林。复层林可起到良好的消洪减枯、涵养水源、保持水土的作用。

（3）主要树种与灌木混交

主要树种与灌木混交，种间矛盾比较缓和，林分稳定。混交初期灌木可以为乔木树种创造侧方庇荫、护土和改良土壤；林分郁闭以后，因在林冠下见不到足够的阳光，灌木便趋于衰老。在一些混交林中，灌木死亡，可以为乔木树种腾出较大的营养空间，起到调节林分密度的作用。主要树种与灌木树种之间的矛盾也易调节，因为灌木大多具有较强的萌芽能力，在其妨碍主要树种生长时，可以将地上部分砍去，使其重新萌芽。如侧柏紫穗槐混交林、黑松紫穗槐混交林、麻栎连翘混交林以及五角枫扶芳藤混交林等。

（4）主要树种、伴生树种与灌木混交

该混交类型反映由主要树种、伴生树种和灌木树种共同组成的混交林中的树种间相互关系，一般称为综合性混交类型。如黑松黄栌连翘混交林、刺槐黄栌扶芳藤混交林、侧柏黄栌连翘混交林以及麻栎黄栌紫穗槐混交林等。

（5）针阔混交

该混交类型是侧柏黄栌混交、侧柏刺槐混交、侧柏五角枫混交、侧柏栾树混交、黑松刺槐混交、黑松麻栎混交、黑松五角枫混交以及黑松栾树混交等。

## （三）造林密度与水土保持

造林密度的大小对林木的生长、发育、产量和质量均有重大影响。中华人民共和国林业局颁发的《造林技术规程》中提出了中国主要造林树种的适宜造林密度。但是，由于各地地域、气候条件及树种等因素的影响，造林密度有所不同。因此，营造人工林时必须从各自的实际出发，因地制宜，才能达到最佳效果，产生最佳效益。

### 1. 造林密度与林分的关系

（1）造林密度与林木生长的关系

造林密度和树木生长有着十分密切的关系，并不是密度越大树木生长得越快、产量越高。一般应遵循能适时郁闭、幼树生长良好为标准。其合理的密度应根据立地条件、树种生物学及生态学特性、造林目的、水土保持的需要、作业方式和中间利用的经济价值等的不同，因地制宜地确定，过稀过密都不妥当。只有根据树种的生长特性并结合当地条件选择适当的密度，树木才能在最短的时间内成林。

营造防护林只需考虑尽早发挥保持水土、涵养水源、防风固沙等防护作用，而营造用材林和经济林，既要考虑林木的生长速度，又要考虑到水肥供应，更要得到最佳的经济效益。在一定范围内林木生长随密度的减少而增大，若密度小，营养、水分相对来说比较充足，生长发育就好。反之，光照缺乏，抑制生长。但随着密度的减小，株数过少，整个林分的总产量会下降。

（2）造林密度与抚育的关系

造林密度的不同，会造成幼林抚育早晚不同，幼林抚育年限也就长短不一。密度大则幼林郁闭早，抚育期就短，可节省抚育经费开支。但郁闭快，幼林的分化和自然稀疏开始早，对于同龄林就需要进行间伐。但抚育伐次数增多，当然投资也会增加，增大作业费用。当造林密度大时，不及时间伐或调整密度，会导致林分生长量下降，对林分的产量、质量以及保持水土、涵养水源、防风固沙等防护效果均有严重的影响。

### 2. 造林密度与水土保持的关系

造林密度大，可使林木能够在较短的时间内尽可能郁闭，能在一定程度上减少水土流失，但影响林木的生长、材质及增加后期的抚育费用；造林密度小，林木生长稀疏，影响林分的蓄积量、材质与单位面积的生态系统服务价值，但有益于林木下方草本植物与灌木的生长，增强地表覆盖，增加水土保持功能。因此，应在考虑密度对林木生长、发育、产量与质量的基础上，顾及水土流失对密度的要求，即密度应采取保障单位面积生产力不下降，同时使得林木生长尽可能不影响林下草被的生长发育的密度，只有这样才能既获取较好的生态效益与保持水土功能，又能获得较好的生产功能与经济效益。

### 3. 确定造林密度的原则

（1）根据造林目的、林种确定密度

不同的造林目的要求的造林密度也不同，防护林的密度应大些。一般可采用株行距 2 m×2 m 或 3 m×3 m 的造林密度；用材林的密度应小些，一般可采用株行距 3 m×3 m 或 3 m×4 m 的造林密度；经济林的造林密度应适当减小，有利于通风透光，保证树体的生长及果实成熟，更有利于果实的丰收。可用株行距 3 m×5 m 或 4 m×6 m 的造林密度。

（2）根据树种特性确定造林密度

不同的树种有不同的生长特性，造林时要根据树种的生物学特性确定造林密度。喜光、速生、分枝多的树种，造林密度可稀一些，耐荫、生长慢、分枝少的树种，密度可以大些。

（3）根据立地条件确定造林密度

立地条件的好坏是林木生长快慢最基本的条件。立地条件影响树木生长的速度。通常立地条件差，造林密度应密一些，立地条件好的造林地密度应稀一些，可提高单位面积的森林覆盖率。

（4）根据林种确定造林密度

如薪炭林以生产全株生物量为目标，一般宜密。用材林以生产干材为目标，密度宜适中。许多经济林以生产果实为主要目标，要避免树冠相接，一般宜稀。同为用材林，以培育中小径级材为目标的人工林宜密，而培育大径级材为目标的人工林宜稀。

（5）根据造林成本和经济收益确定

造林密度大，则造林成本高。造林的经济收益包括中间利用的收益及主伐利用的收益。在林农间作的情况下还应包括间作物的收益。

综合以上密度选择的原则，结合生产实践与科技支撑项目，世界银行山东生态造林项目中，山地生态造林模型的初植密度选定为：石灰岩山地山体上部 S1、中上部 S2 模型适宜的初植密度为 2 000～3 000 株/hm²，山体中部 S3 模型适宜的初植密度 1 000～2 000 株/hm²，下部 S4 模型适宜的防护林初植密度为 1 000～2 000 株/hm²，经济林初植密度为 400～700 株/hm²。砂石山地山体上部 S5、中上部 S6 模型适宜的造林密度为 1 500～2 500 株/hm²，山体中部 S7 模型适宜的造林密度为 1 000～2 000 株/hm²。山体下部 S8 模型适宜的造林密度防护林为 1 000～2 000 株/hm²，经济林为 400～700 株/hm²，茶叶林为 45 000～60 000 株/hm²。

## 四、幼林抚育与水土保持

幼林抚育，是从造林后至郁闭以前这一时期所进行抚育管理技术的统称，包括土壤管理技术和林木抚育技术，以及幼林保护等。抚育是人工林幼林管理的重要措施，也是影响水土流失的重要因素。研究认为，抚育后早期径流量明显增大，两三次大雨后与对照趋于一致；泥沙流失量在一个月内显著增加，到暴雨时增加更明显，随着时间推移呈逐渐减少趋势（韩久同，2007）。

新造的幼林，在其生长发育初期，一般要经历适应造林地的环境，恢复根系和生根发芽，逐渐加速生长，直至树冠相接进入郁闭这样一个阶段。造林后的初年，苗木以独立的个体状态存在，树体矮小，根系分布浅，生长比较缓慢，抵抗力弱，任何不良外界环境因素都会对其生存构成威胁，因此，在这个时期应及时采取相应的抚育措施，改善苗木的生活环境，排除不良环境因素的影响，对提高造林成活率、保存率，促进林木生长和加速幼林郁闭，具有十分重要的意义。

幼林抚育管理的任务是在于通过土壤管理创造较为优越的环境，满足苗木、幼树对水分、养分、光照、温度和空气的需求，使之生长迅速、旺盛，并形成良好的干形，保护幼林使其免遭恶劣自然环境条件的危害和人为因素的破坏。在造林生产实践上一定要避免"只造不管"或"重造轻管"，以致严重地影响了造林的实际成效，极大地浪费了人力、物力、种苗，延误了造林绿化进程，还挫伤了群众的造林积极性。

### （一）松土除草与水土保持

松土除草是幼林抚育措施中最主要的一项技术。松土的作用在于疏松表层，切断上下土层之间的毛细管联系，减少水分物理蒸发，改善土壤的保水性及透水性，促进土壤微生物的活动，加速有机质分解。但是不同地区松土的主要作用有明显差异，干旱、半干旱地区主要是为了保墒蓄水；水分过剩地区在于提高地温，增强土壤的通气性；盐碱地则为减少春秋季返碱。因此，松土可以全面改善土壤的营养状况，有利于苗木成活和幼树生长。除草的作用主要是清除与苗木、幼树竞争的各种草本植物，以此减少杂草对土壤水分、养分和光照的竞争，保证苗木度过成活阶段并迅速进入旺盛生长。

松土除草一般同时结合进行，也可根据具体情况单独进行。松土除草的持续年限、每年松土除草的次数应根据造林地区气候条件、造林树种、立地条件、造林密度和经营强度等具体情况而定。一般多从造林后开始，连续进行 3～5 年的抚育，直到幼林郁闭为止。生长较慢的树种应比速生树种的抚育年限长些。造林地越干旱，抚育的年限应越长，气候、土壤条件湿润的地方，也可在幼树高度超过草层高度（约 1 m）不受压抑时停止。造林密度小的幼林通常需要较长的抚育年限。中国《造林技术规程》规定：湿润、半湿润地区速生树种造林，松土除草可连续进行 3 年，即第一年 2~3 次；第二年 2 次，第三年 1 次；半干旱、半湿润地区，生长缓慢树种造林，松土除草可连续进行 4~5 年，即第一至三年每年 2~3 次，第四年 1~2 次，第五年 1 次。松土除草及其在各年的分配，可根据下列情况灵活地加以掌握：采用播种方法营造的人工林，营造速生丰产林、经济林，松土除草的次数可多些；以及经过细致整地，植被尚未大量孳生的幼林地，可以适当减少抚育次数，甚至暂时不抚育，待杂草等植被增多时再进行，并适当增加次数；幼树根系分布浅的树种，造林后的一两年，可酌情减少次数。松土除草的时间须根据杂草的形态特征和生长习性，造林树种的年生长规律和生物学特性，以及土壤的水分、养分动态确定。一般以能够彻底地清除杂草，并扼杀其再生能力，能够最大限度地促进林木生长，以及能够充分利用营养有效性大的时期为宜。

松土除草的方式应与整地方式相适应，也就是全面整地的进行全面松土除草，局部整地的进行带状或块状松土除草。松土除草的深度，应根据幼林生长情况和土壤条件确定。造林初期，苗木根系分布浅，松土不宜太深，随幼树年龄增大，可逐步加深；土壤质地黏重、表土板结，而根系再生能力又较强的树种，可适当深松；特别干旱的地方，可再深松一些。总之是里浅外深；树小浅松，树大深松；沙土浅松，黏土深松；土湿浅松，土干深松。一般松土除草的深度为 5~10 cm，加深时可增大到 15~20 cm。

在松土除草时，一定要考虑对水土保持的影响。当大面积除草时，相当于进行了全面的地面清理，使得地面缺少覆盖，可能就会造成水土流失，因此，无论在退化山地还是滨海盐碱地，林业工程项目提倡株间、穴内松土除草和扩穴松土除草。除在幼树附近进行松土除草外，还可将苗木外围的灌木、草本砍割收拢后围靠于苗木种植穴外沿，或覆盖在苗木周围已锄过的土面上，这样可以减少种植穴水分蒸发，保墒、增肥，而且还可阻挡地表径流，减少径流的数量并缓冲径流的速度，同时还能起到拦截向下坡推移泥土的作用，大大减少新造林地的水土流失。此外，应避免在多雨季节进行抚育，特别是不要在大雨、暴雨、持续降雨到来前进行抚育，否则会增加新造林的水土流失。

## （二）水肥管理与水土保持

人工林灌溉是造林时和林木生长过程中人为补充林地土壤水分的措施。灌溉对提高造林成活率、保存率，提早进入郁闭，加速林分生长，实现速生丰产优质和增强保持水土、防风固沙等防护效果，以及促进林木结实具有重要意义。灌溉具有增加林地及其周围地区空气相对湿度、降低气温的明显作用。灌溉还可以洗盐压碱，改良土壤，使原来的不毛之地适于乔灌木树种生长。造林时进行灌溉，可以提高造林成活率。但是，由于造林工作大多集中在地形复杂的丘陵山地或土壤条件比较恶劣的地区，再加上经济、技术、水源等条件的限制，使得灌溉的应用受到局限。

灌溉必须选择适当的灌水量。灌水量过大，水分来不及迅速渗入土体，造成地面积水和水土流失，恶化土壤理化性质，还会浪费大量灌水；而灌水量过小，地面湿润程度不一。确定灌水量应以土壤渗透性能、灌沟长度或畦面条幅长度、灌溉定额，以及规定的灌溉时间为依据。一般用材林和防护林的灌水量，取决于林木的需水系数、林木适宜生长的湿度、土壤蒸发量及植物蒸腾量的变化、降水量及其利用系数以及土壤理化性质、湿度条件等。一般认为，绝大部分树种，以土壤含水量保持在相当于田间持水量的 60%～70%时生长最佳。半干旱、半湿润地区一般每年灌溉 2～3 次，最低限度 1 次，灌溉的时间应注意与林木的生长发育节奏相协调，如可在树木发芽前后或速生期之前进行，减轻春旱的不良影响；灌水次数较多的干旱、半干旱地区，可在综合考虑林木生长规律和天气状况的基础上加以安排，除在树木发芽前后、速生期前灌水并适当增加次数外，如夏季雨水偏少的年份，可实行间隔时间不要过长的定期灌水，以保持林木连续速生。人工林的灌溉方法有漫灌、畦灌、沟灌、穴灌等。坡度较大的丘陵山地，一般应尽量利用天然的地表水蓄积后进行穴灌，如有条件可进行引水灌溉或采用滴灌、喷灌（特别是经济林），但要注意防止水土流失。

施肥是造林时和林分生长过程中，改善人工林营养状况和增加土壤肥力的措施。施肥具有增加土壤肥力，改善林木生长环境、营养状况的良好作用，通过施肥可以达到加快幼林生长、提高林分生长量、缩短成材年限、促进母树结实以及控制病虫害发展的目的。

人工林施肥使用的肥料种类有有机肥料、无机肥料以及微生物肥料等。有机肥料含有大量有机质，养分完全，肥效期长，但肥效迟，特别是施用量大，在山地运输需要较多的人力、车辆和工具，因而最好利用造林地上的灌木、杂草枝叶就地制肥施用。无机肥料，包括复合肥料，养分含量高，肥效发挥快，但肥效期短，且易挥发淋溶或被固定而失效。施肥量可根据树种的生物学特性、土壤贫瘠程度、林龄和施用的肥料种类确定。但是由于造林地的肥力差别很大，各树种林分的养分吸收总量和对各种营养元素的吸收比例不尽相同，同一树种在不同龄期对养分要求也有差别。造林时中国主要树种每公顷施用有机肥的数量一般为：杨树 7 500～15 000 kg，杉木 6 000～7 500 kg，桉树 3 000～4 500 kg；每公顷施用化学肥料的数量大体为：杨树施硫酸铵 250～500 kg，杉木施尿素、过磷酸钙、硫酸钾各 125～375 kg，落叶松施氮肥 375 kg、磷肥 250 kg 和钾肥 62.5 kg。

施肥方式以人工施肥为主，即在造林时将肥料（如有机肥料）均匀撒布在造林地上，然后整地翻入土中，或在栽植时将肥料（如化学肥料）集中施入行间、穴内，并与土壤混合均匀。施肥深度以使肥料集中在根际附近为宜。在林木生长过程中，可采用将肥料直接撒布于地表的撒施方法，也可采用在相当于树冠投影范围的外缘或种植行行间开沟施入肥料的沟施方法。施肥深度一般应使化肥或绿肥埋覆在地表以下 20～30 cm 或更深一些的地方。施肥的时期应以 3 个时期为主，即造林前后、全面郁闭以后和主伐前数年。

通过栽苗时施足基肥、栽植后幼林抚育时追施复合肥等手段，可有效改善林木营养根系周围的养分供应条件，加快林木早期的速生生长，使苗木生长良好，提前郁闭，防止土壤侵蚀与地表径流的流失，提高林木的抗抑性，以及促使微生物活动旺盛。郁闭后施肥，有利于抚育后树势的恢复，促进生长，增加蓄积量，增加叶量，加速有机质分解，而土壤的改良与枯枝落叶量的增加都有利于地表径流的就地入渗，减少水土流失，增强其蓄水保土能力。

## （三）修枝及其水土保持

修枝是对幼树进行修剪的一种技术措施。修枝的主要作用是：增强幼树树势，特别是树高生长旺盛，增加主干高度和通直度，提高干材质量；培养良好的冠形，使粗大侧枝分布均匀，形成主次分明的枝序。不同分枝类型的树种，应采用不同的修枝方法。单顶分枝类型的树种（如杨树、香椿、核桃等）顶芽发育饱满、良好，越冬后能够延续主梢的高向生长，一般不必修枝。合轴分枝类型的树种（如白榆、刺槐、柳树等）顶芽发育不饱满或越冬后死亡，翌年由接近枝梢上部的叶芽代替而萌发形成新枝，因而，这一类树种的主干弯曲低矮，分权较多。

修枝方法：刺槐可在冬季将树干修剪到一定高度，控制树冠长度与树干长度比例，一般以 2～3 年生时保持 3：1、4～5 年生时保持 2：1 为宜，在立地条件中等的地方培养小径材，留干高度以保持 3～5 m 为宜，并适当剪除部分徒长枝、过密的细弱枝和下垂枝。夏季疏去树冠上部的竞争枝和直立枝，以及树冠中部约半数的侧枝，以压强留弱，保证主梢的优势。白榆的整形修枝可采取"打头修枝"，即"冬打头，夏控侧，轻修枝，重留冠"的方法。秋季树木落叶后至翌春发芽前，将当年生主枝剪去其长度的1/2，同时完全剪掉剪口下的 3～4 个侧枝，其余侧枝剪去长度的 2/3。夏季剪去直立强壮的侧枝，以防其成为主梢的竞争枝。随年龄增长，不断调整树冠长度与树干高度的比例，进行轻度修剪，当达到定干高度后，即不必再修剪，以利于树冠冠幅的扩大。

通过适度、适量、适时修枝，减少病虫害枝、生长衰弱枝、霸王枝，保障树木的良好生长，加快林分郁闭，增加树冠对降雨的截留及枯落物对地表土壤的有效覆盖，减少对水土流失的影响，达到保持水土的目的。

# 第四章 林业工程项目火灾预防

森林火灾在危害森林的各种因素中最为严重，影响力也最大，具有很强的突发性和破坏性，是当今世界上发生面广、危害性大、扑救困难的自然灾害之一。

## 一、森林火灾的发生及危害

近年来，因全球气候变暖等原因，世界上森林火灾的次数和损失都呈上升趋势，据不完全统计，全世界平均每年发生森林火灾约 22 万起，过火面积达 640 多万 $hm^2$，约占全球森林总面积的 1.8‰。我国是森林火灾多发国家，新中国成立以来到 1987 年，全国平均每年发生森林火灾 1.5 万次，过火面积达 97 万多 $hm^2$，森林火灾受害率达 8.5‰，是世界同期水平的 8 倍。近年来，我国平均每年发生森林火灾 7 000 多起，受害森林面积达 8 万多 $hm^2$。山东省森林火灾主要集中在 2—4 月，"十一五"期间，共发生森林火灾 150 起，过火林地面积 289.7 $hm^2$，烧死烧伤树木 37.6 万株，使部分区域森林资源和生态环境受到了严重破坏。

进入 21 世纪后，随着我国六大林业工程的相继启动，人工林面积的迅速扩大，我国广大林区受到森林火灾的威胁正逐年增加，使当前和今后森林防火工作的难度增大，一是林内可燃物增多，发生森林大火的危险越来越高；二是林区的林情和社情十分复杂，火源管理难度越来越大；三是全球气候异常，发生森林火灾的概率越来越高；四是森林防火设施与装备落后，缺乏有效控制森林大火的综合治理手段。森林大火时刻威胁着林区人民的生命财产安全，影响林区经济发展和社会稳定，森林防火形势依然严峻。

森林火灾是最为严重的灾害和公共危机事件之一，同时也是通过有效处置可以避免成灾的，关键是森林火灾的预防和处置措施是否到位、是否得力。因此，高度重视和加强森林防火工作，对于保障人民群众生命财产安全、维护生态安全和社会稳定，具有重大的现实意义。由于林火发生不是偶然现象，而有它自身的规律，是在一定条件下才能发生的，且引起森林火灾的主要火源是人为用火，因此火灾是可以预防的。森林防火是一项政策性、科学性很强的工作，必须坚持森林防火行政领导负责制，加强政策法令的宣传教育，加强组织制度和防火设施的建设，提高预防和控制火灾的能力。

我国森林防火工作实行"预防为主、积极消灭"的方针。预防是森林防火的前提和关键，消灭是被动手段和挽救措施，只有把预防工作做好了，才有可能不发生森林火灾或少发生森林火灾。

## 二、森林火灾预防的行政措施

### （一）做好宣传教育，实现依法防护

开展宣传教育，是预防森林火灾的一项有效措施，是一项很重要的群众防火工作。通过各种形式的宣传教育活动，可以提高广大职工群众的思想觉悟，增强遵纪守法、爱林护林的自觉性。

#### 1. 做好宣传教育，提高全民防火意识

森林防火是一项社会性、群众性很强的工作，它联系着千家万户，涉及林区每个人。只有因地制宜，针对当地实际，开展各种形式的宣传教育，才能使林区广大群众养成护林防火的自觉性，形成护林光荣、毁林可耻的良好风尚。

宣传教育的目的是不断强化全民的森林防火意识和法制观念，提高各级领导做好森林防火工作重要性的认识和责任感，使森林防火工作变成全民的自觉行动。使进入山区的人员具有爱林护林的责任感，自觉做好森林防火工作。做到入山不带火，野外不用火，一旦发现火情，要积极扑救，并及时报告。

宣传教育的内容主要包括：一是宣传国家森林防火工作的方针、政策，宣传森林防火法律规定；二是宣传森林的作用和森林火灾的危害，树立护林为荣、毁林可耻的新风尚；三是宣传森林防火有关制度、办法，宣传森林防火的先进典型和火灾肇事的典型案例，提高广大群众护林防火的积极性和自觉性；四是宣传预防和扑救森林火灾的基本知识。

林区设置防火彩色标语牌，对于预防森林火灾有重要宣传和提示作用。标语牌要设置在入山要道口、来往行人较多的地方。如公路道口、汽车站、林场、工程造林项目区，以及林区村屯附近最引人注目的地方。防火彩色标语牌制作要讲究艺术，色调要鲜明，图案要生动活泼、绘制清晰。宣传教育形式要多样化。除了设置标语牌、标语板、宣传栏等永久设施外，还可以采用如下各种形式进行宣传。通过各种会议宣传，如利用干部会、生产会、交流会、妇女会、民兵会、群众会、座谈会、训练班等；利用各种文字宣传，如布告、条例、办法、规定、通知、小册子以及报刊、墙报、黑板报、标语、对联等；利用各种文艺形式宣传，如宣传画、连环画、电影、幻灯、话剧、歌曲、快板、相声、说唱、对口词等；开展群众性的爱林护林运动，如开展无森林火灾竞赛运动、爱林护林签名运动等。

总之，宣传教育要做到"三结合"，即宣传声势与实效结合、普遍教育与重点教育结合、正面教育与法制教育结合。

## 2．贯彻落实法律法规，实现依法防护

认真宣传和贯彻落实《中华人民共和国森林法》（以下简称《森林法》）和《中华人民共和国森林防火条例》（以下简称《森林防火条例》），强化森林防火执法和监督工作，提高全民森林防火法治理念，确保森林防火工作健康开展。

《森林法》是森林的根本大法，是做好森林防火工作的切实保证。《森林法》规定"保护森林，是公民应尽的义务"，并就森林保护问题专门有一章，规定了七条。其中《森林法》第二十一条专门讲森林防火问题。规定"地方各级人民政府应当切实做好森林火灾的预防和扑救工作""在森林防火期内，禁止在林区野外用火；因特殊需要用火的，必须经过县级人民政府或县级人民政府授权的机关批准""发生森林火灾，必须立即组织当地军民和有关部门扑救"。2008 年 11 月 19 日国务院第 36 次常务会议修订通过的《森林防火条例》是对《森林法》的补充和完善，是专门的森林防火法规。因此，要认真宣传、坚决执行国家的法律法规，实现依法治林，做好森林防火工作。

### （二）严格管理火源，消除火灾隐患

发生森林火灾必须具备三个基本条件：可燃物（包括树木、草灌等植物）是发生森林火灾的物资基础；火险天气是发生森林火灾的重要条件；火源是发生森林火灾的主导因素，三者缺一不可。可燃物和火源可以进行人为控制，而火险天气也可进行预测预报进行防范。当森林中存在一定量的可燃物，并且具备引起森林火灾的天气条件时，森林能否着火，关键就取决于火源，因此火源是林火发生的必要条件。研究火源，管好火源，是预防森林火灾的关键，对控制森林火灾的发生有着重要意义。

### 1．火源种类

一般可将火源分为天然火源和人为火源两大类。

（1）天然火源

天然火源是一种难以控制的自然现象，如雷电火、火山爆发、陨石坠落、泥炭发酵自燃、滚石火花、地被物自燃等。天然火源发生的森林火灾在全国各类火源中比重不大，约占 1%。各种天然火源发生森林火灾的情况因地区而不同。

（2）人为火源

人为火源又可分为生产性火源、生活性火源（非生产性火源）和其他火源。人为火源是引起森林火灾的主要火源，据统计我国人为火源发生森林火灾的比重约占 99%。

①生产性火源。

由于农林牧业、林区副业生产用火，或工矿交通企业用火，引起森林火灾的火源，属

于生产性火源。如烧荒烧垦、烧灰积肥、烧田边地角、火烧牧场、烧炭、机车喷火、制栲胶、狩猎、炼山造林、火烧防火线等。我国生产性火源比重相当大，一般占60%～80%，甚至有些地区还在90%以上，是造成森林火灾较为普遍的一类火源。

②生活性火源。

由于群众生活和其他非生产上的用火，引起森林火灾的火源，属于非生产性火源。如吸烟、迷信烧纸，烤火、打火把、野外烧饭烧水、驱蚊、烟筒灰烬等。生活性火源在某些地区，也是造成森林火灾较为普遍的一类火源。

③其他火源。

如坏人放火、呆傻人员玩火和有意纵火，以及其他不明火源。

### 2. 火源分布与分析

（1）火源分布

我国地域辽阔，各地区由于自然条件和社会状况有明显差别，引起森林火灾的火源也有很大差异。我国各省区在防火期的主要火源分布见表4-1。

表4-1　我国不同地区火源分布

| 区域 | 省区 | 林火发生季节 | | 主要火源 | 一般火源 |
| --- | --- | --- | --- | --- | --- |
| | | 林火发生月份（月） | 火灾严重月份（月） | | |
| 南部 | 广东、广西、福建、浙江、江西、湖南、湖北、贵州、云南、四川 | 1—4<br>11—12 | 2—3 | 烧垦、烧荒、烧灰积肥、炼山 | 吸烟、上坟烧纸、入山搞副业、弄火烧山驱兽、其他 |
| 中西部 | 安徽、江苏、山东、河南、山西、陕西、甘肃、青海 | 2—4<br>11—12 | 2—3 | 烧垦、烧荒、烧灰积肥、烧牧场（西北） | 吸烟、上坟烧纸、入山搞副业、弄火烧山驱兽、其他 |
| 东北及内蒙古 | 辽宁、吉林、黑龙江、内蒙古 | 3—6<br>9—11 | 4—5<br>10 | 烧荒、吸烟、机车漏火、上坟烧纸 | 野外弄火、入山搞副业、烧牧场、雷击火、其他 |
| 新疆 | 新疆 | 4—9 | 7—9 | 烧牧场 | 吸烟、野外用火 |

（2）火源分析

火源分析的主要内容有：火源出现的时间、地点，火源发生时的天气、气象条件及植被、社会等情况。一个地区的火源不是固定不变的，而且随着时间、国民经济发展以及群众觉悟程度的变化而转变，并将又有新的火源产生和某些火源绝迹。火源出现的形式是多种多样的，查明火源、研究火源、严格控制火源是预防森林火灾的有效途径。通过火源分析，掌握火源发生的时间和地点，以及各种火源发生的条件，并采取一定的预防措施，就能有效地预防森林火灾的发生。

火源随时间、季节、地点而变化，表现为区域性、时令性、流动性和常年性等特点。不同地区的各种火源在一年当中，不同的月份出现的频率不一样，同一火源在不同月份的出现频率也不一样。例如，山东省在整个防火期中都可能出现吸烟火源（常年性），春秋季多为烧田边地角火源（时令性），上坟火源主要出现在清明节期间，即 4 月 5 日或前后几天内（时令性、区域性）。

### 3．不同火源的管理措施

（1）生产用火管理

在野外和林内进行的生产用火，如烧荒、烧地堰、放炮采石等，是发生山火的主要火源。控制这些火源的措施：

①改变野外生产用火方式。

对于野外可不用火生产的，尽量不用火，以减少引起森林火灾的机会。如烧地堰等用火可用铲锄地堰草来代替，因为在林地附近烧地堰极危险，遇风吹火星或火舌极易引起森林火灾。

②认真执行各地规定的野外用火制度。

严格执行"六不烧"的用火规定，即领导不在场不烧，久旱无雨不烧，三级以上风不烧，没开好防火线不烧，没组织好扑火人员不烧，没准备好扑火工具不烧。对于必要的生产用火，必须在防火戒严期前烧完，进入戒严期一律禁止用火。用火要做好防火措施，认真执行用火审批制度，用火单位必须做到：在用火前，将用火时间、地点、面积和防火措施等报请上一级森林防火组织审查批准；经审查批准后，要有领导有组织地进行，并配扑火人员、携带扑火工具，对火场上坡、迎面风、转弯、地势不平及杂草灌木茂密地方分别进行戒备；在用火地段的周围要开好 10 m 以上宽的防火带；用火前要事先与气象部门联系，选择风小天气的早晨进行；根据地形地势，采取不同的点火方式：如果地形比较平，火应由外向里，迎风点燃，逐片焚烧，不得点顺风火，以免风速快，飞火成灾；如果是斜坡，不得点"冲火"（即由山下点火向山上烧），应从山上均匀点火向山下烧；要做到火灭人离，用火完毕，必须留下一定人员检查火场，打灭余火，待余火彻底熄灭后，才能全部离开，以防死灰复燃，蔓延成灾。

（2）生活用火管理

主要包括野外生活用火、吸烟和迷信活动用火等火源。不同生活用火要采用分类管理的措施：

①进入林区生产作业和搞副业人员生活用火的管理。

一是野外固定生产作业人员必需的生活用火，要采取严格的管理措施，即必须有专人负责；选择靠河、道路等安全地点；周围打好防火线，设置防风设施；备好扑火工具，再进行用火。二是对入山搞副业人员的生活用火，要采取严格控制措施，对于无组织的人员，防火期间一律禁止入山。

②野外吸烟的管理。

一是经常加强对入山人员的森林防火教育，特别是对外来人员和经常在外活动的人员，更要加强教育；二是加强对入山人员的吸烟用火管理，严格检查，坚决制止非生产人员和通行人员带火入山，禁止野外吸烟。

③上坟烧纸、烧香等迷信用火的管理。

一是在清明节前组织宣传队、出动宣传车，进行宣传教育，倡导文明的祭扫方式；二是在通往墓地的路口增设临时检查岗卡；三是在墓地附近设置流动哨加强火源管理。

（3）雷击火预防

雷击火的预防是一个世界性的难题。目前预防雷击火的方法主要有：一是加强雷击火的预测预报工作；二是加强雷击火的监测，做到及早发现，及时扑救。

## （三）建立防火组织，健全防火制度

建立各级森林防火组织和健全森林防火制度，是做好森林火灾预防工作的有力保障。

### 1. 建立森林防火组织，实现专群结合

建立健全森林防火组织，是做好森林防火工作的组织保障。为了保障森林安全，搞好森林防火工作，国家设立了森林防火总指挥部，其职责如下：

一是检查、监督各地区、各部门贯彻执行国家森林防火工作的方针、政策、法规和重大行政措施的实施，指导各地方的森林防火工作；

二是组织有关地区和部门进行重大森林火灾的扑救工作；

三是监督有关森林防火灾案件的查处和责任追究；

四是决定有关森林防火的其他重大事项。

地方各级人民政府根据实际需要，组织有关部门和当地驻军设立森林防火指挥部，负责本地区的森林防火工作。县级以上森林防火指挥部应当设立办公室，配备专职干部，负责日常工作。地方各级森林防火指挥部的主要职责：

一是贯彻执行国家森林防火工作的方针、政策，监督森林防火条例和有关法规的实施；

二是进行森林防火宣传教育，制定森林防火措施，组织群众预防森林火灾；

三是组织森林防火安全检查，消除火灾隐患；

四是组织森林防火科学研究，推广先进技术，培训森林防火专业人员；

五是检查本地区森林防火设施的规划和建设，组织有关单位维护、管理防火设施及设备；

六是掌握火情动态，制定扑火预备方案，统一组织和指挥扑救森林火灾；

七是配合有关机关调查处理森林火灾案件；

八是进行森林火灾统计，建立火灾档案。

未设森林防火指挥部的地方，由同级林业主管部门履行森林防火指挥部的职责。

（1）建立专业护林组织

林区的国营林业企业事业单位、部队、铁路、农场、牧场、工矿企业、自然保护区和其他企业事业单位，以及村屯、集体经济组织，应当建立相应的森林防火组织，在当地人民政府领导下，负责本系统、本单位范围内的森林防火工作。森林扑火工作实行发动群众与专业队伍相结合的原则，林区所有单位都应当建立群众扑火队，并注意加强训练，提高素质；国营或国有林场，还必须组织专业扑火队。

有林的和林区的基层单位，应当配备兼职或者专职护林员。护林员是林业局、林场专业护林队伍的成员，在森林防火方面的具体职责是：巡护森林、管理野外用火、及时报告火情、协助有关机关查处森林火灾案件等。

（2）建立联防组织

在行政区交界的林区，有关地方人民政府应当建立森林防火联防组织，商定牵头单位，确定联防区域，规定联防制度和措施，检查、督促联防区域的森林防火工作。

（3）建立防火检查站

地方各级人民政府和国营林业企业事业单位，根据实际需要，可以在林区建立森林防火工作站、检查站等防火组织，配备专职人员。森林防火检查站的设置，由县级以上地方人民政府或者其授权的单位批准。森林防火检查站有权对入山的车辆和人员进行防火检查。

### 2．健全森林防火制度，强化规范管理

《森林防火条例》规定："森林防火工作实行地方各级人民政府行政首长负责制"，"森林、林木、林地的经营单位和个人，在其经营范围内承担森林防火责任"。建立一系列完善的森林防火规章制度，是森林防火工作规范化管理的有力保障。

（1）行政区域负责制

地方各级人民政府要负责做好本行政区域内的森林防火工作，加强森林防火工作领导，及时研究、部署森林防火工作，检查与督促森林防火工作开展情况。

（2）单位系统负责制

林区机关、团体、学校、厂（场、矿）、企事业单位，应认真贯彻执行有关森林防火政策法令，教育本系统人员，遵守森林防火规定，积极开展森林防火工作。

（3）分片划区责任制

社区与社区之间，村屯与村屯之间，单位与单位之间，划分区域，分片包干管理，做

好本区域、本片森林防火工作。

（4）入山管理制度

森林防火期为了防止森林火灾、保障森林安全，制止乱砍滥伐、保护稀有和珍贵动植物资源，应建立入山管理制度。在入山要道口设岗盘查，对入山人员严加管理，凡没有入山证明者禁止入山。对于从事营林、采伐的林区人员以及正常入山进行副业生产的人员，凭入山证进山，要向他们宣传遵守防火制度，不得随意用火。

（5）建立联防制度

森林防火工作涉及两个以上行政区域的，有关地方人民政府应当建立森林防火联防机制，确定联防区域，建立联防制度，实行信息共享，并加强监督检查。

（6）制定森林防火公约

根据国家森林防火法律规定，结合群众利益，制定群众性森林防火公约，共同遵守，互相监督。

（7）制定奖惩制度

《森林法》和《森林防火条例》作了明确规定。森林防火有功者奖，毁林纵火者罚。凡认真贯彻森林防火方针、政策，防火、灭火有功的单位和个人给予精神和物质奖励；对于违反森林防火法律规定的肆意弄火者，要分别情节轻重给予批评教育或依法惩处。

## 三、森林火灾预防的技术措施

### （一）林火监测系统工程建设

林火监测的主要目的是及时发现火情，它是实现"打早、打小、打了"的第一步。通过林火监测系统工程建设，及早发现初发的森林火灾，以便及早组织扑救，避免因贻误战机而发展成为重大森林火灾，从而减少森林火灾的损失。林火监测通常分为地面巡护、瞭望台定点观测、视频瞭望监控、空中飞机巡护和卫星监测。

#### 1．地面巡护

由护林员、森林警察等专业人员执行。方式有步行、骑摩托车巡护等。其主要任务是：进行森林防火宣传、清查和控制非法入山人员；依法检查和监督森林防火规章制度执行情况；及时发现报告火情并积极组织森林火灾扑救等。

#### 2．瞭望台观测

利用瞭望台登高望远来发现火情，确定火场位置，并及时报告火情。这是我国大部分林区采用的主要监测手段。

（1）瞭望台的设置

瞭望台的设置原则，应以每座瞭望台观察半径相互衔接，覆盖全局，使被监测的区域基本没有"盲区"，并形成网状。

瞭望台的位置，应在整体布局的基础上进行选定，其选设条件为：

一是地势较高，最好是突起的山岗或高地；

二是视野宽阔，通视条件好；

三是不受其他干扰或自然灾害的危害；

四是尽可能靠近居民村屯、生产场点或道路。

防火瞭望塔的设置密度，应根据地形地势、森林分布、观测方法和可见度等条件确定。目前瞭望台的密度按瞭望半径来决定，瞭望半径一般定为 10～20 km，大范围内组建瞭望观测网，1/2 以上的面积是重复观测的，如按观测半径 20 km 计算，则监测面积为 12 万 hm$^2$，为了减少"盲区"，可采用 6 万 hm$^2$ 建 1 座瞭望台的标准。实践中受林区单位的地形、地势和面积大小限制，瞭望台存在着各自为政、重复建设问题，可以通过以下办法加以解决：以区、县为单位构建台网，进行瞭望台规划，构成统一整体，不受行政、企业单位界线限制，台位落在谁的管辖区内由谁负责修建，派人值班瞭望，并实现监测信息共享。

（2）瞭望台的结构与高度

瞭望台的结构类型，一般应采用永久性钢结构或砖石结构，见图 4-1。钢结构瞭望台由塔基、塔座、塔架、瞭望室、升降系统（阶梯或升降机）、配重系统、安全系统、避雷系统等部分组成。砖石结构瞭望台由台基、台身、瞭望室、上下系统（阶梯、阶梯平台、阶梯栏杆等）、安全系统（护栏、扶手等）、避雷系统等部分组成。

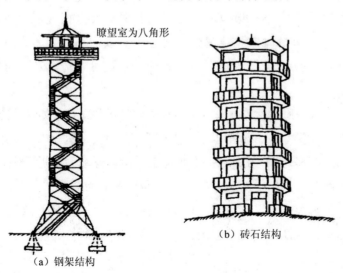

（a）钢架结构　　　（b）砖石结构

**图 4-1　瞭望台示意图**

　　防火瞭望台高度，一般应根据地势和林木生长高度及控制范围等条件确定。平缓地区，台上瞭望室必须高出周围最高树冠，高出部分不得小于 2 m。丘陵山区台的高度一般为 10～26 m。突起的高山顶端，无视线障碍的地方，可不设台架或台身，只建瞭望室即可。中、幼龄林瞭望台的高度应按成熟林的高度来设置。

　　（3）瞭望台的装备

　　瞭望台内应配备最基本的观察设备、定位设备、通信设备、生活设备和必要的避雷系统。最低的基本配备应包括：一台 6～8 倍普通望远镜，一台手持罗盘仪，一台对讲机或电话，一张地图，可由瞭望台人员随身携带，适用于临时瞭望台。标准配置应包括一台高倍望远镜，一台森林罗盘仪或 TD-1 型林火定位仪，一台对讲机或电话，一套图面资料（包括平面行政图、地形图、林相图、森林植被火险等级图、防火设施和扑火人员配置图，以及防火专用图）、一套生活设备。较高档先进的瞭望台根据需要还可配备：红外线探火仪，超短波无线电台，激光测向定位仪，自动遥控报警系统，林火探测仪，室内电视遥控系统等先进设备。

　　（4）瞭望观测技术

　　观察的方法是：先看大面，后看小面。由远而近，分片观察。瞭望人员上岗后，应先观察四周，看有无可疑情况，而后注意本观察区域内有无烟雾现象。观察时要由远而近，每一沟塘、每一山岭、分层细看；遇四级、五级火险天气，要连续观察；二级、三级火险天气，可每隔 10 min 观察一次。观察时要有重点，每个瞭望区都要根据已掌握的情况，划分重点和一般观察区。重点区域观察次数要多于一般区域。每天的 8 时、13 时、18 时是火灾多发时间，因此，在观察时，这三个时间，特别是中午时分更要注意观察。在连续干旱情况下，出现五级火险天气时，要昼夜观察。有烟看烟、无烟看人，瞭望员观察没有火情时，就要观察山里是否有人活动，尤其是对一些重点地区，如入山狩猎、采集林副产品等，特别要注意的是发现可疑情况及时报告，以便上级派人处理。

　　通常根据烟的态势和颜色等大致可判断林火的种类和距离。如在北方，烟团升起不浮动为远距离林火，其距离在 20 km 以上；烟团升高，顶部浮动为中等距离，15～20 km；烟团下部浮动为近距离，10～15 km；烟团向上一股股浮动为最近距离，约 5 km 以内。同时根据烟雾的颜色可判断火势和种类。白色断续的烟为弱火；黑色加白色的烟为一般火势；黄色很浓的烟为强火；红色很浓的烟为猛火。另外，黑烟升起，风大为上山火；白烟升起为下山火；黄烟升起为草塘火；烟色黑或深暗多数为树冠火；烟色稍稍发绿可能是地下火。

### 3．视频瞭望监控

建立视频瞭望监控是为了减轻火情瞭望监测的工作强度，提高瞭望监测水平和火情的观察能力，这是目前我国大部分林区采用的主要监测手段。

（1）视频监控系统的组成

该系统由前端信息采集、无线网络传输、智能控制软件系统和后端的监控指挥中心四部分组成。总体的管理权集中在林区的监控管理指挥中心，林区监控管理指挥中心系统提供整个系统的图像显示、远程控制功能，向指挥调度人员提供全面、清晰、可操作、可录制、可回放的现场实时图像。林区监控管理指挥中心系统还具有向上级林业主管部门接口的功能。

（2）视频瞭望监控的作用

一是森林防火电视监控以直观、真实、有效而被广泛应用在许多重点防范地区。电视监控能在森林发生火灾前及时发现火情，从而起到预防火灾的目的。

二是森林防火电视监控能在森林发生火灾时把现场的图像传回指挥中心，指挥中心通过电视监控的画面指挥调度救火，最大限度地减小火灾造成的损失。

三是森林防火电视监控能真实记录火灾发生前、救火过程中以及救火以后现场的情况，从而对火灾进行处理，提供真实有效的资料。

### 4．航空巡护

航空巡护是利用飞机沿一定的航线在林区上空巡逻，观察并及时报告火情。这是航空护林的主要工作内容之一，对及时发现火情、全面侦察火场起着极为重要的作用。

### 5．卫星林火监测

卫星林火监测，就是利用人造卫星空间平台上的光电光谱或微波传感器，对地球地物遥测的信息源，通过地面接收站接收及图像、数据处理系统的增强处理发现火点并跟踪探测，达到从宏观上比较准确提供林火信息，以利于对森林火灾控制及扑灭的专业实用性的航天遥感技术。

应用气象卫星林火监测具有范围广、时间频率高、准确度高等优点，既可用于宏观的林火早期发现，也可用于对重大林火的发展蔓延情况进行连续的跟踪监测制作林火报表和林火态势图，进行过火面积的概略统计、火灾损失的初步估算及地面植被的恢复情况监测、森林火险等级预报和森林资源的宏观监测等工作。目前全国卫星林火监测信息网包括基本可覆盖全部国土 3 个卫星监测中心、30 个省（自治区、直辖市）和 100 个重点地市防火办公室及森林警察总队、航空护林中心（总站）的 137 个远程终端。国家森林防火办公室和全国各省、自治区、直辖市及重点地市防火指挥部的远程终端均可直接调用监测图像等林火信息。

## （二）林火预测预报系统工程建设

林火预测预报是贯彻"预防为主，积极消灭"森林防火工作方针的一项重要的技术措施，也是林火火情监控、火灾监测、营林用火和林火扑救的依据。世界各国都非常重视林火预测预报工作，自20世纪20年代起，有关的研究发展很快。实现林火预测预报是一项艰巨而重要的工作任务，目前全国已普遍开展了这项工作。

### 1. 林火预报的种类

林火预报是根据天气变化、可燃物状况以及火源状态，预报林火发生的可能性。林火预报一般分为火险天气预报、林火发生预报和林火行为预报三种。

（1）火险天气预报

主要根据气象因子来预报火险天气等级。它没有考虑火源，仅仅预报天气条件能否引起森林火灾的可能性。

（2）林火发生预报

根据林火发生的三个条件，综合考虑天气条件、可燃物干湿程度以及火源状况来预报林火发生的可能性。

（3）林火行为预报

这种预报充分考虑到天气条件、可燃物状况以及地形特点，预报林火发生后蔓延速度、林火强度等。

### 2. 火险气象预测预报站的建立

森林火险气象预测预报站（网）的建立，应尽量与地方气象部门密切结合，充分利用林业局（场）现有条件做好森林火险预测预报工作。目前我国广大林区的火险气象等级预报多是利用地方气象台（站）的气象资料来进行预报，由于火险气象等级预报未考虑林区火险因子和可燃物的实际情况，其预报结果与林火的实际发生、发展规律有较大差异。因此为了提高火险预测预报的质量，应建立由火险因子要素监测站（火险气象站）、火险数据传输系统和预测预报平台组成的森林火险预警系统。

（1）火险气象预测预报站的设置

按照有关规定，国有和集体林区应建立森林火险气象预测预报站。森林火险气象预测预报站的半径一般控制在15～30 km。气象预测预报站（点）布局，除满足均匀分布外，还应考虑森林资源、历史火情、火源分布特点，一般应选设在火险等级较高地区。地势起伏变化较大和条件较复杂的山区应适当提高站（点）密度。

（2）火险气象预测预报站的种类

火险气象预测预报站可根据业务分工设中心站、基地观测站（包括无人观测站）和流动观测站。

①中心站。

主要汇集基地观测站测定的火险气象和其他火险因子，通过计算、分析、整理，预测预报火险等级、林火环境，判定林火发生和火行为，提供防范措施。

②基地观测站。

对林区气象和其他火险因子进行定向、定时、定量观测。及时向中心站提供观测数据和信息。在需要进行一般观测、补充观测或采用计算机联网的地区，可设置自动记录气象观测站（即无人观测站）。

③流动观测站。

火灾发生后，在火场附近设置的临时观测点进行火场气象和火行为观测。

### 3．森林火险气象等级预报

森林火灾的发生、发展与气象条件密不可分，森林火险是森林火灾发生的可能性和蔓延难易程度的一种重要度量指标。以森林火灾和气象等资料为基础，制定了《森林火险气象等级》（QX/T77—2007），于 2006 年 6 月 22 日发布，2007 年 10 月 1 日实施。此标准对森林火灾气象等级的颜色、表现形式等做了相应的规定。标准规定了我国森林火险气象等级的划分标准、名称，森林火险气象指数的计算和使用，用于对森林火险气象等级的预报、评价。全国森林火险天气等级主要根据气温、湿度、风力、降水量等因子来测算，经中国气象局、国家林业局发布。

（1）森林火险气象等级的划分和预警标志

森林火险气象等级划分为五个等级，见表 4-2。

表 4-2　森林火险气象等级的划分与预警标志

| 级别 | 名称 | 危险程度 | 易燃程度 | 蔓延扩散程度 | 表征颜色 | 预警标志 |
|------|------|----------|----------|--------------|----------|----------|
| 一级 | 低火险 | 低 | 难 | 难 | 绿色 | 可不设 |
| 二级 | 较低火险 | 较低 | 较难 | 较难 | 蓝色 | 可不设 |
| 三级 | 较高火险 | 较高 | 较易 | 较易 | 黄色 | 悬挂黄旗 |
| 四级 | 高火险 | 高 | 易 | 易 | 橙色 | 悬挂橙旗 |
| 五级 | 极高火险 | 极高 | 极易 | 极易 | 红色 | 悬挂红旗 |

（2）森林火险气象等级的预防措施

一级：森林火险气象等级低，一般防范；

二级：森林火险气象等级较低，一般防范；

三级：森林火险气象等级较高，须加强防范；

四级：森林火险气象等级高，须严密防范，加大森林巡查力度，林区须控制火种；

五级：森林火险气象等级极高，须严密防范，加大森林巡查力度，林区禁火种，宜开展人工增雨作业，降低火险。

## （三）林火阻隔系统工程建设

林火阻隔工程系指利用林区的人为或天然防火障碍物，以达到防止和阻截森林火灾的发生和蔓延、减少火灾损失、提高林区防火控制能力的目的。林火阻隔工程必须相互衔接，组成完整的封闭式阻隔网络，以提高阻隔林火的综合效能。

林火阻隔网设置密度应根据自然条件、火险区等级、经营强度和防火要求确定。已开发和有条件的林区网格控制面积一般人工林为 $100\sim200\ hm^2$；次生林和原始林为 $3\,000\sim5\,000\ hm^2$。《山东省 2013—2017 年森林防火能力建设规划》中提出要建立起单片面积不大于 $100\ hm^2$ 的林火阻隔网络，提高山东省林火阻隔系统工程的火灾防控作用。

阻隔工程分类见表 4-3。

表 4-3　林火阻隔工程分类

| 序号 | 类别 | 内容 |
|---|---|---|
| 1 | 自然障碍阻隔 | 河流、沟壑、岩石裸露地带、沙丘、水湿地、水冻区等 |
| 2 | 工程阻隔 | 防火隔离带、生土带、防火沟、道路工程（公路、铁路）等 |
| 3 | 生物阻隔 | 防火林带、农田、菜地等 |

分布在林区内宽度在 10 m 以上的河流、沟壑、石滩、沙丘等都是林火蔓延的自然障碍，为充分发挥其阻隔作用，均应有目的地将其组进阻隔工程，但必须与其他阻隔工程紧密衔接。

工程阻隔是根据森林防火需要，本着因害设防原则选定的防火工程设施。工程项目必须以增强防火能力、提高防火效率为目标。

生物阻隔是利用耐燃的密集林带进行林火阻隔，有条件的地方均应积极营造防火林带。林内和林区边缘的农田、菜地也应充分利用。

### 1．工程阻隔带

（1）防火隔离带

必须根据自然条件，严格按规定标准进行设置防火隔离带。对有特殊要求和不适于设防火隔离带的地段应选用其他相应的有效措施。防火隔离带是阻止林火蔓延的有效措施，它可以作为灭火的根据地和控制线，也可以作为运送人力、物资的简易通道。

①防火隔离带的设置原则。

对林火必须有控制和隔离作用。

尽量不破坏或少破坏森林原生植物群落，有利于林木生长和经营活动。

防火隔离带应尽量选设在山背、林地边缘、地类分界、道路两侧、居民村屯和生产点的周围。

地势平缓、地被物少、土质瘠薄的地带。

主防火隔离带走向应与防火期主导风向垂直。

防火隔离带避免沿陡坡或峡谷穿行。

火源多、火险区等级高和林火易蔓延的地方，应适当加大防火隔离带密度。

②防火隔离带的种类和标准。

防火隔离带开设标准，应根据开设位置、作用和性质选定。

国界防火隔离带：宽度 50～100 m。

林缘防火隔离带：宽度 20～30 m。

林内防火隔离带：宽度 20～30 m。

道路两侧防火隔离带，一是标准铁路，每侧宽度 30～50 m（距中心线）；二是森林铁路，每侧宽度 20～30 m（距中心线）；三是林区公路，每侧宽度 8～10 m（距中心线）。

居民点防火隔离带（包括林场、仓库、居民村屯、野外生产作业点等），其宽度为 30～50 m。

人工幼林防火隔离带：宽度 8～10 m。

凡山口、沟谷风口地段防火隔离带，应根据实际条件适当加宽。

③防火隔离带的开设方法。

防火隔离带的开设应根据地形、植被和技术条件选定适宜方法。一般可采用机械（或人工）伐除、机耕、割草、化学灭草和火烧等方法，彻底清除防火隔离带上的易燃物。开设方法必须符合科学管理的要求。

人工开设法。这是目前常用的防火线开设方法，包括采伐乔木、清除灌草、修生土带、整理林道、保护带抚育和采伐物清除等工程项目。

化学灭草法。为了不使防火线上长草，可喷洒化学除莠剂，如氯化钾、氯酸钙、亚砷酸钠、氯化锌和硫酸铜等无机除莠剂，目前广泛使用的有森草净、威尔柏和草甘膦。

火烧法。在防火线清理上，单纯采用点烧方法是比较经济实用、省工高效的方法。多在非防火季节无风天气里进行，前面用点火器点火，后面用风力灭火机控制火，防火线两侧用人力和风力灭火机灭火，最后清理余火、看守火场。

火烧防火线如果使用不当、控制不严，常易跑火成灾，应慎重使用，因此火烧防火线必须履行必要的申报核批手续，并做好以下几个环节：加强组织领导，制定用火实施方案，做好用火前的准备，选好用火天气和用火地段，采用适当的点烧技术和方法，建立用火档案，并规范操作，确保安全。

（2）生土带

生土带应设置在地势平缓、开阔和土质瘠薄的边防地带或林缘地段。林内不得开设生土带。生土带宽度与防火隔离带相同。开设方法：土层较厚、地势平缓的可用机耕；土层瘠薄、坡度较大的应人工开设。生土带必须把鲜土翻起，保持地表无植被生长。

（3）防火沟

对有干燥泥炭层和腐殖质层的地段，应开设防火沟，以防止地下火蔓延。防火沟规格，一般沟顶宽为 1.0～1.5 m；沟深应根据泥炭和腐殖质层的厚度确定，一般应深于该层 0.25 m；沟壁应保持 1:0.2 的倾斜度。

（4）防火道路

防火道路（包括公路、铁路及林区非等级公路等）有以下几方面作用：林内一旦发生火灾，能够保证及时运送扑火人员、扑火工具和物资到达火场，迅速扑灭火灾；可以隔离林火蔓延，不致酿成大火灾；林内交通便利，有利于森林经营管理。

林区道路建设是一项长远性的预防措施。防火道路的修建要同交通部门联合起来，特别是闭塞林区、老火灾区和边境地区，要尽可能与长远开发建设、木材生产相结合进行。有了一定密度的道路网，才能有利于森林防火的机械化和现代化，畅通无阻地及时运送扑火人员和物资到达火场。林区道路的多少是衡量一个国家或一个林区营林水平和森林经营集约度高低的标志。为了发挥森林防火机械化和现代化的作用，道路网的密度至少是 4～8 m/hm$^2$，且分布均匀。

### 2. 防火林带

防火林带是利用具有防火能力的乔木或灌木组成的林带来阻隔或抑制林火的发生和蔓延。

（1）防火林带的设置区域

营造防火林带应根据林地条件、防护要求等，本着因地制宜和适地适树的原则选定。防火林带应设在下列地区。

一是各森林经营单元（林场、经营区等）林缘、集中建筑群落（居民点、工业区等）的周围和优质林分的分界处。

二是边防、行政区界、道路两侧和田林交界处。

三是有明显阻隔林火作用的山背、沟谷和坡面。

四是适于防火性树种生长的地方。

（2）防火林带的规划原则

一是因地制宜、分类指导、重在实效的原则。

二是因害设防，自然阻隔和工程阻隔带、生物阻隔带整体优化配置的原则。

三是适地适树的原则。

四是防火功效与多种效益兼顾的原则。

五是培育提高型、改建型与新建型相结合的原则。

六是与林业建设"同步规划、同步设计、同步施工、同步验收"的原则。

七是网络由大到小、先易后难、突出重点、循序渐进的原则。

（3）防火林带的种类

①按防火林带结构划分。

a. 乔木林带。由阔叶乔木和亚乔木构成，主要是防止或阻截树冠火的蔓延。

b. 灌木防火带。由一些耐火灌木构成，主要用于阻截地表火的蔓延。

c. 耐火植物带。耐火植物可以单独构成防火带，也可以营造在防火林带下。在这些地带可以种植药用植物，也可以种植一些经济植物、不易燃的农作物或蔬菜等。这样配置，一方面起防火作用，另一方面也会有一定的经济收益。

②按防火林带功能划分。

护路防火林带。主要设在铁路、公路两侧，用于防止机车喷漏火和爆瓦，以及扔的烟头和火柴引起的林火，同时，还可以增强道路的阻火作用。

溪旁防火林带。分布在山区的小溪边，主要阻隔草甸火的蔓延。

村屯周围防火林带。这种防火林带的功能是防止林火与家火相互蔓延。

林缘防火林带。这类防火林带主要设在森林与草原交界处，或草甸子与森林的交界处，用于阻止草原或草甸火与林火的相互蔓延。

农田防火林带。主要是用于防止农田烧秸秆、烧田埂草或农业生产用火不慎而起的林火。

林内防火林带。在平地条件下按一定距离营造，在山地条件下应设在山脊，主要作用是防止针叶林的树冠火。

针叶幼林防火林带。针叶林属于易燃林分，在一定面积上营造防火林带，可以防止大面积针叶幼林遭到森林火灾的危害。

③按防火林带规格划分。

主防火林带。为火灾控制带，设置的林带走向与防火季节主风向相垂直。

副防火林带。为小区分割带，这是主防火林带的辅助林带，使防火林带构成若干封闭区。

林场周界防火林带。设置在林场四周，其作用是防止山火烧入林场，特别是保护区或风景区和特殊林，更应营造周界防火林带，以防外界火的侵入。

（4）防火树种的选择

①区分耐火树种、抗火树种与防火树种。

耐火是指树木遭受火烧后的再生能力。主要指其萌芽能力。一般针叶树种没有萌芽能力，大部分阔叶树种有萌芽能力。有的耐火树种树皮厚，如栓皮栎。有的耐火树种芽具有保护组织，如樟子松。

抗火树种主要指不易燃烧或具有阻止燃烧和林火蔓延能力的树种。这些树种多为常绿阔叶树种，枝叶含水率高，含油脂量少，不含挥发油，二氧化硅和粗灰分物质较多，树叶多，叶大，叶厚，树枝粗壮，燃烧热值低，燃点高，自然整枝能力弱，枯死枝叶易脱落，树形紧凑等，如槠栲类、木兰科等树种。

防火树种是指那些能用来营造防火林带的树种。防火树种要求具有抗火性和耐火性，并要求具有一定的生物学特性和造林学特性。

有些树种具有耐火性但不具有抗火性，如桉树和樟树，它们易燃，不抗火，但它们萌芽力强，是耐火树种。有些树种虽具有抗火性，但不耐火，如夹竹桃，因枝叶茂密常绿，具有阻止林火蔓延的能力，但因树皮薄，火烧后，常整株枯死，因此它不是耐火树种。有些树种既具有抗火性又具有耐火性，但因生长太慢，适应力差，种源困难，育苗和造林技术不过关，不适宜营造防火林带，如大部分槠栲类和木兰科树种。

②防火树种的选择方法。

**火场植被调查法**　从历年的火场植被调查中可以判断出树种的抗火性和耐火性。据湖南省的一些火烧迹地调查，耐火性和抗火性强的树种有大叶楠、石砾、甜槠、尖叶栓等。在经常遭火烧的迹地上看到小叶栎纯林，这是很耐火的树种，但因它冬季落叶，枝条很细，并不是好的抗火树种。

**直接火烧法**　为了快速检验一个树种的抗火性，可直接进行点烧，测定燃烧时间，火焰高度、蔓延速度，树种被害状况及再生能力等。这种方法要多次重复和对照，并应在防火季节内进行。燃烧强度可根据燃料的发热计算，也可根据火焰高度计算。如果不需观察树木的再生能力，可以将树或主枝砍下，扦植在某处进行火烧。砍下的树或枝，必须立即试验。试验时还要记录树高、冠幅、重量和当时的气温、湿度、风速等。

**实验测试法**　测定树木枝叶的含水量、枝叶的疏密度、枝条的粗细度、树叶的大小、厚度和质地，枝叶含挥发油和油脂量，灰分物质的含量，二氧化硅的含量、燃点和发热量，然后根据这些数值进行判断。

**综合评判法**　根据树木的抗火性能、生物学特性、造林学特性，应用模糊数学方法，对上述三大因素进行综合评判，划分等级，在此基础上进行多目标决策，建立防火林带树种选择综合评价的数量模型。

**目测判断法**　根据树种是常绿还是落叶、树叶的厚薄、枝条的粗细度、树形的紧凑性、树皮的厚薄、萌芽特性、适应环境等，推断树种的耐火性和抗火性以及作为防火树种的可能性。

**实地营造试验法**　这是检验防火树种最好的办法。通过试验观察树种的适应性，能否形成良好的林带，观察林带的防火性和耐火性。

③防火林带树种的选择条件。

防火林带的树种必须是抗火和耐火性能强，适应本地生长的树种。其条件应是：

一枝叶茂密，含水量大，耐火性强、含油脂少，不易燃烧的。

二生长迅速，郁闭快、适应性强，萌芽力高的。

三下层林木应耐潮湿，与上层林木种间关系相互适应的。

四无病虫害寄生和传播的。

五防火林带树种选择应因地制宜，如北方林区可参照下列树种选择。

六乔木树种有水曲柳、胡桃楸、黄波罗、杨树、柳树、椴树、榆树、槭树、稠李、落叶松等。

七灌木树种有忍冬、卫茅、接骨木、白丁香等。

（5）防火林带宽度、结构和配置

林带宽度应以满足阻隔林火蔓延为原则，一般不应小于当地成熟林木的最大树高。主带宽度一般为20～30 m；副带宽度一般为15～20 m。陡坡和狭谷地段应适当加宽。

目前我国各地防火林带多为单层结构的乔木林带或灌木林带。从防火效果看，营造复层结构林带较好。复层林带一是保持多层郁闭，有利于维护森林生态环境，保持林带湿度，降低风速；二是密集林带可以阻挡热辐射，有效发挥林带的阻火作用。

在树种配置方面，应为乔木、亚乔木、灌木和既耐火又有经济价值的草本植物相配置。

（6）防火林带的功能和效果

乔木防火林带主要是阻截树冠火，而灌木防火林带和耐火植物带主要是阻隔地表火。但在特别干旱的气候条件下，防火林带虽然有可能燃烧，但仍能使火行为有所降低，有利于扑火。防火林带还可以作为扑火根据地，以防火林带作为依托，点烧迎面火或进行火烧，可以阻截森林火灾的扩展。除此之外，防火林带还具有许多其他方面的效益，如有一定的经济收益，能维护森林环境，有利于防止病虫害，以及发挥保持水土、涵养水源、维护生态平衡等功效。

（7）防火林带营建和改建措施

①营建抗火性强的林分。

应从造林规划设计时就充分考虑到易燃树种和难燃树种的搭配，以及它们之间的比例，林分结构及各类森林的混交比例等。营造针阔混交林或阔叶混交林可以提高防火林带的抗火能力。因此，防火林带建设措施中应特别强调和提倡营造抗火性能强的混交林。

②改造抗火性能差的林带。

这项措施是利用植物或树种间具有不同的燃烧性进行调节，减少林带的易燃程度，提高抗火性。主要措施有：

一是调整林分结构，改易燃林分为难燃林分，可在易燃针叶林中引种带状、块状或群团状阔叶树种或难燃植物，以降低易燃针叶树发生树冠火的可能性和危险性，增强林带的难燃程度。

二是对现有低产林"掺砂"改造，增强林带抗火性。低产林分林木生长势差，林内杂草丛生，可燃物较多，一旦有火源，容易引起森林火灾，将低产林分改造为防火林带要采取有针对性的改造措施，目前常用"深翻、混交、抚育、复壮、改树"等五种办法。

③将现有林缘、山麓改造为阻火林带。

主要的改造技术包括：

一是清理。清理林带内枯立木、倒木、风折木、枝丫、灌木杂草等，杂乱可燃物、清除物一般堆集在林带以外，运出利用或在用火安全期焚烧。

二是抚育。亦称其为防火抚育，疏伐过密林木、低矮幼树和易燃薄皮树种，修整树枝，提高枝下高度，使保留木健壮生长。

三是补植。选择不易燃树种补植，特别是空隙地，天窗处呈团块状补植，使林带郁闭度尽快达到 0.7 以上，也可选择难燃的灌木补植，以控制阳性杂草滋生。

四是设保护带。保护带亦称缓冲带，这是设置在防火林带两侧、提高阻火效果的措施，宽度 5～10 m 或可更宽些，在林缘外侧可以种植不易燃果树、观赏花木、药材、蔬菜、粮食或结合清理出步行路，目的是阻止林缘荒火由地表蔓延到林内，起到缓冲或保护作用。

④将防火林带营建纳入营林生产轨道。

营建和改造防火林带是一项繁重的建设工程，应围绕营林生产开展。这并非是森林防火部门所能完成的，必须纳入营林生产计划，根据防火林带规划，有计划地实施。尤其是建设多功能综合性阻火林带，使防火林带生态效益、社会效益、经济效益提高，必须落实各项技术措施。在立地条件适宜、经济条件可能的情况下，亦可以营建果树带作为防火林带，这是一种时间短、投入少、产出高、效果好的措施，既可阻火，又可提高经济收益，改善林区景观。

⑤营建中应注意的技术问题。

防火林带的培育是以防火、抗火、阻火为目的，其造林、经营技术应不同于用材林、防护林的培育，但其基本理论、林学原理是一致的，如何将防火林带培育成具有防火效能的防火隔离带，是营建中必须研究的技术问题。

## （四）林火通信系统工程建设

森林防火通信是森林防火工程的重要组成部分，是森林防火必不可少的基础设施，有了良好的通信系统，才可以迅速而准确地传递火情，以便及时组织扑火力量，有效地指挥扑火工作。森林防火通信贯穿于森林防火工作的各个环节，是提高森林防火整体能力、确保各级森林防火指挥机构指挥顺畅的重要保证。防火通信应以无线通信为主，或采用有线、无线联合的方式。防火通信应联结各级森林防火指挥部门和有关基层单位，在保证环节畅通和通信质量的原则下，组成通信网络。

### 1. 防火通信组网等级

森林防火通信网络，根据管理系统、隶属关系和职责范围，全国按四级组网。

（1）一级网

以国家森林防火总指挥部为主台，各省（自治区）森林防火指挥部为属台。

（2）二级网

以省（自治区）森林防火指挥部为主台，各地（市、林管局）森林防火指挥部为属台。

（3）三级网

以地（市、林管局）森林防火指挥部为主台，各县（市、林业局）森林防火指挥部为属台。

（4）四级网

以县（市、林业局）森林防火指挥部为主台，各县（市、林业局）所辖基层单位（区、乡、林场、经营所、防火专业队、瞭望塔、防火站、气象预测预报站等）及流动台为属台。

### 2. 防火通信组网原则

一是通信网（点）布局合理，质量稳定，技术可靠，重点突出。

二是传递信息迅速、准确、安全方便，经济适用。

三是有线通信线路短直，便于施工和维修养护。

四是通信网络应层次分明，多路迂回，纵横交错，信息畅通。

五是与地方通信网联接时，应符合邮电部门通信质量指标，并取得邮电部门同意。

### 3．无线通信

无线防火通信网（点）应从全局考虑，保证重点，逐级配网。应根据林区地形地势，通信要求和无线通信特点等条件进行组建。

（1）无线防火通信路由的选择

一是地形条件好，无地面反射波影响。

二是通信时分短，中继次数少。

三是能简化设备，便于架设天线。

四是节省投资，便于维修。

五是电路运行稳定可靠。

（2）电台射频输出功率

应根据通信距离、覆盖面积选定。省（区）级应按 50～100 W；地区、林管局级，应按 25～50 W；县、林业局级，应按 10～25 W；区、林场、经营所、瞭望塔等，应按 5～10 W；车载或背负式电台按 5W 即可。

（3）电台工作频率

短波应在 1.6～3.0MHz、1.6～12MHz、26～30MHz 等频段；超短波在 150～400MHz（甚高频 150MHz，特高频 400MHz）的频段。

（4）防火通信频率、频道的选择

应在最佳可用频率选定的基础上，以区内无干扰的频率作为防火通信频率。并按主台、属台确定日频、夜频，以提高通信质量，消除通信干扰。选定无线防火通信频率，必须报请当地无线电管理委员会批准或指定。

（5）无线防火通信网间的信息传输

无线防火通信网之间，在正常时期应采用分级、错时或定时并机联络方式，以保证信息传输。

### 4．有线通信

有线防火通信应根据林区火险气象预测预报、林火扑救等站（点）的分布和现有通信的负荷能力，结合生产布局统筹安排，组成完整、统一的通信网络。有线通信与无线通信相结合的通信站，应根据结合方式设置有线与无线通信结合设备。有线通信技术标准，应按邮电部门有关标准规定执行。

### （五）建立森林防火站

防火站是防火期间设置在重点或边远未开发林区的防火机构或岗位。其主要职责是：

负责清理外来闲散人员，巡逻防火，养护防火道路，修建防火隔离带和扑救林火。防火站是林区森林防火的基本单位，是最基层的防火机构。建设好防火站是做好森林防火工作的基本保证。为了提高防火站的防火水平，对防火站人员的基本要求是要掌握所在区域的山情、社情和火情，并定期进行森林防火培训和演练。

### 1. 防火站址选定条件

一是在高火险等级区。

二是地形比较平坦、开阔，无洪水淹没和地质不良等自然灾害危害可能，有足够建设用地。

三是具备符合饮用水标准的水源。

### 2. 防火站分类

（1）按时效划分

①永久防火站（长期防火站）。

在重点或边远未开发林区设立的固定防火站。

②临时防火站（短期防火站）。

为了加强重点区域森林火灾的防控能力，临时设立的防火站。

（2）按用途划分

①防火机械站。

这是广大林区最普遍的森林防火站。在人烟稀少、交通不便的边远林区或重点林区，为了提高防火灭火能力，应建立防火机械站。站内除了要有一定数量的人员，还要设置防火仓库，并配备一定数量的车辆、防火器械和扑火工具、用品等。如防火指挥车、防火消防车、风力灭火机、油锯、发电机、灭火水泵、砍刀砍斧、铁锹、手工锯、绳索、2号扑火工具、扑火照明灯、防火服等。

②防火气象站。

为了比较准确地进行森林火险预测预报工作，在较大林区的林业局或林场设立的气象站。

③化学消防站。

有条件的林业局、林场、航空护林站应设立化学消防站，配备灭火化学药剂、器械设备及运输工具等。

④航空护林站。

在重点林区或针对偏远地区缺少现代化地面设施的大面积林区应设立航空护林站。使用各种飞行器（主要是飞机），其中以固定翼飞机和直升飞机为主，对大面积林区进行以预防、发现和消灭森林火灾为重点的各项工作。

## （六）营林防火措施

### 1. 进行林木修枝，减少树冠火发生

针叶幼林郁闭后，特别是阴性针叶林郁闭后，很快自然整枝，这些干枯的枝条距离地面很近，一旦着火，就会将火引向树冠，形成毁灭性的树冠火，使多年营造的森林毁于一旦。因此，结合营林进行林木修枝，既能加快林木的生长发育，又有利于森林防火。

### 2. 加强抚育管理，搞好卫生清林

森林郁闭后，林木开始分化，应及时进行抚育采伐。伐去生长衰弱、病腐、干形不良的个体和非目的树种，随时清除林内杂乱物，可以大大减少森林可燃物的积累。这样做不但有利于森林防火，改善森林环境，同时也能促进林木生长发育，增强林分抗火性。我国有大面积人工针叶中幼林，应加强这些林分的抚育管理，从而可以大大改善这些林分的防火条件，增强林分的抗火性，有利于我国林业的发展。

### 3. 调整林分结构，增强林分抗火性

对于可燃性大的森林，如易燃的针叶林，通过采伐、更新等林学措施使其逐步形成针阔混交林，或者选用抗火树种营造防火林带。工程造林项目应做好造林规划设计，合理选择造林树种，合理配置，营造混交林，或者使针叶树种与阔叶树种呈带状或块状混交，以降低林分的可燃性，提高林分抗火性。

### 4. 进行林分改造，降低森林燃烧性

我国各地分布有大面积次生林。由于这些次生林遭到反复破坏，林相不整齐，林地杂草、灌木丛生，林间空地很多，特别容易发生森林火灾。如果对这些林分加以改造，进行补播补植，既可以改变林相，又能提高单位面积木材产量，同时也改善了森林环境，并有利于森林防火。这是一项次生林营林防火的有效措施。

# 第五章　林业工程项目有害生物的综合治理

世界银行、亚洲开发银行、欧洲投资银行等国际金融组织与受贷国在林业工程项目贷款谈判中，对林业有害生物的管理与综合防治方面予以特别关注，要求项目管理单位和实施单位制订详细的人工防护林病虫害管理计划，营造混交异层林，并尽量采用 IPM 的方法，治理或防治林业有害生物。

## 一、林业工程项目有害生物的发生特点

林业有害生物是由环境、生物和社会等多种因素的综合影响而产生的一种生物灾害，它对生态环境和林业建设造成的危害和损失都非常巨大，被称为"不冒烟的森林火灾"，其发生和危害，有明显的特点。

### （一）种类多、危害重

山东省地处南北交界的暖温带，气候条件有利于各种林木的生长发育，同时也有利于各种林业有害生物的发生危害。全省 26 个主要造林树种，有害生物有 700 余种（病害 300 余种，虫害 400 余种）。近几年发生面广、危害严重的有松材线虫病、泡桐丛枝病、杨树烂皮病、松枝枯病、赤松毛虫、日本松干蚧、美国白蛾、双条杉天牛、春尺蠖、杨扇舟蛾、杨小舟蛾、杨雪毒蛾、杨白潜蛾、光肩星天牛、桑天牛、侧柏松毛虫、侧柏毒蛾、大袋蛾等 20 多种，全省每年林业有害生物发生面积 66.67 万 $hm^2$，因林业有害生物灾害而减少木材生长量 500 多万 $m^3$，直接经济损失数十亿元，不仅减少和降低了林产品的产量和质量，造成严重的经济损失，而且破坏生态良性循环，严重影响造林绿化成果和社会经济可持续发展。

### （二）外来林业有害生物呈蔓延之势

改革开放以来，一种叫作"生物入侵"的现象正在全国乃至全球蔓延，一些翻山越岭、远涉重洋的"生物移民"通过人为活动被带到异国他乡，由于失去了天敌的制衡获得了广阔的生存空间，生长迅速，占据了湖泊、陆地，生物入侵已严重威胁到人类的生存，是当今世界最为棘手的三大环境难题之一。外来林业有害生物，不断入侵我国，如美国白蛾

*Hyphantria cunea*（Drury）、蔗扁蛾 *Opogona sacchari* Bojer、日本松干蚧 *Matsucoccus matsumurae*（Kuwana）、苹果绵蚜 *Eriosoma lanigerum*（Hausmann）、悬铃木方翅网蝽 *Corythucha ciliate* Say、松材线虫病 *Bursaphelenchus xylophilus*（Steiner et Buhrer） Nickle、杨树花叶病毒病 *Poplar mosaic* Virus、加拿大一枝黄花 *Solidago Canadensis* L。危害最为严重的有日本松干蚧、美国白蛾、松材线虫病。

**日本松干蚧**　日本松干蚧是松树的一种重要害虫，主要危害赤松和油松，由于虫体小，隐蔽性强，繁殖量大，难以防治。此种 1 年发生 2 代，以吸食树脂为害，连续为害 2 年以上可致松树死亡。20 世纪 50 年代传入青岛崂山，60 年代扩散蔓延到胶东半岛地区，70 年代大发生，将胶东半岛上近 70 万 $hm^2$ 松树毁于一旦，造成了巨大的经济损失和生态破坏。2013 年以来，由于山东省连年干旱，再加上出现低温冻害，致使鲁中南山区松林树势衰弱，导致日本松干蚧在潍坊的临朐市、临沂的沂水县、沂南县等地爆发成灾，上百年的赤松、油松受害死亡。特别是近两年，日本松干蚧扩散蔓延至济南、泰安、莱芜 3 市，造成了松树的大量死亡。目前，日本松干蚧在山东省有松林的县区均有发生，面积达 3 万 $hm^2$，严重发生 1.43 万 $hm^2$，致死松树近 100 万株，生态公益林受害严重，造成了严重的经济损失和生态破坏，对泰山风景名胜区松林资源和生态安全也构成了严重威胁。

**美国白蛾**　美国白蛾 1982 年传入山东省荣成。美国白蛾在山东发生发展过程大体分为 4 个阶段。第一阶段：1982—1985 年，荣成市有 7 个疫情乡镇，36 个疫情单位，1 935 株树木受害。第二阶段：1986—1992 年，先后在威海、烟台、潍坊等地的 88 个乡镇，1 083 个单位发生疫情。受害树木 10 万株，网幕 26 万多个。第三阶段：1993—2003 年，新增东营、青岛；威海、烟台、潍坊等老疫区基本处于稳定状态，没有出现大的灾情。第四阶段：2006—2009 年，美国白蛾由东向西扩散蔓延，疫情遍布全省，面积达 26.67 万 $hm^2$，形成大爆发，不但造成了严重的经济损失，而且严重影响了人们的正常生活。

**松材线虫病**　1990 年，在山东省长岛县首次发现松材线虫病，经过多年治理，到 2004 年疫情一直控制在岛内。2005 年以来，先后在青岛崂山区，威海市的荣成市、文登市，淄博的鲁山林场，临朐的沂山林场发生疫情，造成大量松树死亡。2014 年以来，山东省松材线虫病呈快速传播蔓延之势，2015 年增加了城阳区、李沧区、黄岛区、芝罘区、莱山区、福山区、牟平区、环翠区、乳山市 9 个县级疫区，2016 年新增日照东港区。目前，全省已有青岛、烟台、威海、日照、淄博、潍坊 6 市，15 个县（市、区），60 个乡镇（街道办、林场）发生疫情，面积 6 640 $hm^2$，因松材线虫病砍伐松树累计 228 万株，其中病死松树98.8 万株，直接经济损失 6 000 多万元。松材线虫病疫情在山东省仍然呈扩散蔓延态势，老疫区逐渐连片发生危害；新疫区呈现多点发生的局面，逐步由沿海向内陆扩展，由点向面发展，对山东省 46.67 万 $hm^2$ 松林构成严重威胁，防控形势严峻。

### （三）杨树病虫害呈多发频发态势

山东省平原绿化主要是以杨树为主，且纯林较多，隐患大，势必造成杨树病虫害的发生种类、周期、面积呈增加趋势。杨树蛀干害虫主要是光肩星天牛和桑天牛，呈现周期性爆发。杨树食叶害虫春尺蠖、杨白潜蛾、杨扇舟蛾、杨小舟蛾，呈现几种害虫连续发生，交替危害，控制难度较大。杨树溃疡病、破腹病、褐斑病混合发生轮番危害，严重影响树的生长发育，降低了材积生长量，造成材质差，大大减低了经济价值。

## 二、林业工程项目有害生物发生日趋严重的主要原因

### （一）检疫测报基础薄弱，有害生物防控不到位

近年来，虽然不断加大了林业有害生物防治基础设施建设投资力度，但仍不能满足防治工作开展的实际需求，突出表现为：各级森防站仪器设备陈旧，防治、测报和检疫缺乏必要仪器设备，防治手段落后。首先，防治作业设施严重短缺，设备陈旧，特别是多数市、县级防治站没有配备专门防治作业交通工具，防治器械也十分落后，目前防治仍以传统的手工喷药为主，一旦发生大面积林业有害生物很难实施及时有效的防治。其次，测报仪器设备严重缺乏，仍采用传统的地面调查方式，费工费时，准确率也不高，航空和卫星遥感等高科技的检测技术无法得到推广应用，监测覆盖率难以提高，严重影响了测报工作的开展。林业有害生物防治检疫站检疫检验基础设施缺乏，检疫实验室数量少，技术落后，一旦发现疫情，不能及时对危险性林业有害生物进行检疫鉴定。

### （二）监测预警体系建设滞后，突发性有害生物处置不及时

由于缺乏经费，各级林业有害生物测报点的监测预报工作难以正常开展，预防工作不能及时到位，造成防治长期处于灾后救灾的被动局面，严重影响了定期开展疫情普查，导致对重大危险性林业有害生物全面监测和对重大疫情及时监控难以落实，灾情和疫情难以得到及早治理和控制。

### （三）防治资金投入不足，有害生物治理不全面

山东省每年发生林业有害生物近 66.67 万 $hm^2$，需要防治面积达 46.67 万 $hm^2$。多年以来，山东省每年投入防治经费约 5 000 万元（包括国家、地方投入和群众自筹），平均每公顷防治经费 107.1 元，与实际需求防治成本每公顷 150 元相比，缺口较大。因此出现防治质量不高，防治面积达不到要求等问题。

（四）科研攻关力度小，有害生物防控科技含量低

山东省林业有害生物防治科研工作，一方面，由于资金投入不足，难以对现有主要林业有害生物的生物学、生态学等基础研究和防治实用技术的应用研究深入开展，无法掌握林业有害生物发生发展规律，导致防治针对性不强，防治效果差；另一方面，由于科研单位与生产单位的工作要求不同，许多科研课题更多地强调学术性，忽略了科研成果在生产上的实用性，致使科研成果的推广率不高，难以体现科学技术是第一生产力的重大作用，生产上采用的多数防治措施科技含量低，防治效果也就难以保证。

（五）树种单一，有害生物周期性爆发

新中国成立以来，山东省的造林与保护脱节，特别是一般的社会项目造林，树种单一，纯林面积大，山区以松树、侧柏为主，平原地区以杨树当家。单一的纯林，造成了林分结构简单，生物多样性差，生态系统脆弱，对各种灾害的抗御能力极差，致使林业有害生物经常爆发成灾。多年来发生面广、危害严重的有 20 世纪 60—70 年代的赤松毛虫、日本松干蚧；80 年代的光肩星天牛、桑天牛、榆蓝金花虫、大袋蛾；90 年代的侧柏松毛虫、侧柏毒蛾；进入 21 世纪后，美国白蛾、春尺蠖、杨扇舟蛾、杨小舟蛾、杨雪毒蛾等，都是由于树种单一，寄主食物丰富，天敌种群少，无制约因子而造成了有害生物多发、频发、周期性爆发。

## 三、林业工程项目有害生物综合治理的理论基础

林业工程项目立足于生态系统平衡，遵循林业工程项目生态系统内生物群落的演替和消长规律，实现以项目区森林植物健康为目标，开展有害生物的综合治理。从系统、综合、整体的观点和方法科学地防控林业工程项目有害生物，把握过程，从机理上调节各种生态关系，深入研究林业工程项目宏观生态和有害生物发生的数量生态学关系，实现宏观生态与数量生态的"双控"，达到改善生态系统功能和森林植物的持续健康目的，其有害生物治理主要基于以下三个理论。

（一）森林健康理论

20 世纪 90 年代，美国人提出了森林健康的思想，将森林病、虫、火等灾害的防治上升到森林保健的高度，更多融合了生态学的思想。"森林健康"是针对人工林林分结构单一、森林病虫害防治能力、水土保持能力弱等提出来的一个营林理念，倡导通过合理配置林分结构，实现森林病虫害自控、水土保持能力增强和森林资源产值提高。通过对森林的科学营造和经营，实现森林生态系统的稳定性、生物多样性，增强森林自身抵抗各种自然

灾害的能力，满足人类所期望的多目标、多价值、多用途、多产品和多服务的需要。在森林病虫害防治措施上主要是以提高森林自身健康水平、改善森林生态环境为基础，开展森林健康状况监测，通过营林措施恢复森林健康，同时辅以生物防治和抗性育种等措施来降低和控制林内病虫害的种群数量，提高森林的抗病虫能力（赵良平等，2002；肖风劲等，2003）。

森林健康理论是一种新的森林经营管理理念，实质就是要建立和发展健康的森林。一个理想的健康森林应该是生物因素和非生物因素对森林的影响（如病虫害、空气污染、营林措施、木材采伐等）不会威胁到现在或将来森林资源经营的目标。健康森林中并非一定是没有病虫害、没有枯立木、没有濒死木的森林，而是它们处在一个较低的水平上，它们对于维护健康森林中的生物链和生物的多样性，保持森林结构的稳定是有益的。即要使森林具有较好的自我调节并保持其系统稳定性的能力，从而使其最大、最充分地持续发挥其经济、生态和社会效益的作用。森林健康不仅是今后森林经营管理的方向和工作目标，而且对森林病虫害防治工作更有重要的指导意义。对森林病虫害防治工作来讲，森林健康理论是对森林病虫害综合治理理论的继承和发展。综合治理理论是把病虫作为工作目标，森林健康理论则是把培育健康的森林作为工作的主要目标，这样就把森林病、虫、火等灾害的防治统一上升到森林保健的思想高度，更加体现了生态学的思想，从根本上解决了森林病虫害防治的可持续控制问题，使森林病虫害防治工作的指导思想向更高层次转变（蔡元才等，2004）。

## （二）生态系统理论

生态系统是在一定空间中共同栖息着的所有生物（即生物群落）与周围环境之间由于不断地进行物质循环和能量流动过程而形成的统一体。

生态系统包括生物群落和无机环境，它强调的是系统中各个成员相互作用。一个健康的森林生态系统应该具有以下特征：①各生态演替阶段要有足够的物理环境因子、生物资源和食物网来维持森林生态系统；②能够从有限的干扰和胁迫因素中自然恢复；③在优势种植被所必需的物质，如水、光、热、生长空间及营养物质等方面存在一种动态平衡；④能够在森林各演替阶段提供多物种的栖息环境和所必需的生态学过程。

生态系统理论强调系统的整合性、稳定性和可持续性。整合性是指森林生态系统内在的组分、结构、功能以及它外在的生物物理环境的完整性，既包含生物要素、环境要素的完备程度，也包含生物过程、生态过程和物理环境过程的健全性，强调组分间的依赖性与和谐性统一性；稳定性主要是指生态系统对环境胁迫和外部干扰的反应能力，一个健康的生态系统必须维持系统的结构和功能的相对稳定，在受到一定程度干扰后能够自然恢复；可持续性主要是指森林生态系统持久地维持或支持其内在组分、组织结构和功能动态发展的能力，强调森林健康的一个时间尺度问题。

世界银行贷款山东生态造林项目防护林是一种人工生态系统，其有害生物的科学防控是一项以生态学理论为依据的系统工程，其任务就是协调好各项栽培技术，为工程区的所有植物创造适生条件，充分发挥生态防控的调节作用，实现工程区所有植物的健康。经过多年的实践，山东生态造林项目防护林有害生物的科学防控取得了重要进展，从育种、栽培、生物等综合防控积累了丰富的科研成果和生产经验，从合理的树种栽培区划和生产布局，从培育良种壮苗到立地选择的全过程入手，重视选择抗逆性强的树种营造混交林，适地适树，合理的林木组成和群落结构，大力发展混农、护田、护堤、护岸等节水和经济效益等多重效益生态系统，以"预防为主，综合治理"的方针，在较大范围实现了有害生物的控制。接近了利用森林健康的理念来指导世界银行贷款山东生态造林项目防护林有害生物治理的目标。

## （三）生态平衡理论

自然生态系统几乎都是开放系统，一个健康的森林生态系统应该是一个稳定的生态系统。生态系统具有负反馈的自我调节机制，所以通常情况下，生态系统会保持自身的生态平衡。生态平衡是指生态系统通过发育和调节所达到的一种稳定状态，它包括结构上的稳定、功能上的稳定和能量输入输出上的稳定。生物个体、种群之间的数量平衡及其相互关系的协调，以及生物与环境之间的相互适应状态。

生物种群间的生态平衡是生物种群之间的稳定状态。主要是指生物种群之间通过食物、阳光、水分、温度、湿度以及拥挤程度的竞争，达到相互之间在数量、占据的空间等方面的稳定状态。而生物与环境之间的生态平衡指的是在长期的自然选择中，某些生物种群对于特定的环境条件表现出十分敏感的适应性，通过这种适应性使种群呈现出长期的稳定状态。稳定性要靠许多因素的共同作用来维持。任何一个生物种群都受到其他因子的抑制，正是系统内部各种生物相互间的制约关系，产生相互间的数量比例的控制，使任何一种生物的数量不至于过大。

生态平衡是一种动态的平衡，当其处于稳定状态时，很大程度上能够克服和消灭外来的干扰，保持自身的稳定性。但是，生态系统的这种自我调节机制是有一定限度的，当外来干扰因素超过一定限度，生态系统的自我调节机制会受到伤害，生态系统的结构和功能遭到破坏，物质和能量输出输入不能平衡，造成系统成分缺损（如生物多样性减少等），结构变化（如动物种群的突增或突减、食物链的改变等），能量流动受阻，物质循环中断，生态失衡。一般来说，生态系统的结构越复杂，成分越多样，生物越繁茂，物流和能流网络就越完善，这种反馈调节就越有效；反之，越是结构简单、成分单一的系统，其反馈调节能力就越差，生态平衡就越脆弱。

生态平衡理论对于林业工程项目建设具有重要的指导意义。在构建林业工程生态系统时，应尽量增加生态系统中的生物多样性，充分利用自然制约因素，根据当地的气候条件和选择的树种类型，选择抗（耐）病虫良种，注意品种的合理布局、合理的间种或混种，加强营林等管护措施，实现林业工程项目最大的经济效益、生态效益和生态系统的健康持续（陈守常，2005）。

## 四、林业工程项目有害生物的主要管理策略和技术措施

林业工程项目有害生物主要采用综合治理（Integranted Pest Management，IPM）策略，以实现有害生物的可持续控制（Sustainable Pests Management in Forest，SPM）（张星耀等，2003，2004；付甫永，2009）。

### （一）植物检疫技术

植物检疫是依据国家法规，对植物及其产品实行检验和处理，以防止人为传播蔓延危险性病虫的一种措施。它是一个国家的政府或政府的一个部门，通过立法颁布的强制性措施，因此又称法规防治。国外或国内危险性森林害虫一旦传入新的地区，由于失去了原产地的天敌及其他环境因子的控制，其猖獗程度较之在原产地往往要大得多。如美国白蛾、松材线虫病传入山东省后给农林生态系统造成严重危害。严格执行检疫条例，阻止危险性病虫入侵是防治有害生物扩展蔓延的重要工作。

凡危害严重、防治不易、主要由人为传播的国外危险性森林害虫应列为对外检疫对象。凡已传入国内的对外检疫对象或国内原有的危险性病虫，当其在国内的发生地还非常有限时应列入对内检疫对象。检疫对象分为国家级和省级两类。全国林业检疫性有害生物有 14 种，山东省有分布的为 5 种，项目区分布的有松材线虫 [*Bursaphelenchus xylophilus* (Steiner et Buhrer) Nickle]、美国白蛾 [*Hyphantria cunea*（Drury）] 2 种。省级林业检疫性有害生物有 11 种，项目区分布的有松褐天牛（*Monochamus alternatus* Hope）、日本松干蚧（*Matsucoccus matsumura*）、栗瘿蜂（*Dryocosmus kurphilus* Yasumatsu）、冬枣黑斑病 [*Alternaria tenuissima*（Fr.）Wiltsh]、根结线虫病（*Meloidogyne marioni* Goodey）5 种。检疫对象的除治方法主要包括药剂熏蒸处理、高热或低温处理、喷洒药剂处理以及退回或销毁处理。

### （二）物理防控技术

应用简单的器械和光、电、射线等防治害虫的技术。

### 1．捕杀法

根据害虫生活习性，凡能以人力或简单工具例如石块、扫把、布块、草把等将害虫杀死的方法都属于本法。如将金龟甲成虫振落于布块上聚而杀之；或如当榆蓝叶甲群聚化蛹期间用石块等将其砸死；或剪下微红梢斑螟危害的嫩梢加以处理等方法。

### 2．诱杀法

即利用害虫趋性将其诱集而杀死的方法。本法又分为 5 种方法。

（1）灯光诱杀

即利用普通灯光或黑光灯诱集害虫并杀死的方法。例如，应用黑光灯诱杀马尾松毛虫成虫已获得很好的效果。

（2）潜所诱杀

即利用害虫越冬、越夏和白天隐蔽的习性，人为设置潜所，将其诱杀的方法。例如，于树干基部缚纸环诱杀越冬油松毛虫等。

（3）食物诱杀

利用害虫所喜食的食物，于其中加入杀虫剂而将其诱杀的方法。例如，竹蝗喜食人尿，以加药的尿置于竹林中诱杀竹蝗；又如桑天牛喜食桑树及构树的嫩梢，于杨树林周围人工栽植桑树或构树，在天牛成虫出现期中，于树上喷药，成虫取食树皮即可致死。此外，利用饵木、饵树皮、毒饵、糖醋诱杀害虫，均属于食物诱杀。

（4）信息素诱杀

即利用信息素诱集害虫并将其消灭或直接于信息素中加入杀虫剂，使诱来的害虫中毒而死。例如，应用白杨透翅蛾、杨干透翅蛾、云杉八齿小蠹、舞毒蛾等的性信息素诱杀，已获得较好的效果。

（5）颜色诱杀

即利用害虫对某种颜色的喜好性而将其诱杀的方法。例如，以黄色胶纸诱捕刚羽化的落叶松球果花蝇成虫。

### 3．阻隔法

即于害虫通行道上设置障碍物，使害虫不能通行，从而达到防治害虫的目的。如用塑料薄膜帽或环阻止松毛虫越冬幼虫上树；开沟阻止松树皮象成虫从伐区爬入针叶树人工幼林和苗圃；在榆树干基堆集细砂，阻止春尺蛾爬上树干等。此外，于杨树周围栽植池杉、水杉，阻止云斑天牛、桑天牛向杨树林蔓延；又在杨树林的周缘用苦楝树作为隔离带防止光肩星天牛进入。

### 4. 射线杀虫

即直接应用射线照射杀虫。例如，应用红外线照射刺槐种子 1～5 min，可有效地杀死其中小蜂。

### 5. 高温杀虫

即利用高温处理种子可将其中害虫杀死。例如，利用 80℃温水浸泡刺槐种子可将其中刺槐种子小蜂杀死；又如用 45～60℃温水浸泡橡实可杀死橡实中的象甲幼虫；浸种后及时将种实晾干贮藏，不致影响发芽率。以强烈日光曝晒林木种子，可以防治种子中的多种害虫。

### 6. 不育技术

应用不育昆虫与天然条件下害虫交配，使其产生不育群体，以达到防治害虫的目的，称为不育害虫防治。包括辐射不育、化学不育和遗传不育。如应用 2.5～3 万 R 的 $^{60}Co$（钴-60）γ 射线处理马尾松毛虫雄虫使之不育，羽化后雄虫虽能正常地与雌虫交配，但卵的孵化率只有 5%，甚至完全不孵化。

## （三）生态调控技术

从森林生态系统整体功能出发，在充分了解森林生态系统结构、功能和演替规律及森林生态系统与周围环境、周围生物和非生物因素的关系前提下，充分掌握各种有益生物种群、有害生物种群的发生消长规律，全面考虑各项措施的控制效果、相互关系、连锁反应及对林木生长发育的影响。通过调控森林生态系统组成、结构并辅以生理生化过程的调控包括物流、能流、信息流等，有利于有益生物的生长发育并控制有害生物的生长发育，以实现森林生态系统高生产力、高生态效益及持续控制有害生物和保持生态系统平衡的目标。总的要求是安全、有利、可持续。采用的具体措施主要是抗性品种栽培，防治措施与营林措施的协调一致；综合使用包括有害生物防治措施在内的各种生态调控手段，尽可能地减少化肥、农药等的使用。在实施过程中重要的是将有害生物防治与其他森林培育措施融为一体，将有害生物防治贯穿于森林培育的各个环节，组装成切实可行的生态工程技术体系，对森林生态系统及其寄主—有害生物—天敌关系进行合理的调节和控制，变对抗为利用，变控制为调节，化害为利，以充分发挥系统内各种生物资源的有益功能（梁军等，2004）。

遵循森林有害生物生态控制的原则、目标，以及森林有害生物生态控制的基本框架和现有的成熟技术，森林有害生物生态控制措施主要有以下几点。

### 1．立地调控措施

立地因子与林业工程项目有害生物的大发生有着密切的关系，特别是直接影响森林生态系统活力的立地因子对林业工程项目区有害生物的大发生起着举足轻重的作用。适地适树是森林生态系统健康的基本保证。因为立地与森林有害生物存在着直接的相关关系；立地通过天敌与有害生物发生着关系；立地通过植物群落与有害生物发生关系。因此，立地是森林有害生物发生、发育、发展的最基本条件。实践中立地调控措施主要包括整地、施肥、灌水、除草、松土等。这些措施的实施不仅要考虑对森林植物特别是经营对象的影响和效果，更要考虑立地调控措施对有害生物和天敌的影响。在实施立地调控措施时必须与造林目标和造林措施相结合，如基于根系—根际微生态环境耦合优化措施等微生态调控技术的应用。

### 2．林分经营管理措施

任何林分经营管理措施都与森林有害生物的发生、繁殖、发展有着直接或间接的关系，这些关系往往影响着至少一个时代的森林生态系统功能的发挥。林分经营管理措施主要包括：生物多样性结构优化措施，林分卫生状况控制措施，林分地上、地下空间管理措施等。林分经营管理措施的对象可以是树木个体，也可以是林分群体。在计划和执行林分经营管理措施时，应该注意措施的多效益发挥和措施效果的持续稳定性以及措施的动态性。林分经营管理措施从本质上来讲，就是调整林分及林木的空间结构，以便于增强林分整体的抗逆性和提高林木的活力，从而间接调控森林有害生物的种群动态，同时也直接控制森林有害生物的大发生。

### 3．寄主抗性利用和开发

寄主抗性利用和开发主要包括诱导抗性、耐害性和补偿性等几方面。诱导抗性是树木生存进化的一个重要途径，是树木和有害生物（昆虫和病原菌）协同进化的产物。目前已知诱导抗性在植物和有害生物种类上都广泛存在并大多数为系统性的，在植物世代间是可以传递或遗传的。因此，树木的诱导抗性是一个值得探索利用的控制途径。此途径对提高树木个体及其生态系统整体的抗性具有重要的意义。耐害性是林木对有害生物忍耐程度的一个重要生理特性，又是内在生理机制和外界环境因子相互作用的外在反应。研究和提升树木的耐害性对增强整个林分乃至生态系统的稳定性有极其重要的意义。实践中应选择具有较高耐害性的种或个体作为造林树种以增强整个林分乃至生态系统的耐害性。补偿性是指林木对有害生物的一种防御机制。当林木受到有害生物的危害时，林木自身立即调动这种机制用于补偿甚至超补偿由于有害生物造成的损失，以利于整个生态系统的稳定。补偿或超补偿功能在生态系统中普遍存在。因此，应该充分利用这种生态系统本身的机制，以发挥生态系统的自我调控功能。

## （四）生物防控技术

一切利用生物有机体或自然生物产物来防治林木病虫害的方法都属于生物控制的范畴。森林生态系统中的各种生物都是以食物链的形式相互联系起来的，害虫取食植物，捕食性、寄生性昆虫（动物）和昆虫病原微生物又以害虫为食物或营养，正因为生物之间存在着这种食物链的关系，森林生态系统具有一定的自然调节能力。结构复杂的森林生态系统由于生物种类多较易保持稳定，天敌数量丰富，天然生物防治的能力强，害虫不易猖獗成灾；而成分单纯、结构简单的林分内天敌数量较少，对害虫的抑制能力差，一旦害虫大发生时就可能造成严重的经济损失。了解这些特点，对人工保护和繁殖利用天敌具有重要指导意义。

### 1. 天敌昆虫的利用

林业工程项目区既是天敌的生存环境，又是天敌对害虫发挥控制作用的舞台，天敌和环境的密切联系是以物质和能量流动来实现，这种关系是在长期进化过程中形成的。在害虫综合治理过程中，就是要充分认识生态系统内各种成员之间的关系，因势利导，扬长避短，以充分发挥天敌控制害虫的作用，维护生态平衡。因此，生物控制的任务是创造良好的生态条件，充分发挥天敌的作用，把害虫的危害抑制在经济允许水平以下。害虫生物控制主要通过保护利用本地天敌、输引外地天敌和人工繁殖优势天敌，以便增加天敌的种群数量及效能来实现。

（1）保护利用本地天敌

在不受干扰的天然林内，天敌的种类和种群数量是十分丰富的。它们的生息繁殖要求一定的生态环境，所以必须深入了解天敌的生物、生态学习性，据此创造有利于它们栖息、繁殖的条件，最大限度地发挥它们控制害虫的作用。

人工补充中间寄主。有些天敌昆虫往往由于自然界缺乏寄主而大量死亡，减少了种群数量，大大降低了对害虫的抑制能力，尤其是那些非专化性寄生的天敌昆虫。人工补充寄主是使其在自然界得以延续和增殖必不可少的途径。一种很有效的关键天敌，如在某一种环境中的某些时候缺少中间寄主，则其种群就很难增殖，也就不能发挥它的治虫效能。补充中间寄主的功能主要是改善目标害虫与非专化性天敌发生期不一致的缺陷，其次是缓和天敌与目标害虫密度剧烈变动的矛盾，缓和天敌间的自相残杀以及提供越冬寄主等。

增加自然界中天敌的食料。许多食虫昆虫，特别是大型寄生蜂和寄生蝇往往需要补充营养，才能促使性成熟。因此，在有些金龟子的繁殖基地，特别像苗圃地分期播种蜜源植物，吸引土蜂，可以得到较好的控制效果。

在林间的蜜源植物几乎对需要补充营养的天敌昆虫都是有益的，只要充分了解天敌昆虫与这些植物的关系，研究天敌昆虫取食习性，在天敌昆虫生长发育的关键时期安排花蜜植物对保护天敌、提高它们的防治效能是十分重要的。

直接保护天敌。在自然界中，害虫的天敌可能由于气候恶劣、栖息场所不适等因素引起种群密度下降，我们可以在适当的时期采用适当的措施对天敌加以保护，使它们免受不良因素的影响。有些寄生性天敌昆虫在冬季寒冷的气候条件下，死亡率较高，对这样的昆虫可考虑将其移至室内或温暖避风的地带，以降低其冬季死亡率，第二年春季再移至林间。很多捕食性天敌昆虫，尤其是成虫，冬季的死亡率普遍较高，在冬季采取保护措施，可降低其死亡率。

（2）人工大量繁殖与利用天敌昆虫

当害虫即将大发生，而林内的天敌数量又非常少，不能充分控制害虫危害时，就要考虑通过人工的方法在室内大量繁殖天敌，在害虫发生的初期释放于林间，增加其对害虫的抑制效能，达到防止害虫猖獗危害的目的。在人工大量繁殖之前，要了解欲繁殖的天敌能否大量繁殖和能否适应当地的生态条件，对害虫的抑制能力如何等。既要弄清天敌的生物、生态学特性、寄主范围、生活历期、对温湿度的要求以及繁殖能力等，还要有适宜的中间寄主。

在我国已经繁殖和利用的天敌昆虫种类较多，但大量繁殖和广为利用的当属赤眼蜂类。另外，松毛虫平腹小蜂、管氏肿腿蜂、草蛉、异色瓢虫等也有一定规模的繁殖和利用。

在人工繁殖天敌时，应注意欲繁殖天敌昆虫的种类（或种型）、天敌昆虫与寄主或猎物的比例、温湿度控制和卫生管理。对于寄生性天敌应注意控制复寄生数量和种蜂的退化、复壮等；对于捕食性天敌昆虫应注意个体之间的互相残杀。在应用时应及时做好害虫的预测预报，掌握好释放时机、释放方法和释放数量。

（3）天敌的人工助迁

天敌昆虫的人工助迁是利用自然界原有天敌储量，从天敌虫口密度大或集中越冬的地方采集后，运往害虫危害严重的林地释放，从而取得控制害虫的目的。

**2. 病原微生物的利用**

病原微生物主要包括病毒、细菌、真菌、立克次体、原生动物和线虫等，它们在自然界都能引起昆虫的疾病，在特定条件下，往往还可导致昆虫的流行病，是森林害虫种群自然控制的主要因素之一。

（1）昆虫病原细菌

在农林害虫防治中常用的昆虫病原细菌杀虫剂主要有苏云金杆菌和日本金龟子芽孢

杆菌等。苏云金杆菌是一类广谱性的微生物杀虫剂，对鳞翅目幼虫有特效，可用于防治松毛虫、尺蛾、舟蛾、毒蛾等重要林业害虫。苏云金杆菌目前能进行大规模的工业生产，并可加工成粉剂和液剂供生产防治用。日本金龟子芽孢杆菌主要对金龟子类幼虫有致病力，能用于防治苗圃和幼林的金龟子。细菌类引起的昆虫疾病之症状为食欲减退、停食、腹泻和呕吐，虫体液化，有腥臭味，但体壁有韧性。

（2）昆虫病原真菌

昆虫病原真菌主要有白僵菌、绿僵菌、虫霉、拟青霉、多毛菌等。白僵菌可寄生7目45科的200余种昆虫，也可进行大规模的工业发酵生产；绿僵菌可用于防治直翅目、鞘翅目、半翅目、膜翅目和鳞翅目等200多种昆虫。真菌引起昆虫疾病的症状为食欲减退、虫体颜色异常（常因病原菌种类不同而有差异）、尸体硬化等。昆虫病原真菌孢子的萌发除需要适宜的温度外，主要依赖于高湿的环境，所以，要在温暖潮湿的环境和季节使用，才能取得良好的防治效果。

（3）昆虫病原病毒

在昆虫病原物中，病毒是种类最多的一类，其中以核型多角体病毒、颗粒体病毒、质型多角体病毒为主。昆虫被核型多角体病毒或颗粒体病毒侵染后，表现为食欲减退、动作迟缓、虫体液化、表皮脆弱、流出白色或褐色液体，但无腥臭味，刚刚死亡的昆虫倒挂或呈倒"V"字形。病毒专化性较强，交叉感染的情况较少，一般1种昆虫病毒只感染1种或几种近缘昆虫。昆虫病毒的生产只能靠人工饲料饲养昆虫，再将病毒接种到昆虫的食物上，待昆虫染病死亡后，收集死虫尸捣碎离心，加工成杀虫剂。

### 3. 捕食性鸟类的利用

食虫益鸟的利用主要是通过招引和保护措施来实现。招引益鸟可悬挂各种鸟类喜欢栖息的鸟巢或木段，鸟巢可用木板、油毡等制作，其形状及大小应根据不同鸟类的习性而定。鸟巢可以挂在林内或林缘，吸引益鸟前来定居繁殖，达到控制害虫的目的。林业上招引啄木鸟防治杨树蛀干性害虫，收到了较好的效果。在林缘和林中保留或栽植灌木树种，也可招引鸟类前来栖息。

### （五）化学防控技术

化学防治作用快、效果好、使用方便、防治费用较低，能在短时间内大面积降低虫口密度，但易于污染环境，杀伤天敌，容易使害虫再增猖獗。近年来，由于要求化学药剂高效低毒、低残留、有选择性，因此化学药剂对环境的污染已有所降低。

化学农药必须在预测害虫的危害将达到经济危害水平时方可考虑使用，并根据害虫的生活史及习性，在使用时间上要尽量避免杀伤天敌，同时应遵循对症下药、适时施药、交替用药、混合用药、安全用药的原则。

由于农药的用途、成分、防治对象、作用方式和作用机理的不同，农药的分类方法也不尽相同，按防治对象可分为：杀虫剂、杀菌剂、除草剂、杀螨剂、杀线虫剂以及杀鼠剂等。

近年来推出的环境协调性农药的精准使用技术就是指定时、定量、定点施药，在进行药物治理时，尽量选用只对靶标生物有作用的药物，或尽量选择只对靶标生物有作用的施药方式。这样的药物治理方式对非靶标生物和环境扰动小，有利于施药后生态系统快速恢复健康。对已经造成灾害的森林微生物，尽可能采取生态学调控手段，进行必要的防治，爆发成灾的，有必要时，选用针对性强的、不伤害非靶标生物的无公害药剂，采取先进的施药措施，进行人工防治，禁止使用广谱的药剂，尽量不要采用全面布撒的施药方式，以免伤害非靶标生物，防止造成面源污染。

### （六）森林生态系统的"双精管理"

森林生态系统的"双精管理"即精密监测，精确管理，其目的就是对生态系统实行实时监测，及时发现非健康生态系统，采取先进的生物管理措施，及时、快速地恢复"患病"生态系统的健康，或者对处在健康、亚健康状态的生态系统，采取一定的、合理的措施，维护生态系统保持在比较稳定的健康状态。生物灾害的"双精"管理，不仅要克服被动防治和单种防治带来的弊端，更重要的是维护生态系统的健康，"双精"管理关键是通过先进的手段，进行实时监测，通过长期数据积累，建立准确的预报模型和人工干扰模型，进行准确预报和人工干扰模拟，采用先进的生物管理技术，实现森林灾害生物的科学管理，维护生态系统健康。

### （七）森林有害生物持续控制技术

森林有害生物可持续控制（SPMF）是以森林生态系统特有的结构和稳定性为基础，强调森林生态系统对生物灾害的自然调控功能的发挥，协调运用与环境和其他有益的物种的生存和发展相和谐的措施，将有害生物控制在生态、社会和经济效益可接受（或允许）的低密度、并在时空上达到可持续控制的效果（骆有庆等，1998）。杨旺教授等（1999）针对杨树人工林溃疡病发生现状，提出了适地适树、培养壮苗健苗和保证造林后及时返苗成活等病害的可持续控制的关键技术；刘会香等（2005）提出了杨树溃疡病的"强化调控生态因素的综合治理（IPM）技术"。

### （八）森林保健技术

森林保健就是要培养、保持和恢复森林的健康，就是要使森林能够维持良好的生态系统结构和功能，具有较强的抗逆能力，对于人类有限的活动的影响和其他有限的自然灾害是能够承受，或者可自然恢复的，其实质就是要使森林具有较好的自我调节并保持其系统稳定性的能力，从而使其最大、最充分地持续发挥其经济、生态和社会效益。森林保健技术就是通过采取科学、合理的措施，保护、恢复和经营森林，维护森林的稳定性，使森林生态系统具有稳定性的能力，有效抵御自然灾害的能力，在满足人类对木材及其他林产品需求的同时，充分发挥森林维护生物多样性、缓解全球气候变暖、防止沙漠化、保护水资源和控制水土流失等多种功能，最大、最充分地持续发挥其经济、生态和社会效益。目前该项措施逐渐被人们所认知并开始研究和实施。

### （九）工程治理技术

对有周期性猖獗特点，生物学、生态学特性和发生规律基本清楚，危害严重、发生普遍或危险性大的有害生物，采取有效技术手段和工程项目管理办法，有计划、有步骤、有重点地实行预防为主、综合治理，对有害生物进行生产全过程管理，把灾害损失减少到最低水平，是实现持续控灾的一种有害生物管理方式。工程治理技术是一项技术含量高、有发展前途，适合我国国情的综合治理森林有害生物新的管理方式。我国在分析和总结了松材线虫病发生特点的基础上，提出了工程治理技术，取得了良好效果。

## 五、林业工程项目主要有害生物的管理

### （一）叶部有害生物的管理措施

项目区有赤松毛虫、美国白蛾、杨小舟蛾、杨扇舟蛾、大袋蛾、春尺蠖、方翅网蝽、侧柏毒蛾等。

#### 1．松毛虫的管理措施

（1）做好虫情测报工作

松毛虫灾害的形成多是从局部开始，然后向四周扩散并逐步积累，达到一定虫口密度后爆发成灾。所以虫情测报工作非常重要，及早发现虫源地，并采取相应的措施进行防治，将会收到很好的效果。

**灯光诱集成虫** 在松毛虫蛾子羽化时期，根据地理类型设置黑光灯诱蛾。灯光设置，一般要在开阔的地方，如盆地类型，则设盆地中间距林缘 100 m 左右，不宜设在山顶、林内和风口。用于虫情测报的黑光灯和诱杀蛾子者不同，需数年固定一定位置，选择好地点后（若为居民点，可设在房顶等建筑物上部）设灯光诱捕笼。目前较为适宜的为灯泡上部设灯伞，下设以漏斗，通入大型纱笼内。在发蛾季节，每天天黑时开灯，次日凌晨闭灯，

统计雌雄蛾数、雌蛾满腹卵数、半腹卵和空腹的蛾数。

**性外激素诱集成虫**　在成虫羽化期，于不同的林地设置诱捕器，诱捕器一般挂在松树第 1 盘枝上。每日清晨逐个检查记载诱捕雄蛾数量。诱捕器由下列 3 种任选一种，①圆筒两端漏斗进口型：用黄板纸和牛皮纸做成，直径 10 cm，全长 25 cm，两节等长从中间套接的圆筒，两端装置牛皮纸漏斗状进口，漏斗伸入筒内 6～7 cm，中央留一进蛾小孔，孔径 1.4～1.5 cm。②四方形四边漏斗进口型，用黄板纸做成长×宽×高为 25 cm×25 cm×8 cm 四方形盒，盒的四边均装有牛皮纸漏斗，漏斗规格与上述两种相同，盒上方留有 8 cm×8 cm 方孔，装硬纸板盖，作检查诱进蛾数用。③小盆形，22～26 cm 口径的盆或钵，盆内盛水，并加少许洗衣粉以降低水的表面张力，盆上搁铁丝，供悬挂性外激素载体之用。放置诱捕器时，由一定剂量的性外激素制成的载体（一般橡胶作载体较好），装入各种诱捕器内，小盆形诱捕器的性诱剂载体应尽量接近水面，圆筒型和方盒诱捕器是用细绳悬挂在松枝上，水盆诱捕器则以三角架或松树枝交叉处固定。性外激素制剂的载体，有关部门可制成商品出售，使用时按商标上说明即可。也可用二氯甲烷、二甲苯等作溶剂粗提性引诱物质。

**航天航空监测技术**　在松林面积辽阔，山高路远人稀的林区，可采用卫星遥感（TM）图像监测技术和航空摄影技术，确定方位后，于地面进一步调查核实，往往比较及时而准确。

（2）营林措施

**营造混交林**　混交林内松毛虫不易成灾的原因是森林生物群落丰富，松毛虫的天敌种类和数量较多，它们分别控制松毛虫各虫期；提供了益鸟栖息的环境，食虫鸟捕食大量的松毛虫，抑制了松毛虫的猖獗，保持了有虫不成灾的状态。因地制宜、适地适树，积极营造阔叶林、针阔叶混交林。如山东、河北北部、辽宁等地区与刺槐、栎树、桦树等混交，以落叶松代替赤松。马尾松地区可与枫香、樟树、喜树、楷木、油桐、木荷、檫木、桉树、刺槐、油茶、栎类、相思、化香、檀树、枫杨、山槐、竹类、杉木等混交。并推广抗虫树种，如海南松、湿地松、加勒比松、火炬松等对马层松毛虫有一定的抗性，逐步对现有纯松林进行改造。

**封山育林和合理修枝**　严格执行封山育林制度，因地制宜、定期封山、轮流开放、有计划地发展薪炭林等；合理修枝、保护杂灌木等。防止乱砍滥伐和林内过度放牧，对于过分稀疏的纯林要补植适宜的阔叶树，对约 10 年生的松树，最少要保持 5 轮枝桠，丰富林内植被，注意对蜜源植物的繁殖和保护。

（3）生态调控措施

天敌对抑制松毛虫大发生起着重要的作用，但随环境条件差异而有所不同，树种复杂、植被丰富的松林，由于形成了较为良好的天敌、害虫食物链，使害虫种群数量比较稳定，能较长期处于有虫不成灾的水平，这种生态环境对保护森林，促进林业生产极为有利。

据调查我国松林中松毛虫天敌昆虫目前已有 193 种（其中寄生蜂 99 种，寄生蝇类 36 种，捕食性天敌昆虫 58 种），食虫鸟类有 116 种，其他捕食性动物有 29 种，其中蜘蛛约 25 种，另外真菌 6 种，细菌 4 种，病毒 4 种，总计 353 种。所以保护天敌对控制松毛虫具有重大作用。复杂的森林生态系统是从根本上控制松毛虫的基础，所以营造混交林和对现有林进行封山育林，保护地被物以形成丰富的生态群落，对控制松毛虫灾害可以收到事半功倍的效果。

营造混交林和封山育林等措施可使林相复杂、开花植物增多、植被丰富，有利于寄生蜂和捕食性天敌的生存和繁殖，使各虫期的天敌种类和数量增多。

严格禁止打猎，特别要禁止猎杀鸟类动物，据统计我国食松毛虫的鸟类有 116 种，这些鸟对抑制松毛虫数量的增长起着一定的作用，在一定条件下食虫鸟能控制或消灭松毛虫发生基地，所以通过保护、招引和驯化的办法，使林内食虫鸟种群数量增加。并要禁止在益鸟保护区内喷洒广谱性化学杀虫剂。

（4）物理防控措施

使用高压电网灭虫灯和黑光灯诱杀，本方法适合有电源或虫口密度较大的林区。此灯是以自镇高压诱虫灯泡基础改进而成。其结构由高压电网灭虫灯防护罩、诱集光源、杀灭昆虫用的电网三部分组成，使用时将松毛虫蛾子诱入高压电网有效电场内，线间产生的高压弧，使松毛虫死亡或失去飞翔能力。此灯宜在羽化初期开灯，盛期要延长开灯时间，同时次日要及时处理没杀死的蛾子。其有效范围为 300～400 亩。在固定电源地区，要专人负责，严格执行操作程序，注意安全。对虫口密度大的林区，最好使用小型发电机，机动车及时巡回诱杀。

黑光灯诱杀法与黑光灯测报法相同，可用管状 8 W、20～30 W 黑光灯或太阳能黑光灯，此方法适于电源不足的林区，其电源可用蓄电瓶、干电池，亦可用交流电源，以及其他型号的灯，如普通电灯、汽灯、桅灯、金属卤灯等。

（5）人工防治

利用人工捕捉幼虫、采茧、采卵等，在一定林区是一项重要的辅助措施。特别是小面积松毛虫发生基地。

在松毛虫下树越冬地区，春季幼虫上树前，在树干 1 m 上下，刮去粗树皮 12～15 cm 宽，扎上 4 cm 宽的塑料薄膜，以阻隔幼虫上树取食，使其饥饿 10～15 天后死亡。薄膜接口处要剪齐，斜口向下，接头要短，钉的适度等。或在树干胸高处，涂上 30 cm 宽的毒环，防治上树越冬幼虫。

采卵块，此法是人工防治中收效最大的一种，尤其在虫口密度不大，松树不高的林地，对减少施药防治、保护天敌、调节生态平衡，是一项重要的辅助措施。在松毛虫产卵期，每 4～5 天一次，连续 2～3 次，比捉幼虫、采茧蛹安全，可达到较好的防治效果。

采茧、捉幼虫，为减少虫口数量、保护天敌、调节生态平衡，在虫口数量不大，虫体大，目标明显的情况下，或结茧化蛹盛期，出竹铗捉虫采茧蛹，但要做好防护，以防毒毛触及皮肤而中毒。

（6）合理使用化学农药

化学农药使用简便，比较经济，季节性限制较小，可以高度机械化，能在短期内制止松毛虫灾的爆发，控制发生基地的扩大，是综合防治松毛虫的重要手段和急救措施。但在采取化学防治的指导思想上，应以大面积防治为急救，合理使用，施药防治作为稳定虫口密度和恢复自然生态平衡的主要辅助手段。对于迅速控制发生某地的扩大蔓延，没有适当的生物措施时，动用杀虫剂，是必不可少的，特别是松毛虫年发生多代的地区，其生活周期短，猖獗蔓延迅速的情况下，更是必要的。动用杀虫剂其指导思想是要根据森林生态系统的整体观点，施药杀灭松毛虫，是为了调节松林—松毛虫—天敌三者之间的数量比例，改进其制约关系。也就是通过施药灭虫，改善林间生态系统的结构，维持它们间的生态平衡关系，以达长期的相对稳定，使其有虫不成灾。基于以上指导思想，大面积施用化学杀虫剂时要审慎，不但要根据猖獗发展的阶段，严禁在猖獗后期、天敌增多时使用，更要严格控制使用面积，因为在生产实践中对上千万亩乃至几千万亩松林，不必要也不可能全面洒布农药防治；即使要大面积施药防治也不可能取得 100%的杀虫效果；因而控制和管理大面积森林内不发生松毛虫灾害，使其有虫不成灾，应该不同于农田等生态系统内害虫的防治，而要根据林业特点（周期长、靠自然力量即天敌自然抑制和松树的抗性）来进行防治。从 20 世纪 80 年代开始，对松毛虫的化学防治有了很大的改进，如不用"六六六""滴滴涕"等持久性的杀虫剂，而推广应用超高效的拟除虫菊酯类和非杀生性的灭幼脲类杀虫剂。它们对防治松毛虫发挥了很好的效果，而且降低了防治成本，同时消除了杀虫剂在环境中长期滞留所造成的残毒。又如在生物制剂中加入少量化学杀虫剂，可以弥补生物制剂药效缓慢的不足，使生物防治与化学防治结合起来。在施药手段方面，已从高容量喷雾改进为细喷雾技术，减少了药液流失所造成的浪费，大大提高了防治工效。

能毒杀松毛虫的化学药剂种类较多，目前使用最多的有，氰戊菊酯（杀灭菊酯、速灭系丁）20%乳油，具有强烈的触杀和胃毒作用，防治松毛虫用量为每亩 0.2～0.4 g；溴氰菊酯（敌杀死）2.5%肠乳油和 2.5%可湿性粉剂，具有极强的触杀作用，兼有胃毒及杀卵能力，每亩有效剂量为 0.012 5～0.05 g，在低温下有增效作用；氯氰菊酯（灭百可、兴棉宝）10%乳油，药效介于氰戊菊酯与溴氰菊酯之间；顺式氯氰菊酯（高效灭百可）5%、10%乳油和 5%可湿性粉剂，药效大于氯氰菊酯2～3 倍；氟氯氰菊酯（百树菊酯）10%乳油，每亩有效成分 0.8～2.5 g；氯菊酯（二氯苯醚菊酯）10%、20%乳油，药效低于氰戊菊酯；非杀生型化学药剂——灭幼脲类杀虫剂：灭幼脲 1 号 25%可湿性粉剂和 20%水胶悬剂等，每亩用量 1.5～2.0 g；灭幼脲 3 号 25%水胶悬剂，每亩用量 5～10 g。灭幼脲主要是胃毒作用，影响昆虫几丁质合成酶的活性。虽害虫死亡缓慢，但可明显抑制害虫的食叶量，起到保护林木的作用，而且对保护害虫天敌，特别是寄生性天敌昆虫有利。可采用地面常量、低量和超低容量喷雾、喷粉、喷烟雾，以及飞机超低容量喷雾等方法。另外，毒环法对北方的油松毛虫、赤松毛虫、落叶松毛虫等下树越冬的昆虫也有很好的防治效果。用 2.5%溴氰菊酯和10%氯氰菊酯乳油以柴油和煤油稀释（药∶油＝1∶15 和 1∶7.5），在春季幼虫上树初期，用喷雾器在树干 1.3～1.5 m 处喷一闭合毒环。或用 2 cm 牛皮纸浸药（菊酯类药∶柴油∶机油＝1∶13∶2），在树干胸高处围成毒纸环均可获得很好的防治效果，而且污染小，劳动强度低，便于实施。

（7）生物防治措施

由于森林生态系统是地球上最复杂的空间结构和组成，具有紧密而复杂的食物链关系，有其长期性和稳定性，同时林木对害虫有一定的忍耐性，因此，在开展松毛虫灾害综合治理中，利用生物措施来控制其猖獗，具有其独特的作用。在目前国内成功的行之有效的生物措施中，球孢白僵菌防治面积最大，而且具有扩散和传播的效果，容易造成人为的昆虫流行病。昆虫病毒（如 DCPV 病毒）则具有良好的疾病流行和垂直传递效果，可长期在昆虫种群中发挥控制数量增长的作用。苏云金芽孢杆菌具有较好的速杀作用，并能进行工业化生产。在杀虫微生物的使用过程中，必须充分了解各种微生物的特点，扬长避短，充分发挥其最佳效能。

***球孢白僵菌的应用*** 由于球孢白僵菌属真菌杀虫剂，对环境的要求比较严格，特别对湿度要求很高，所以在林间使用白僵菌时要掌握几个基本原则：①因地制宜。我国地域辽阔，森林植被和地理条件不同，气候条件差异也较大，要想获得比较理想的效果，就要因时因地制宜。我国大体上可划分为三个不同的区域：对广东、广西、福建、浙南沿海一带的亚热带和热带地区，气候温暖、雨量充沛，空气湿度较大，可以常年防治，但以松毛虫越冬前后的 11 月和 2—3 月最好，此时容易发生流行病。黄河、淮河以南，长江流域，马尾松毛虫发生的二代区，最好是在气候逐渐转暖，气温回升的梅雨季节使用，也可以冬季防治，使松毛虫带菌越冬。黄淮以北，油松毛虫和落叶松毛虫 1 年只发生 1 代，有下树越冬的习性。这些地区气候比较干燥，少雨。但可以利用 7 月、8 月阴雨天来防治松毛虫，只要掌握好时机，也可充分发挥白僵菌的杀虫效果。②把握好中温高湿的时机，白僵菌的萌发需要 90%以上甚至全饱和湿度，白僵菌生长发育最适温度 24～28℃，但 10℃以上就能缓慢生长，30℃以上的高温对白僵菌生长发育不利。③提早放菌，南方在马尾松毛虫 3～4 龄时食量比较少，提早放菌就可以提高死亡率，减少松针的损失。

放菌的基本方法和技术，人为地给林间引进白僵菌，采用各种方法增加林间白僵菌的存活量；改造环境，强化地方病，对现有林进行改造，增加森林的郁闭度和蜜源植物，使林间原有的病原很好的保存和传播；适时补充白僵菌，当白僵菌的数量已不足以抑制松毛虫的大量增殖时，就应人工补充放菌。菌药或多菌种混用，在虫口密度较大林分，为迅速降低虫口数量，可在白僵菌剂中加入亚致死剂量的化学农药或细菌制剂一起使用。①放菌的基本方式，在广东、广西、福建一带高温高湿地区，为了降低成本，充分发挥白僵菌扩散流行的作用，在施放白僵菌时，常常采用梅花点放、带放、小块状放菌，不实行全面喷菌，也可达到同样好的效果。②放菌技术，我国应用白僵菌大面积防治松毛虫技术是多种多样的，从地面常规喷粉、喷雾、放带菌活虫、挂粉袋、放粉炮、地面超低容量喷雾，发展到飞机喷粉、喷雾和超低容量喷油剂或乳剂等方法，都可以收到很好的防治效果。

**细菌杀虫剂的应用**　苏云金杆菌是目前唯一能进行工业化生产的一种微生物杀虫剂，而且在微生物杀虫剂中，见效最快（喷菌后1～2天松毛虫即停食，3～4天大部分死亡，7天内可达到死亡高峰）、杀虫范围广（对多种鳞翅目昆虫有效）、易于长期保存、不受高温干旱限制，是松毛虫综合防治中重要的手段之一。

苏云金杆菌剂型，苏云金杆菌的防治效果并不完全取决于菌剂所含活性成分的多少，剂型亦有重要影响。目前常见的有液剂（包括水剂、乳剂、油乳剂、油剂）、粉剂、可湿性粉剂和颗粒胶囊剂等。水剂、乳剂、可湿性粉剂中加有展着剂、湿润剂和黏着剂，能均匀牢固地黏着在植物的表面，避免被雨水、露水冲刷掉或被风吹落于土中；粉剂可借助于空气浮力和风力传播扩散至较大范围，以利于同害虫接触；颗粒剂可以使有效成分缓慢地释放出来以保持长期的效果；胶囊剂不仅有较长期的后效，而且保护病原体不受环境因子的伤害。这几种剂型各有利弊，而且使用方法各异，用户可根据实际情况使用相应的剂型。

苏云金杆菌使用方法，松毛虫的摄菌量和环境温度决定着杀虫效果，所以，施菌方法和时机显得特别重要。一般情况下，环境温度不要低于10℃，若环境温度较低，要想达到理想的效果，可适当加入低剂量的化学杀虫剂（敌百虫、马拉松、菊酯类、辛硫磷、灭幼脲等），但有些农药应在使用时加入。喷雾（特别是超低容量喷雾）比喷粉的防治效果好，雾滴均匀，黏附性好，喷粉浪费较大，而且敲附性差。粉剂宜在早晚较潮湿的情况下使用。苏云金杆菌残效期6～12天。

**质型多角体病毒杀虫剂**（DCPV）　病毒防治松毛虫的最大优点是对宿主专一性较强，对松毛虫天敌没有直接杀伤作用，能较长时间存在于松毛虫种群内，可一代代在松毛虫种群内垂直传递，持续感染松毛虫，使松毛虫种群数量和质量长期保持较低水平。

使用技术，昆虫病毒的喷洒宜于早晨和黄昏时或阴天进行，以防止日光的影响。病毒复制宜选大龄虫，而生产防治，虫龄越低效果越好。病毒与苏云金杆菌或与低剂量的化学杀虫剂混用，是目前较常采用的一种方法，这样便可弥补病毒杀虫速度慢的不足，而且这种复合制剂也可在任何虫龄和虫口密度条件下使用，同样可以达到理想的持续控制松毛虫灾害的效果。病毒的使用剂量可根据温度在50亿～250亿/亩（单独使用病毒）之间选择，若与苏云金杆菌混用，则病毒用量可降低80%，最低气温不宜低于10℃，最高气温不宜高于 35℃。喷洒方法，以地面或飞机进行超低容量喷雾（或低量、常量），也可进行喷粉，但喷粉浪费严重，效果也不如喷雾好。

### 2．美国白蛾的管理措施

由于美国白蛾极易爆发成灾，所以应采取所有合理的措施将其控制。因美国白蛾一旦侵入其适生地，就很难被彻底消灭，所以在加强检疫制度的同时，因地制宜，合理地运用各种控制手段，以免干扰生态环境，或造成次要害虫的种群数量上升，形成新的灾害。控制措施包括检疫和各种防治方法的适当应用。

（1）美国白蛾的检疫

由于美国白蛾属国际性检疫害虫，所以对其执行严格的检疫措施是控制其蔓延扩散的有效手段。

美国白蛾扩散最主要的途径是随货物借助于交通工具进行传播。因此，在通过调查划分出疫区保护区的前提下，对来自疫区或疫情发生区的木材、苗木、植物性包装材料、装载容器及运输工具，必须严格执行检疫规定并严格检查，看看是否带有美国白蛾的各虫态。在与非疫情交界处，应设哨卡检疫。在保护区内，也要加强调查工作，在美国白蛾发生期，对检区的树木进行全面调查，特别是铁路、公路沿线，村庄的林木。调查时，注意观察树冠上有无网幕和被害状，叶片背面有无卵块，树干老皮裂缝处有无幼虫化蛹。如发现疫情，立即查清发生范围，采取封锁消灭措施。

在发现美国白蛾的情况下，首先要引起各级领导的足够重视，充分发动群众，宣传群众；要培训技术骨干，上下织成一个严密的机构；要尽快弄清发生范围，不失时机地进行封锁和除治。

（2）营林措施

改善树种结构，在"四旁"造林和城市绿化中，多栽植美国白蛾厌食树种。可间隔栽植部分美国白蛾嗜食树种，作为引诱树，防治时重点放在这部分树木上。从植物群落上抑制美国白蛾的繁衍。

（3）人工防治

包括人工剪除美国白蛾 2～3 龄幼虫网幕，根据白蛾幼虫下树化蛹的习性，于胸高处绑草把，以诱集老熟幼虫在其中化蛹，然后销毁。这些方法作为生物防治美国白蛾的补充措施，能够起到一定的作用。

（4）生物防治

卵期：释放利用松毛虫赤眼蜂防治，平均寄生率为 28.2%，由于寄生率有限，较少采用。

低龄幼虫期：采用美国白蛾 NPV 病毒制剂喷洒防治网幕幼虫，防治率可以达到 94%

以上。由于病毒的传染作用，对虫期不整齐的美国白蛾效果较好。

老熟幼虫期和蛹期：由于美国白蛾越冬代蛹羽化时期持续时间较长（最早 4 月中旬，最晚 6 月上旬），羽化早的成虫所产的卵孵化出的幼虫已发育至老熟，即在 6 月中旬就有蛹出现，而羽化晚的此时才产卵，因而虫期很不整齐，即在 6 月、7 月、8 月、9 月几个月危害严重的季节一直可见到幼虫、蛹等同时存在。这就给化学喷药防治带来了很大的困难。但正是这种特性给寄生美国白蛾蛹的白蛾周氏啮小蜂创造了良好的寄生繁殖的条件。由于这种小蜂发生的代数（7 代）大大多于美国白蛾，因而它可以在自然界一直找到寄主蛹寄生繁殖，保持其较高的种群数量。释放利用白蛾周氏啮小蜂进行生物防治，不但增加了自然界中白蛾周氏啮小蜂的种群数量，也保护了其他多种天敌，使它们的种群数量也大大增加，与白蛾周氏啮小蜂一起，共同控制美国白蛾，达到了可持续控制。同时由于不施用化学农药，防治区保留一些次要害虫，保证了捕食性天敌（包括鸟类）和寄生性天敌繁衍生息所需的食料。

（5）性信息素诱集成虫

利用美国白蛾性信息素诱芯，在成虫发生期诱杀雄性成虫。还可利用美国白蛾处女雌蛾活体引诱雄成虫。方法是将做好的诱捕器于傍晚日落后挂在美国白蛾喜食树种的树枝上，距地面高度 2.5～3 m，次日清晨或傍晚取回。活体雌虫每 2 天取出更换 1 次。在羽化高峰期，1 个诱捕器每晚可诱到 10 多头雄成虫。

（6）仿生药剂防治

灭幼脲、米螨（敌灭灵）等昆虫生长调节剂，对控制害虫、保护天敌、保持生态平衡和避免环境污染等起到了很大作用。该制剂抑制或加快几丁质的合成，能有效地杀死美国白蛾幼虫。但必须在虫口密度很大、天敌较少时应用。须掌握准确的时间，根据测报情况，在美国白蛾幼虫网幕始见期至高峰期，即在幼虫 3 龄前施用。施药时要注意喷布均匀，每代只喷 1 遍即可。不应使用毒性较强的农药，以免杀伤天敌，污染环境。

## （二）枝干部有害生物的管理措施

项目区杨树天牛主要包括光肩星天牛、云斑天牛等；松柏树项目区内有松褐天牛、褐幽天牛、双条衫天牛、日本松干蚧、大球蚧等。枝干害虫发生的主要成因，即人工林树种组成过于单一，且多为天牛感性树种，抗御天牛灾害功能低下。以生态系统稳定性、风险分散和抗性相对论为核心理论指导，以枝干害虫的生物生态学特性为依据，及时监测虫情，以生态调控技术——多树种合理配置为根本措施；以低比例的诱饵树"诱集"天牛成虫，采取多种实用易行的防治措施杀灭所诱集的天牛，以高效持效化学控制技术和生物防治措施为关键技术控制局部或早期虫源，构建了防护林天牛灾害持续控制技术体系，达到了有虫不成灾的目的。因此，筛选和利用抗性树种和品系以及单一树种的抗性机制；运用各种营林措施提高对天牛的自然控制作用，如改变种植规模和林带的树种组成，控制虫源，合理配置"诱饵树"，并辅以诱杀手段；加强林业管理措施提高诱导抗性；保护和利用天敌（尤其是啄木鸟等）；筛选持效高效的化学杀虫剂（如微胶囊剂），改善施药方法等。

### 1. 杨树天牛的管理措施

杨树天牛主要包括光肩星天牛、桑天牛、黄斑星天牛、云斑天牛、青杨楔天牛、青杨脊虎天牛等。

近 20 年来，国内的杨树天牛防治技术主要有：筛选和利用抗性树种和品系，以及单一树种的抗性机制；运用各种营林措施提高对天牛的自然控制作用，如改变种植规模和林带的树种组成，控制虫源，合理配置"诱饵树"，并辅以诱杀手段；加强林业管理措施提高诱导抗性；保护和利用天敌（尤其是啄木鸟等）；筛选持效高效的化学杀虫剂（如微胶囊剂），改善施药方法；开发光肩星天牛的植物性引诱剂，以及其他物理防治方法。

现有的控制措施依其作用对象和范围可归纳为下述 3 个层次。

（1）针对害虫个体的技术

概括起来有人工捕捉成虫，锤击、削除卵粒和幼虫，毒签（泥、膏等）堵虫孔，将农药、寄生线虫、白僵菌等直接注入虫孔等。此类方法虽成本低廉和高效，但只在幼林或零星树木及天牛初发时现实可行，在控制较大范围的种群爆发时不可取。

（2）针对单株被害木的技术

如在发生早期伐除零星被害木，喷施或在树干基部注射各种农药或生物制剂毒杀卵、幼虫和成虫等，利用诱饵树如桑树、复叶槭等分别诱集桑天牛、光肩星天牛等，并辅以杀虫剂毒杀或捕杀。这类措施在虫害发生初期面积较小，附近又无大量虫源的条件下，如能连续施用数年，无疑是十分有效的。但在虫害普遍发生时，限于经济投入，也极难实施。

（3）针对整个害虫种群或林分的技术

如选用抗虫树种，适地适树、更新或改善不合理林带结构，实行多树种合理配置（包括诱饵树、诱控树和忌避树）并辅以杀虫剂毒杀或捕杀，严格实行检疫和监测措施，保护利用天敌，开发天牛引诱剂等。这类措施通常对全林分进行或其效用泽及整个林分，并有持效性。

### 2. 松材线虫病

松材线虫病是松树的一种毁灭性流行病，染病寄主死亡速度快；传播快，且常常猝不及防，一旦发生，治理难度大，已被我国列入对内、对外的森林植物检疫对象。

（1）疫情监测

以松褐天牛为对象的疫情监测技术，主要是通过引诱剂诱捕器进行。在林间设置松褐天牛引诱剂诱捕器，能早期发现和监测松材线虫病。以寄主受害症状变化进行监测，松材线虫侵入树木后，外部症状的发展过程可分为四个阶段：外观正常，树脂分泌减少或停止，蒸腾作用下降；针叶开始变色，树脂分泌停止，通常能够观察到天牛或其他害虫侵害和产卵的痕迹；大部分针叶变为黄褐色，萎蔫，通常可见到甲虫的蛀屑；针叶全部变为黄褐色，病树干枯死亡，但针叶不脱落。此时树体上一般有次期性害虫栖居。松树感病后，枯死的树木会出现典型蓝变现象。

（2）检疫控制

松材线虫病远距离的扩散与贸易往来密切相关。进口货物木质包装材料和疫点病材是人为传播松材线虫的载体。这些材料流向复杂，可被运输到货物到达的任何地方，同时，木质包装材料常在货物运送的目的地被拆卸后随意丢弃。一旦木质包装材料来自松材线虫疫区，则加大了松材线虫传入的风险。发生区要对松属苗木繁育基地、贮木场和木材加工厂开展产地疫情调查，详细登记带疫情况，并下发除害处理通知书，责令限期对疫情进行除害处理。同时根据产地检疫结果，对要求调运的松属苗木和繁殖材料、松木及其制品数量进行全面核实，严禁带疫苗木、木材及其加工产品进入市场流通。调运疫区的松材线虫寄主植物、繁殖材料、木材及其制品，必须实行检疫要求书制度，要事先征求调入地森检部门意见，并按照调入地的检疫要求书内容，进行严格的现场检疫检验，确认未携带松材线虫病方可签发植物检疫证书，并及时通知调入地森检部门。实施检疫检查的抽样比例，苗木按一批货物总件数的 5%进行抽样、木材按总件数的 10%进行抽样。森林植物检疫检查站（或木材检查站）要配备专职检疫人员，对过往的松材线虫病寄主植物及其产品实施严格的检疫检查，严禁未通过检疫的松苗、疫木及其制品调运。各地森检部门对来自发生区或来源不明的寄主植物及其产品要进行复检，发现带疫就地销毁；确认无松材线虫的繁殖材料要经过 1 年以上隔离试种，确认没携带松材线虫方可分散种植；对松木及其制品和包装材料要实施跟踪调查，严防疫情传入。要定期对本地区用材单位进行检疫检查，杜绝非法购买和使用疫情发生区松材及其制品的行动。

（3）以病原为出发点的病害控制

**清理病死树**　每年春天病害感染发生前，对老疫点的重病区感病松树进行一次性全面的皆伐，彻底清除感染发病对象。对较轻区域采用全面清理病死树的措施，减少病原，防止病害临近扩散蔓延，逐步全面清理中心发生区的病死树，压缩受害面积，控制灾害的发生程度。对新发生疫点和孤立疫点实施皆伐，并通过采用"流胶法"，早期诊断 1 km 范围内的松林，对出现流胶异常现象的树及时拔除。

实施清理病死树时，伐桩高度应低于 5 cm，并做到除治迹地的卫生清洁，不残留直径大于 1 cm 松枝，以防残留侵染源。处置死树和活树时，应分别进行除害处理。

**病木除害处理**　砍伐后病死树应就地将直径 1 cm 以上的枝条、树干和伐根砍成段，分装熏蒸袋用 20 g/m³ 磷化铝密封熏蒸处理，搁置原地至松褐天牛羽化期结束。滞留林间的病枝材，亦可采用此法。对清理下山的病枝、根桩等可集中后，在指定地点及时烧毁。伐下的病材在集中指定地点采用药物熏蒸、加热处理、变性处理、切片处理等。药物熏蒸要求选择平坦地，集中堆放，堆垛覆盖熏蒸帐幕，帐幕边角沿堆垛周围深埋压土。病死树的伐根应套上塑料薄膜覆土，或用磷化铝（1～2 粒）进行熏蒸处理，或用杀线虫剂等进行喷淋处理，也可采取连根刨除，再进行前述方法除害。

（4）以寄主为出发点的病害控制

营造和构建由多重免疫和抗性树种组成的混交林，可以将现有感病树种的风险进行稀释。如在松林适当种植梧桐、台湾相思、苦楝及细叶桉等提高松树抗性，对皆伐林地改种其他树种，使松材线虫的危害局部化和个体化，直至与所在森林环境建立起协调的适应性。

通过现代生物技术和遗传育种方法，培育抗松材线虫和松褐天牛的品种，也是松树线虫病可持续可控制的有效手段，需要加强这方面的研究。

（5）以媒介昆虫为出发点的病害控制

**化学防治**　在松褐天牛成虫补充营养期，进行化学防治。采用 12%倍硫磷 150 倍液+4%聚乙烯醇 10 倍液+2.5%溴氰菊酯 2 000 倍液林间喷雾，其防治效果十分显著。在发生区分别于松褐天牛羽化初期、盛期进行防治。采用地面树干、冠部喷洒或飞机喷洒绿色威雷（触破式微胶囊剂），50～80 mL/666.7 m²（300～400 倍液），持效期长达 1 个多月，喷雾后第 20 天松褐天牛的校正死亡率仍高达 80%以上。对有特殊意义的名松古树和需保护的松树，于松褐天牛羽化初期，在树干基部打孔注入虫线光或注入虫线清 1∶1 乳剂 400 mL/m³ 进行保护。

**诱杀防治**　通过诱捕器和饵木诱杀松褐天牛诱木防治时，在除治区的山顶、山脊、林道旁或空气流通处，选择衰弱或较小的松树作为诱木，引诱松褐天牛集中在诱木上产卵，每 10 亩设置 1 株（松褐天牛密度大于原林分可适当增设诱木数量），于松褐天牛羽化初期（5 月上旬），在诱木基部离地面 30～40 cm 处的 3 个方向侧面，用刀砍 3～4 刀（小树可少些），刀口深入木质部约 1～2 cm，刀口与树干大致成 30°，用注射器把引诱剂注入刀口内。诱木引诱剂使用浓度为 1∶3（1 份引诱剂原液用 3 倍清水稀释），施药量（mL）大致与诱木树干基部直径（cm）树相当。也可设置集虫器，内盛清水或 3%杀螟松乳剂。于每年秋季将诱木伐除并进行除害处理，杀死其中所诱天牛，减少天牛种群密度。M99-1 引诱剂连续两年的系统研究表明，在松褐天牛成虫期，每个诱捕器可诱捕 151.5 头天牛成虫，平均降低下代卵量 1 204 粒。

**生物防治**　生物防治是环境协调性和可持续控制有害生物的技术措施，是害虫综合治理的中心环节之一。目前已知松褐天牛的生物控制因素主要有寄生性天敌，如管氏肿腿蜂（*Scleroderma guani*）、花绒寄甲（*Dastarcus logulus*）、黑色枝附瘿蜂（*Ibalia leucospoides*）等（来燕学等，2015）。其中管氏肿腿蜂在林间防治试验中表现出较好的效果，研究表明管氏肿腿蜂在林间当代扩散半径达 50 m 左右，寄生率平均为 31.2%，3 个月后蜂群在林间扩散半径达 150 m 左右，寄生率提高到 25.0%～46.1%。当年林间实际防治效果达 74.30%～87.44%，下一年的持续防治效果达 85.16%～95.68%。花绒寄甲是墨天牛属（*Monochamus*）蛹期的天敌，有时能引起较高的幼虫死亡率。捕食性天敌有日本大谷盗（*Temnochila japonica*）、蚁态郭公虫（*Thanasimus leivisi*）、朽木坚甲（*Allecula fuliginosa*）、赤背齿爪步甲（*Dolichus hallousis*）、小步甲（*Carabidae* sp.）、叩头虫（*Elateridae*）、蚂蚁、蜘蛛、蛇蛉和螳螂等；捕食性鸟类主要是啄木鸟类。啄木鸟对松林中的天牛种群密度控制是不能低估的。

病原微生物中，已报道能寄生松褐天牛的主要有球孢白僵菌（*Beauveria bassiana*）、布氏白僵菌（*Beauveria brongniartii*）、金龟子绿僵菌（*Metarhizium anisopliae*）、粉质拟青霉菌（*Paecilomyces farinus*）、黄曲霉（*Aspergillus flavus*）、轮枝霉菌（*Verticillium* spp.）、枝顶孢霉（*Acremorium* spp.）、黏质沙雷氏杆菌（*Serratia marcescens*）和夜蛾斯氏线虫（*Steinernema feltiae*）。其中球孢白僵菌是目前防治松褐天牛较有效的高毒力病原真菌。田间试验表明，在春天应用白僵菌和粉质霉氏杆菌联合防治松褐天牛幼虫，可取得较高（90%）的致死效果。在松褐天牛的病原真菌中，以球孢白僵菌和布氏白僵菌为多，分别占 37.80% 和 32.92%，金龟子绿僵菌和枝顶孢霉的出现频率较低，分别占 15.85% 和 9.12%，布氏白僵菌和球孢白僵菌的室外应用试验，天牛幼虫的死亡率分别为 51.10% 和 61.12%。细菌、昆虫病原线虫对松褐天牛也有较高的控制作用和应用前景。目前生物防治中最有效的因子可能是寄生线虫，据报道从法国引进的天牛寄生线虫——夜蛾斯氏线虫，能使病死木中松褐天牛的死亡率达到 80%（胡学难等，2006）。

（6）其他防控措施

基于树体生化和导电率变异的感病活立木、病材早期诊断及快速检疫技术，基于传统杂交和现代分子育种技术的抗病树种研究，以及基于全球定位系统（GPS）、地理信息系统（GIS）、航空遥感技术（RS）的"3S"集成系统和地面引诱剂等信息素技术的松材线虫病疫情监测技术，将为我国的松材线虫病的综合控制和治理，带来新的突破性有效防治和检疫技术（张星耀等，2003；武红敢等，2015）。探明寄主松树在松材线虫病病程中的特异性致病和感病变化的分子、生化、生物物理指标，是早期诊断和快速检疫技术从根本上得以突破的关键，也是寻找抗性种质和利用基因工程进行抗病品种定向改造的基础。利用遥感工具航空摄像系统对松树线虫病发生区进行监测，可及时获取病害发生危害的情况，并可通过全球定位系统定位，及时找到病害发生区。通过相关研究，建立以松材线虫为主要研究对象，综合应用"3S"技术，解决航天和航空遥感监测的关键技术，集成一套实用化、低成本、多平台互补的监测系统，编织由航天航空遥感与地面复位组成的准实时立体监测网络，建立监测、检测、防治辅助决策支持系统，并最终取得应用示范工程的成功，为我国的森林病虫害监测、防治辅助决策提供实用化的手段，为全面控制森林病虫害奠定技术基础。

### 3.腐烂病和溃疡病

项目区有杨树腐烂病（图 5-1、图 5-2）、杨树溃疡病（图 5-3、图 5-4、图 5-5）、苹果腐烂病、板栗溃疡病、松树枝枯病、雪松枯梢病等。

图 5-1 杨树腐烂病症状　　　　图 5-2 杨树腐烂病菌分生孢子角

图 5-3 杨树溃疡病症状　　图 5-4 杨树溃疡病症状　　图 5-5 杨树溃疡病症状
　　（水泡型）　　　　　　　（水渍型）　　　　　　　　（老病斑）

（1）适地适树

适地适树，加强栽培管理，保证树木生长健壮，是防治本病的主要途径。栽植时应选样适宜的土壤条件；选样抗寒、抗旱、抗盐碱、抗虫、抗日灼适应性强的杨树、松树、苹果、板栗等树种。

（2）选用抗病品种和培育壮苗

在造林时，选用抗病树种。如白杨派和黑杨派树种大多数为抗病和较为抗病的；板栗树种尽量选用本地抗病品种，减少栽植国外引进的品种。

在苗木培育时，要特别注意加强苗木的木质化程度。并最好在出圃前的一年里用化学药剂进行防治，以减少出圃时病菌对苗木的侵染。插条应存于 2.7℃以下的阴冷处，以免降低插条生活力和在储藏期间插条大量受病原菌侵染；避免苗木长途运输，认真假植，造林前浸根 24 h 以上或蘸泥浆。

（3）营造混交林

营造多树种、多林种、多功能乔灌草异龄复层混交林，如杨树和刺槐、杨树和紫穗槐、杨树和胡枝子混交，松树和柞树行间或株间混交、松树和刺槐片状混交，均能增加土壤固氮作用和改善土地贫瘠条件，形成稳定的林分结构，提高抵抗有害生物的能力，达到有虫有病不成灾的目的。

（4）清除病株减少侵染来源

清除生长衰弱的植株，对严重的病株应及时清除（伐除病株、修除病枝、清除地被物等），以减少侵染来源。对严重感染的林分彻底清除，以免作为侵染源感染更大面积的林分。据研究，营林措施包括伐除病株、修除病枝、清除地被物等，对杨树烂皮病的防治效果可达 61.4%。

（5）化学防治

对已发病的植株，要进行刮治，用钉板或小刀，将病斑刺破，一直破到病斑与健康组织交界处，再涂药剂，施用的药剂包括 10%碳酸钠液、10%蒽油乳剂、蒽油肥皂液（1 kg 蒽油+0.6 kg 肥皂+6 kg 水）结合赤霉素（100 mg/kg）、松焦油、柴油（1∶1）、煤焦油、沥青、不脱酚乳油、25 倍多菌灵、5%托布津、2%康复剂 843（1∶3 倍液）、100 倍代森锌、10%双效灵（1∶10 倍液）、50%琥珀酸铜（1∶10 倍）、5°Be 石硫合剂、1%波尔多液等都很有效。若在涂药后 5 天，在病斑周围在涂以 50～100 mg/kg 生长刺激物萘乙酸等，可促使周围愈合组织的生长，病斑不易复发。用小刀刮除病斑老皮，刷上退菌特和土面增温剂（退菌特 1 份，增温剂 50 份，水 200 份），既提高了治愈率又增强了受伤组织的愈合率。

对溃疡病菌有良好抑制作用的药剂种类和相应的浓度，包括50%甲基托布律 200 倍液，80%抗菌素 402 的 200 倍液，50%多菌灵、50%的代森铵 200 倍液等，这些药剂均有较好的防治效果。

## （三）根部有害生物的管理

### 1. 病害

项目区根部主要有害生物引致的病害有紫纹羽病、白绢病、根癌病。

（1）首先要选择适宜于林木生长的立地条件，同时加强土、肥、水的综合管理，促使根系旺盛生长，提高其抗病力，这是预防根病发生的一项根本性措施。

（2）严格检疫。防止带病苗木出圃，一旦发现，应立即将病苗烧毁。对可疑的苗木在栽植前进行消毒，用 1% $CuSO_4$ 浸 5 min 后用水冲洗干净，然后栽植。

（3）选栽抗病速生优良品种。

（4）加强栽后地下管理，提高抗病能力。地下管理的好坏直接影响到树木的生长量和抗病性，要做到适时浇水施肥，特别是土杂圈肥，尽量多施，及时松土除草，促进树木生长，增强树势，提高抗病能力。

（5）选用健康的苗木进行嫁接，嫁接刀要在高锰酸钾或 75%酒精中消毒。

（6）土壤改良。有条件的地区，树下可种植豆科植物，进行深翻压青，或少量施用土杂肥、速效肥压青深翻，不断改良土壤，提高肥力，促进树木生长和提高抗病性。

（7）防止苗木产生各种伤口。采条或中耕时，应提高采条部位并防止锄伤埋条及大根，及时防治地下害虫。

（8）处理病株。要经常检查，发现重病株和死株及时挖除，减少浸染来源，并进行土壤消毒，防止传播蔓延。苗木栽植前用 10%硫酸铜浸根 5 min 清水冲洗干净后栽植。

### 2. 虫害

根部虫害主要有地老虎类、蝼蛄类和金龟子类。

（1）改善苗圃排水条件，不使地块积水，可减轻危害。

（2）在幼苗出土前至初孵幼虫期铲除田间杂草，可直接消灭卵和初孵幼虫。

（3）防治地老虎、金龟子幼虫时，在苗木根部撒施毒土或药液灌根，消灭幼虫，或在清晨挖土捕杀断苗处的幼虫。防治蝼蛄将麦麸、谷糠或豆饼等炒香或煮至半熟拌上农药，做成毒饵均匀撒在苗床上或在畦边每隔一定距离挖 1 小坑，放入马粪或带水的鲜草拌以农药诱杀成虫、若虫。

（4）成虫发生期，在晴朗无风闷热的天气用黑光灯或糖醋液诱杀成虫。

（5）保护利用天敌如各种益鸟、刺猬、青蛙、步行虫、土蜂、金龟长喙寄蝇、线虫、卵胞白僵菌、绿僵菌、蛴螬乳状菌等。

## （四）有害杂草的管理

### 1. 薇甘菊

薇甘菊（*Mikania micrantha* Kunth）是世界十大重要害草之一（图 5-6），多年生草质藤本，原产中、南美洲。薇甘菊的蔓延特点是遇草覆盖遇树攀援，严密覆盖在灌木、小乔木及至十多米高的大树上，形成一个个绿色的"坟墓"。植物由于缺少阳光、养分和水分，光合作用不能正常进行，最终死亡。因此，薇甘菊有"植物杀手""绿色杀手""美丽杀手"之称。主要分布于路边、水边、田边、果园、林缘地带。

图 5-6　薇甘菊危害状

薇甘菊的叶呈三角状至卵形，边缘具数个粗齿或浅波状圆锯齿。叶对生，茎有棱，茎上有白色短毛。芽腋生，两侧都长芽。薇甘菊花呈白色，细小有微香，于枝端簇成细小的头状花序；种子具冠毛且细小，千粒重仅 0.089 2 g，易借风力进行较远距离传播。薇甘菊从 9 月开始开花，当年 11 月到第二年 2 月为结果期。开花数量大，0.5 m² 内有小花 8 万～20 万朵，种子细小量大，发芽率高，生长速度快。

图 5-7　薇甘菊叶的特征

图 5-8　薇甘菊花的特征

薇甘菊综合治理要点：

（1）在每年 4—10 月，人工将攀爬在林木上的薇甘菊连根拔除、堆沤或焚烧。

（2）结合林木抚育，对林木直径 1 m 范围内的薇甘菊进行人工铲除；对林木之间空地的薇甘菊用"森草净"或"草甘磷"（按每 15 g"森草净"配 15 kg 水稀释摇匀）等除草剂进行喷洒，彻底清除薇甘菊的根系。

（3）在发生薇甘菊的林地中引种寄生植物田野菟丝子，使其寄生在薇甘菊嫩枝、嫩叶和嫩茎上，通过吸取薇甘菊的营养供其自身生长，达到杀死薇甘菊的目的。

2. 大米草

大米草（*Spartina anglica* Hubb.）可破坏近海生物栖息环境、影响滩涂养殖、堵塞航道、诱发赤潮，被列入全球 100 种最有危害外来物种名单和中国外来入侵种的名单。大米草在滩涂的疯狂生长，致使其中的鱼类、蟹类、贝类、藻类等大量生物丧失生长繁殖场所，导致沿海水产资源锐减。同时，由于一年一度大量根系生理性枯烂和大量种子枯死于海水中，致使滩泥受到污染，海水水质变劣，助发赤潮。

大米草多年生草本，具根状茎。株丛高 20～150 cm，丛径 1～3 m。根有两类：一为长根，数量较少，不分枝，入土深度可达 1 m 以下，另一为须根，向四面伸展，密布于 30～40 cm 深的土层内。秆直立，不易倒伏。叶舌为一圈密生的纤毛，叶片狭披针形，宽 7～15 mm，背蜡质，光滑，两面均有盐腺。总状花序直立或斜上，穗轴顶端延伸成刺芒状。基部腋芽可萌发新蘗和生出地下茎，在土层中横向生长，然后弯曲向上生长，形成新株。叶互生、表皮细胞具有大量乳状突起，使水分不易透入；叶背面具有盐腺，根吸收的盐分大部分是由这里排出体外。

大米草具有耐盐、耐渍、生长繁殖快、生态幅度宽等特点，在促淤、护堤、保岸等方面有作用，1963 年在中国引种成功。虽然大米草在生态上具有一定的优势和可用性，但其自身特点也使它具有很强的侵入性。春季返青，12～13℃以上生长迅速，花期长，5—11月陆续开花，10—11 月种子成熟。入冬叶逐渐变为紫褐色，最后枯死。大米草具有很强耐淹特性，能在其他植物不能生长的潮水经常淹到的海滩中的潮带栽植成活。因它是湿生植物，故耐旱能力差。在海水淹没时间太长、缺少光照的低滩不能生存。在风浪太大的侵蚀滩面则不能扎根，但大米草密集成草丛，则可抵挡较大风浪。它既能生于海水盐土，也适应在淡水中性土、软硬泥滩、沙滩上生长。分蘗力特别强，在潮间第一年可增加几十倍到一百多倍，几年便可连片成草场。耐高温，草丛在气温 40～42℃时，若水分充足仍能分蘗生长。不耐倒春寒，当夜温骤降到-10℃甚至以下时，将被冻死。耐石油、朵酚油的污染，能吸收汞及放射性元素铯、锶、镉等。适生于海水正常盐度为 35%、土壤含盐量为 20% 的中潮带。耐淤，植株一般能随淤随长，在厌氧条件下，根系不易腐烂，根区细菌增多，固氮率 4 000 倍于光滩土。刈割后再生较快。

大米草综合治理要点：

（1）每年 5—11 月，在植株、花、种子发生期，采用人工或特殊机械装置，对大米草进行拔除、挖掘、遮盖、火烧、水淹、割除、碾埋等。对滩涂上的大米草可以使用轻型履带车碾压，将大米草压进淤泥里。

（2）使用大米草除草剂 BC-08，杀死大米草的地上部分。

（3）在大米草扬花期，每亩喷施米草败育灵 20 g，或施用米草净使大米草不能产生可育的种子。

### 3. 加拿大一枝黄花

加拿大一枝黄花（*Solidago canadensis* L.）根状茎发达，繁殖力极强，传播速度快，生长优势明显，生态适应性广阔，与周围植物争阳光、争肥料，导致其他植物死亡，从而对生物多样性构成严重威胁。

加拿大一枝黄花多年生草本，高 30～80 cm，地下根须状；茎直立，光滑，分枝少，基部带紫红色，单一；单叶互生，卵圆形、长圆形或披针形，长 4～10 cm，宽 1.5～4 cm，先端尖、渐尖或钝，边缘有锐锯齿，上部叶锯齿渐疏至全近缘，初时两面有毛，后渐无毛或仅脉被毛；基部叶有柄，上部叶柄渐短或无柄。头状花序直径 5～8 mm，聚成总状或圆锥状，总苞钟形；苞片披针形；花黄色，舌状花约 8 朵，雌性，管状花多数，两性；花药先端有帽状附属物。瘦果圆柱形，近无毛，冠毛白色。花期 9—10 月，果期 10—11 月。

加拿大一枝黄花是多年生的根茎植物，以种子和地下根茎繁殖。每年 3 月底至 4 月初开始萌发。10 月开花，花由无数小型头状花组成，11 月种子成熟，每株可形成 2 万～20 万粒种子。一般加拿大一枝黄花的种子发芽率为 50% 左右，种子可由风传播，或由动物携带传播。加拿大一枝黄花根系非常发达，每株植株地下有 5～14 条根状茎，以根茎为中心向四周辐射伸展生长，其上有多个分枝，顶端有芽，芽可直接萌发呈独立的植株，具极强的繁殖能力。加拿大一枝黄花基本以丛生为主，连接成片，排挤其他植物。

加拿大一枝黄花综合治理要点：

（1）加强检疫

严禁带有加拿大一枝黄花种子的繁殖材料及带有残根、残茎的土壤调运；禁止利用该杂草作观赏植物种植或者作为砧木嫁接花卉；在调运检疫和复检时，若发现加拿大一枝黄花种子活体植物、种子、地下茎，应将其全部集中销毁。

（2）人工清除

每年 12 月至次年 2 月，在种子发育阶段，对发现生长地块，进行耕翻，彻底清理根状茎，并集中烧毁，加强荒杂地带管理；6—9 月，植株生长阶段，以割杀为主，人工割杀后萌发的植株，也可用下述化学方法防治。10—11 月，在花、种子阶段割杀和拔除的植株要集中销毁。人工铲除在盛花期之前进行花穗剪除并短截或砍除植株等处理。在种子成熟前，组织人员及时将植株连根铲除，并集中销毁，做到斩草除根。

（3）化学防治

每年 3—5 月，在幼苗阶段，用"草甘膦"进行喷雾防治。使用"草甘膦"和"一把火"（20% 百草枯水剂）混合喷雾防治。使用草甘膦和洗衣粉 5∶1 的比例混合进行喷雾防治。对已萌发出土的幼苗，可喷施草甘膦等杀灭，幼苗越小，效果越好。

### 4．葎草

葎草 [*Humulus scandens*（Lour.）Merr] 是一种传播快、生长快、危害性较大的危险性杂草。主要生长于路旁、河滩、沟边等湿地，往往在庭院附近及田间、石砾质沙地、村庄篱笆上、林缘灌丛间的绿篱树球及杂草混生。其生命力较强，主要靠种子传播，极易生存、耐干旱、耐瘠薄，喜水喜肥，生长速度快，是多年生茎蔓草本植物。3 月、4 月间出苗，雄株 7 月中、下旬开花，雌株 8 月上、中旬开花。9 月中、下旬成熟。葎草主要钩附缠绕在其他植物体上迅速攀升，并逐渐将目的树种全部或部分遮盖，致使目的绿化树种等植物地上部分见不到阳光；地下部分与目的绿化植物争水争肥而使目的绿化植物生长受阻，直至绿化植物部分枝条枯萎或全部落叶死亡，使绿化植物失去了生存能力和观赏价值。

葎草是一年生或多年生草质藤本，匍匐或缠绕。幼苗下胚轴发达，微带红色，上胚轴不发达。子叶条形，长 2～3 cm，无柄。成株茎长可达 5 m，茎枝和叶柄上密生倒刺；有分枝，具纵棱。叶对生，具有长柄 5～20 cm，掌状 3～7 裂，裂片卵形或卵状披针形，基部心形，两面生粗糙刚毛，下面有黄色小油点，叶缘有锯齿。花腋生，雌雄异株，雄花成圆锥状柔荑花序，花黄绿色单一，朵十分细小，萼 5 裂，雄蕊 5 枚；雌花为球状的穗状花序，由紫褐色且带点绿色的苞片所包被，苞片的背面有刺，子房单一，花柱 2 枚。花期 5—10 月。聚花果绿色，近松球状；单个果为扁球状的瘦果。

葎草综合治理要点：

（1）加强检疫

引进绿化树木种子进行严格出入境检疫；调运苗木时注意是否携带葎草的种子及干附茎枝，对带土坨的大苗应铲除表土 5～10 cm。

（2）深翻土壤

每年 3—11 月，在植株、花、种子发育阶段，在不伤及树木根系的情况下，深翻将葎草种子埋入深层土壤，使之不能正常萌发。

（3）人工消除

坚持除早、除小、除彻底的原则。在夏秋季节将根系挖出，断其后患。

（4）药剂防治

每年春季出苗前或夏季开花阶段，使用 72% 2,4-D 丁酯除草剂乳油，或 20% 百草枯溶剂，或 40% 阿特拉津胶悬剂等除草剂，加水均匀喷洒防治。

# 第六章　林业工程项目的化肥与农药的安全使用管理

## 一、国内外有关化肥与农药的发展现状

### （一）国内外化肥发展现状

化肥是重要的农林业生产资料，是农林业生产发展的重要保障。2016 年，我国化肥产量达到 7 004.92 万 t（折纯量），化肥产量及肥料消费量均占全球总量的 30%～35%，是全球最大的化肥生产国和消费国。科学施用肥料可以提高土壤肥力，促进作物的生长，提高农业生产力。联合国粮农组织的资料显示，肥料对提高我国粮食生产能力的贡献率为 45%～50%。

但另一方面，由于长期、大量、无序地使用化肥，不仅增加了农业成本，也严重污染了空气、土壤、水等自然生态系统。目前，我国化肥使用上主要存在的问题，一是施肥量过大，据统计，2009 年我国耕地的施肥水平为 444 kg/hm$^2$，为世界平均水平的 4 倍；二是化肥品种过 "精"，导致作物养分失衡。长期施用高氮复合肥、高浓度复合肥、高浓度磷复肥，致使作物营养失调，对不良气候条件的抗逆能力下降。在我国化肥行业，目前氮肥企业大多生产的是传统单质肥料，同质化现象严重，不能适应现代农业发展要求，不能提供高效专用肥料，不能满足平衡施肥、测土配方施肥、机械化施肥、水肥一体化施肥等要求。

2015 年 7 月，工业和信息化部提出了推进化肥行业转型发展的指导意见，意见要求，调整化肥行业产品结构、提升创新能力、加强农化服务，切实提升行业增长质量和效益。农业部推出了《到 2020 年化肥使用量零增长行动方案》，预计未来复合肥行业将向规模化、高效化、低碳化、新型化方向发展。

当前，农林业正向着绿色、高效的方向发展。化肥的施用将向着改进施肥方式、提高肥料利用率、减少不合理投入方向发展。测土配方施肥是趋势，按需配肥，随用随配。

化肥品种将向高效化、差异化、功能化等多样化方向发展，品种多样，营养全面化，不仅重视氮、磷、钾大量营养元素，钙、镁、硫、铁、锌、硼、铜、钼、硼等中微量元素作用也要重视，有机无机结合也应考虑，达到营养均衡、全面。同时，部分产品要具有抗病虫害、抗旱、抗冻、抗倒伏、抗重茬，调理土壤酸碱度等多功能作用。达到产品结构合理，目的是要提高肥料产品利用效率，符合作物优质高产的目标，对环境友好。

未来新型肥料的生产将快速增长，新型肥料将以高效化、专用化、长效化、功能化和低碳化为发展趋势，缓控释肥、硝基复合肥、水溶性肥、海藻生物肥等新型肥料因符合这一趋势，将逐渐成为市场新的增长点。

### （二）国内外农药生产与使用现状

#### 1. 农药生产现状

自 20 世纪 80 年代，世界化学农药生产及使用快速增长，2014 年达到高峰。2015 年全球农药市场销售额为 512.1 亿美元，其中市场份额最大的仍然是除草剂（占 42%），其次为杀虫剂（28%）、杀菌剂（27%）。世界农药行业已呈现寡头垄断的竞争格局，以瑞士先正达、德国拜耳、巴斯夫、美国陶氏益农、孟山都、杜邦六大公司构成世界农药产业的第一集团，占据全球 60% 以上的市场份额。

我国农药生产、出口和使用总量均具世界前列，近年来，我国农药生产企业 2 000 余家，2015 年农药生产总量（折百量）132.8 万 t，其中杀虫剂占农药总量的 22.8%，杀菌剂占 12.7%，除草剂占 62.3%，其他 2.2%，农药生产量自 2012 年逐年降低。我国生产的农药约 60% 用于出口，40% 应用于国内。

#### 2. 农药使用现状

近几年，国内农药市场一直处于供大于求局面，2015 年我国农业用药 30 万 t（折百），其中杀虫剂占 36.31%，杀菌剂 26.65%，除草剂 35.74%，植物生长调节剂 1.28%，杀鼠剂 0.02%。我国农药的使用结构，与国际平均水平相比，杀虫剂用量仍然偏高，杀菌剂与国际平均水平相当，除草剂用量低于国际平均水平。

农药使用中微毒农药占农药总用量的 0.43%，低毒农药占 71.315%，中等毒农药占 25.14%，高毒农药占 3%，剧毒农药占 0.005%。

我国农药使用总量和施用强度，20 世纪 90 年代逐年增加。1991 年，我国农药使用总量（商品量）为 76.53 万 t，2013 年迅速增长到 180.19 万 t，年均增长率高达 7.4%。1991 年农药施用强度为 5.12 kg/hm$^2$，2013 年则增长到 10.95 kg/hm$^2$，年均增长率为 6.5%，中国单位面积使用量是世界平均水平的 2.5 倍。

目前我国农药生产及应用上存在的突出问题是产能过剩，同时存在食品安全、生态环境保护等方面的压力。2015 年 2 月农业部制定了《到 2020 年农药使用量零增长行动方案》，2016 年 5 月，国务院发布《土壤污染防治行动计划》，均提出农药要减量使用。要求严格控制林地、草地、园地的农药使用量，禁止使用高毒、高残留农药；完善生物农药、引诱剂管理制度，加大使用推广力度；科学施用农药，推行农作物病虫害专业化统防统治和绿色防控,推广高效低毒低残留农药和现代植保机械;加强农药包装废弃物回收处理;到2020年,全国主要农作物农药使用量实现零增长,利用率提高到40%以上。

### 3. 农药使用与管理趋势

世界农药生产经过低效高毒、高效高毒、高效低毒、高效低毒低残留低成本4个发展阶段。目前,世界上使用较多的是高效低毒低残留低成本的农药,但"一高三低"理念侧重产品和人体健康,没有涵盖农药使用环节和生物环境。未来农药将向"高效低风险农药"(环境友好型:高效、低毒、低残留、环保型)方向发展。"高效低风险农药"将风险控制贯穿农药研发、加工、应用及管理全过程。

国际农药管理的新动向,一是逐步淘汰高风险农药,提高登记要求;二是强化安全管理,加强对登记和检测人员的技术培训,提高农药管理能力;三是重视农药废弃物处理,加强农药风险控制;四是开展农药管理区域间国际协作,达到登记审批的协调一致和技术标准的协调统一;五是要做好农药从登记、储运、销售、使用到废弃物和废包装处理整个生命周期的全程科学管理等。

就我国而言,农药结构将顺应生产需要加快调整,杀虫剂老品种用量将呈现下降趋势,酰胺类、新烟碱类呈现上升趋势;杀菌剂混合使用形式在部分地区应用增加;全国除草剂用量继续上升;植物调节剂与杀虫剂、杀菌剂混合使用形式将显现优势。

随着农业部《到2020年农药使用量零增长行动方案》的提出,以及国务院《土壤污染防治行动计划》的发布,国内农药生产和使用量将会出现下降。农药市场将随着国内外农药新品种及施用新技术的推出出现变化,高毒、中等毒性农药会快速退出市场,高效低风险农药将快速占主导地位。农药市场变化的原因,首先是国家对农药禁限用政策的强力推行。其次是地方政府的一系列政策,对科学安全用药起到了积极的促进作用,如全国许多省级植保部门每年均推出本年度重点推荐农药品种名单,以引导经销商销售和农民使用。最后是全国各地各种项目的实施,如一喷三防、一防双减、高产创建、经济作物标准园建设、面源污染治理、耕地质量提升、政府统一采购农药免费发放到农户等项目,对农药市场产生了较大的影响,加快了高、中毒农药退出市场。

## 二、林业工程项目的化肥使用与监测

### (一)化肥种类

化学肥料是一些含有养分的矿石和化工原料,通过化工厂制造出来的肥料,简称化肥,也叫作无机肥料。根据化肥所包含养分种类不同,将化肥分成氮肥、磷肥、钾肥、复合肥、微肥五类。

氮肥：常用的有硫酸铵、氯化铵、碳酸氢铵、硝酸铵、尿素等。

磷肥：过磷酸钙、钙镁磷肥、磷矿粉等。

钾肥：硫酸钾、氯化钾等。

复合肥料：磷酸铵、氮磷钾复合肥、磷酸二氢钾、硝酸钾等。

微量元素肥料：硼肥（硼砂、硼酸）、铁肥（硫酸亚铁）、锌肥（硫酸锌）、铜肥（硫酸铜）、锰肥（硫酸锰）、钼肥（钼酸铵、钼酸钠）等。

## （二）施肥方式与方法

化肥施用有测土配方施肥、水肥一体化施肥、适期施肥等近年推广的新型施肥方式，还有土壤施肥、灌溉施肥、根外施肥等传统的施肥方式。

### 1. 测土配方

通过仪器对土壤进行化验分析，测得造林地各种主要营养元素含量，并根据拟栽植树种的需要，科学确定施肥种类、施肥量、施肥配方，从而避免林木生长发育过程中所需某类营养元素缺乏或过剩造成生长不良或资源浪费。

### 2. 水肥一体化施肥

结合高效节水灌溉，进行滴灌施肥、喷灌施肥，促进水肥一体下地，提高肥料和水资源利用效率。可选液态或固态肥料，如氨水、尿素、磷铵、硫酸钾等肥料；固态肥料要求水溶性强，含杂质少，一般不用颗粒状复合肥（包括中外产品）。

### 3. 适期施肥

根据林木生物学特性及对养分的要求，合理确定基肥施用比例，因地、因苗、因水、因时分期给林木施用不同种类、不同量的肥料。

### 4. 土壤施肥

是苗圃、园林地、人工林、果园等林木人工施肥的主要方式，有机肥和化肥多用土壤施肥的方式。土壤施肥有以下几种方法。

（1）环状施肥

在树冠外围投影处稍外方，挖环状沟施肥。操作简便，用肥经济，适于幼树和初结果树，太密植的树不宜用。

（2）盘状施肥

以主干为中心离树干 20～30 cm，将土向外耙开成圆盘状，做到里浅外深。此法适用于雨季施氮肥，有利发挥浅层根作用。

（3）穴状施肥

在树冠下方均匀地挖穴数个，深度为 20～30 cm，施肥后覆盖。此法可减少肥料与土壤接触面，适用于施磷、钾肥。

（4）放射沟施肥

在树冠下一半处向外挖 4～8 条放射沟，外面一端延伸到树冠外缘投影以外，沟道内浅外深，施肥后覆土。这种施肥方法伤根少，能促进根系吸收，适于成年树，太密植的树也不宜用。第二年施肥时，沟的位置应错开。

（5）条沟施肥

在树行间顺行开沟施肥，可开多条，随开沟随施肥，及时覆土，也可结合深翻进行。多在较平坦的幼龄苗圃地应用。此法便于机械或畜力作业，效率高，但要求苗圃地面平坦，条沟作业与流水方便。

### 5．灌溉施肥

与滴灌或喷灌相结合，是密植苗圃、果园等林木施肥方式中先进、理想的一种施肥方式。具有灌溉施肥时期灵活、提高肥料利用率、不伤根、不影响耕作层土壤结构、节省施肥费用和劳力的优点。

### 6．根外施肥

根外施肥的主要方法有叶面喷施、枝干注射、吊瓶输液肥等。以叶面喷施的方法最常用，叶面喷施又称为根外追肥，该法适用范围广，肥料用量少，见效快，利用率高。当作物出现营养元素缺乏症状时，可用根外喷施方法补充。枝干注射是先向树干上打钻孔，再用注射器向树干中强力注射。凡是缺素均与土壤条件有关，在依靠土壤施肥效果不好的情况下，用树干注射效果佳。吊瓶输液肥是在树干上吊挂装有肥液或药液的瓶（袋），在树干上钻孔，通过导管将瓶中的肥、药液直接注入树干中，经树干输导组织输送到枝叶上。吊瓶输液肥多用于大树移栽、弱树复壮、古树名木复壮、树木急救等，只有在土施或叶面喷施效果不佳时方可采用。

### （三）化肥对环境的污染

### 1．土壤污染

长期过量而单纯施用化学肥料，会导致营养失调，土壤中硝酸盐累积，土壤酸化，土壤中一些有毒有害污染物的释放迁移加快或毒性增强，使土壤的一些有益的微生物死亡，降低了土壤的净化能力。化肥中还含有其他一些杂质，如磷矿石中含镉、钴、铜、铅、镍等，长期大量使用就会造成土壤的重金属污染。

### 2. 土壤退化

化肥中有大量的氮磷等元素，可使土壤胶体分散，土地板结，直接影响林木的生长。

### 3. 水域污染

化肥进入土壤后，会渗透到浅层地下水，还会经沟渠流入江河，化肥中的氮磷等元素会造成水体的富营养化污染。另外，使用化肥的地区的井水或河水中氮化合物的含量会增加，甚至超过饮用水标准。

### 4. 大气污染

化肥由于不合理施用（氮肥浅施、撒施或施后不深压等），从土壤表面挥发成氨气、氮氧化物气体进入大气中，造成大气的污染。氮肥施入土中后，有一部分经过反硝化作用，形成了氮气、二氧化氮、氧化亚氮等，从土壤中逸散出来，进入大气，使人体健康受到一定伤害。

## （四）化肥污染环境的控制措施

### 1. 规范施肥技术

要强化每个人的环保意识，充分意识到化肥对环境和人体健康造成的潜在危险。严格按照国家环境保护部 2010 年 3 月发布的《化肥使用环境安全技术导则》（HJ 555—2010）标准施用化肥，依法防治化肥污染。

### 2. 增施有机肥

施用有机肥能够增加土壤有机质、土壤微生物，改善土壤结构，提高土壤的吸收容量，增加土壤胶体对重金属等有毒物质的吸附能力。

### 3. 推广新型肥料

推广缓释肥料、水溶性肥料、液体肥料、叶面肥、生物肥料、土壤调理剂等高效新型肥料，提高肥料利用率。

### 4. 推广配方施肥技术

配方施肥是我国施肥技术上的一项重大革新，这一施肥技术有利于土壤养分的平衡供应，减少化肥的浪费，避免对土壤环境造成污染。配方施肥要坚持三个原则：一是有机肥与无机肥相结合；二是氮、磷、钾配合；三是用地与养地相结合。

### 5．施用硝化抑制剂

硝化抑制剂又称氮肥增效剂，能够抑制土壤中铵态氮转化成亚硝态氮和硝态氮，提高化肥的肥效和减少土壤污染。由于硝化细菌的活性受到抑制，铵态氮的硝化变缓，使氮素较常时间以铵的形式存在，减少了对土壤的污染。

### 6．改进施肥方法

大力推广测土配方施肥，推广适用施肥设备，改表施、撒施为机械深施、水肥一体化、叶面喷施等方式。氮肥要科学混施、深施，磷肥按照旱重水轻的原则集中施用，钾肥早施。此外，对于施肥造成的土壤重金属污染，可采取施用石灰、增施有机肥等方法降低植物对重金属元素的吸收和积累，还可以采用翻耕、客土深翻和换土等方法减少土壤重金属和有害元素。

## （五）化肥使用的监测

为全面掌握某地区化肥使用情况，客观分析化肥使用中存在的问题，落实农业部化肥使用量零增长减量化行动，需对当地化肥使用进行监测。

### 1．监测内容

（1）监测化肥使用总量

一般以县为单位，统计各种化肥的销售情况，填写《化肥使用量统计表》（附表6-1）（内容包括化肥品种、销售数量、成分含量、价格等），通过采集县级化肥经销商销售纪录，统计测算出本区域化肥年度使用总量。

（2）监测农户用肥情况

选择种植大户、家庭农场、农民合作社、农业企业等各类农业经营主体肥料情况进行调查。通过对定点调查对象使用化肥情况记载，统计测算出当地主要农作物用肥水平。

### 2．监测方法

（1）化肥使用总量监测

一是通过登录省或市建立的"农资监管信息平台"系统，查询本县农资经销商的具体信息，统计当地化肥使用总量；二是到县级化肥经销商查询实际化肥销售情况，用于校正通过"农资监管信息平台"估算化肥使用总量。

（2）农户用肥情况监测

通过选定的每个造林实体用肥情况的跟踪调查，了解当地造林实体化肥使用量具体情况。填写《县级造林实体化肥使用情况调查表》（附表 6-2），要求调查造林实体在每次施用化肥后，及时按照《造林实体化肥使用情况调查统计表》（附表 6-3）所需内容记载，以便在每年进行统计，测算出造林实体化肥使用水平。

### 3. 监测数据统计

按照上级主管部门的要求，将《化肥使用量统计表》（附表 6-1）、《县级造林实体化肥使用情况统计表》（附表 6-2）、《造林实体化肥使用情况调查统计表》（附表 6-3）统计汇总，分造林实体化肥使用情况、不同林木用肥情况进行逐级汇总上报。

## 三、林业工程项目的农药使用

在林业工程项目的造林及管理中，利用化学农药防治病虫害是一项重要内容。农药是指用于防治危害农、林、牧植物和产品的病、虫、杂草和其他有害生物的化学品，包括植物和昆虫生长调节剂。农药由工厂生产出来未经加工的产品称原药。原药必须经过加工后才能应用于生产。原药经加工后的产品叫作制剂，也称商品药。农药制剂的形态叫作剂型。在生产上应用较多的农药剂型有可湿性粉剂、乳油、颗粒剂、悬浮剂、水分散粒剂、水剂、微胶囊剂、烟剂、片剂、熏蒸剂、气雾剂等。

### （一）农药剂型

#### 1. 可湿性粉剂

可湿性粉剂对水后能被水湿润，形成悬浊液，主要用于喷雾，不可直接喷粉。防治效果比同一种农药的粉剂高，持效也较长。但在同等有效成分下，药效不如乳油。可湿性粉剂稀释时，要先将可湿性粉剂加少量水调成糊状，然后再加足水使用。这样可提高液体悬浮率，防止药剂沉淀。

#### 2. 乳油

适用于喷雾、涂茎、拌种、制毒土等。乳油的优点是使用方便，有效成分含量高，喷洒时展着性好，耐雨水冲刷，持效期较长，防效优于同种药剂的其他常规剂型。其缺点是成本较高，使用不慎，容易造成药害和人、畜中毒事故，并且因耗用大量有机溶剂，污染环境。

### 3．颗粒剂

颗粒剂的优点是使用时飘移性小，不污染环境，不伤害天敌，可控制农药释放速度，持效期长，施药的目标性强，节省用药，使用方便。同时，也能使高毒农药低毒化，对施药人员较安全。

### 4．悬浮剂

悬浮剂又称胶悬剂，加水稀释即成稳定的悬浮液。悬浮剂兼有可湿性粉剂和乳油的优点。

### 5．超低容量制剂（油剂）

不加水直接进行超低容量喷雾，单位面积用量少，防治工效高，适于高山缺水地区大面积防治林木病虫害。

### 6．烟剂

其优点是使用方便、节省劳力，可扩散到其他防治方法不能达到的地方。适用于防治林地、仓库和温室大棚的病虫害。

### 7．水分散粒剂

水分散粒剂是近年来发展的一种颗粒状新剂型，遇水能很快崩解分散成悬浮状。该剂型的特点是流动性能好，使用方便，无粉尘飞扬，而且贮存稳定性好，具有可湿性粉剂和胶悬剂的优点。

### 8．微胶囊剂

用某些高分子化合物将农药液滴或固体包裹起来的微型囊体，囊皮是一种半透性膜，可控制农药释放速度。特点是延长持效期，降低毒性和刺激性，减少药害，稳定原药，减少原药挥发所致的损失。

## （二）农药使用方法

农药的施用方法较多，应根据农药的性能、剂型，防治对象、防治成本以及环境条件等综合因素来选择施药方法。下面对常用农药使用方法的技术要点分述如下。

### 1．喷雾法

喷雾法是借助于喷雾器械将药液均匀地喷布于防治对象及被保护的寄主植物上，是目前生产上应用最广泛的一种方法。此法适用于乳油、可湿性粉剂、悬浮剂、水分散粒剂等农药剂型，可做茎叶处理和土壤表面处理，具有药液可直接触及防治对象、分布均匀、见效快、防效好、方法简便等优点，但也存在易飘移流失，对施药人员安全性较差等缺点。

### 2. 烟雾法和气雾法

利用烟雾剂和喷烟机（气雾发生机）防治病虫害在生产中应用较广泛，是防治大面积林木病虫害，温室大棚、大型果园常用的方法。烟雾剂发烟是将固体烟剂引燃，燃烧产生的热量推动带药烟雾粒子扩散，并沉降在植物表面而发挥毒杀病虫作用。烟雾机发烟是利用喷烟机具把油状农药分散成烟雾状态达到杀虫灭菌的方法。由于烟雾粒子很小，沉积分布均匀，防效高于一般的喷雾法和喷粉法，但烟雾法存在污染环境、对天敌影响较大等问题。

### 3. 土壤处理

将药剂施于土层下，用来防治病虫、杂草的方法称土壤处理。其优点是药剂不飘移，对天敌影响小。缺点是撒施难于均匀，施药后需要不断提供水分，药效才能得到发挥。分为土壤处理防病（土壤消毒）：主要防治由土壤传播的病害，如根腐病、枯萎病等；土壤处理防虫：主要防治地下害虫。土壤处理方法一般有浇灌法、撒施法、沟施及穴施法、注射法等。

### 4. 毒饵法

毒饵法是利用害虫、鼠类喜食的饵料与具有胃毒作用的农药混合制成的毒饵，引诱害虫、鼠类前来取食，将其毒杀而死。常用的饵料有麦麸、米糠、豆饼、花生饼、玉米屑、青草、树叶等。药剂多选用敌百虫、辛硫磷等胃毒剂，药剂用量一般为饵料量的 1%～3%。配制时将麸类饵料炒至出焦香味，然后再拌以农药制成毒饵。主要用于防治地下害虫和害鼠，每亩用毒饵 2～4 kg。使用时应根据害虫取食习性，于傍晚撒布田间诱杀，尤其在雨后撒饵效果较好。

### 5. 毒环与毒绳

毒环与毒绳用于防治有上、下树习性的害虫，使害虫在上、下树过程中接触农药死亡。具体做法是用塑料薄膜或塑料胶带在树干 1.5 m 以下位置，缠绕宽 20～30 cm 的塑料环，抹粘虫胶或自制毒剂。农药毒剂一般采用菊酯类油剂以延长有效期。对于树皮较薄的树种，应注意药剂对树皮的伤害。毒绳杀虫原理与毒环类似，也是阻隔害虫上、下树活动。一般用拟除虫菊酯类农药溶于柴油或机油，将纸绳浸泡后制成毒绳，使用时在树上绑上双道纸绳，形成闭合毒绳环。对于厚皮树种，也可用农药油剂直接在树表喷洒或涂刷形成闭合环。

### 6．根区施药

根区施药是将内吸性药剂埋于植物根系周围，通过根系吸收运输到树体全身，当害虫取食时使其中毒死亡。如用 3%呋喃丹颗粒剂埋施于根部，可防治多种刺吸式口器的害虫。

### 7．树干注射

用树干注射机或兽用注射器将内吸性药剂注入树干内部，使其在树体内传导运输而杀死害虫。方法是用树干注射机、木钻、铁钎等利器在树干基部向下打一个 45°的孔，深约 5 cm，然后将 5～10 mL 的药液注入孔内，再用泥封口。所用药剂一般稀释 2～5 倍。树干注射可有效地防治高大树木的害虫、钻蛀性害虫、刺吸害虫、维管束病害等，并可配合施用植物生长调节剂及微肥，不污染环境，施药安全。缺点是施药过程对树木造成一定的机械损伤，因此，不可连年多用。

### 8．虫道施药

（1）毒签

毒签用于防治林木蛀干害虫，是将磷化锌和草酸胶结在竹签一端，当毒签插入蛀干害虫排粪孔后，虫道内的水汽接触毒签上的磷化锌，发生化学反应，产生高毒的磷化氢气体，将虫道内的幼虫熏蒸致死。林间毒签插孔时，插不进的部分可折断，最后用黏土或胶带封住外口，以保证熏蒸效果。

（2）毒棉球

毒棉球是防治天牛等蛀干害虫的有效方法，林间工效高，杀虫效果好。施药前准备镊子、粗细不同的钢丝锥、药瓶等工具，用棉花制作大小 2 种棉球，并用药剂浸泡。药剂选用敌敌畏、菊酯类农药等，一般稀释 2 倍液（1 份药加 1 份水），林间发现虫道排粪孔后，略作清理，确定木质部虫孔后，先用小棉球塞入虫道深处，再用大棉球塞紧孔口。约 1 周后检查，如发现棉球松动，或有新虫粪排出，重新补塞。

（3）虫道注药

配制一定浓度药液（1 份药加 1 份水），发现虫孔后，略作清理，用注射器吸取药液向虫道注射。有些虫道排粪孔在虫道下方，影响注药效果。虫道施药是防治蛀干害虫活动期幼虫的可靠方法，但林间施药技术要求高、操作工作量大，对位于树干高处的虫道防治较困难。

### 9．灭虫药包布撒技术

灭虫药包及布撒器系统是由布撒器定点、定向将灭虫药包发射到林冠上方，药包爆炸后形成的烟云漂浮、沉降后附着在林木枝叶上，直接或间接杀灭靶标害虫，从而达到防治害虫的一种新型施药设备。该方法具有快速、高效、省工等优点，药包为生物农药，对环境安全无污染。

## （三）农药的合理使用原则

农药的合理使用就是本着"安全、经济、有效"的原则，从综合治理的角度出发，运用生态学的观点来使用农药。合理施用农药的一般原则是：

### 1．对症用药

农药都有各自的性能特点及防治范围，即使是广谱性药剂也不可能对所有的病害或虫害都有效。另外，不同地区植物的病、虫、草、鼠的种类也很多，因此，应针对防治对象的种类和特点，仔细阅读农药产品标签上的说明，选择最适合的农药品种和剂型，切实做到对症下药，避免盲目用药。

### 2．适时用药

农药施用应选择在病、虫、草最敏感的阶段或最薄弱的环节进行。因此，要在调查研究和预测预报的基础上，掌握病虫害的发生发展规律，抓住最有利时机适时施药用药。既可节约用药量，又能提高防治效果。如一般药剂防治害虫时，应在初龄幼虫期，防治病害时，一定要在寄主发病之前或发病早期施药，尤其是保护性杀菌剂必须在病原物接触侵入寄主前使用，除此之外，还要考虑气候条件及物候期。

### 3．适量用药

每种农药制剂对各种防治对象均进行了毒力测定和药效试验，对其使用浓度、单位面积上的用药量和施药次数都有较科学的规定。不可因防治病虫心切而任意提高浓度，加大用药量或增加使用次数，否则会造成浪费，产生药害，加快病虫抗药性的产生，甚至造成人、畜中毒或因用药量少而达不到预期的效果。

### 4．适法施药

在确定防治对象和选用药剂的基础上，采用正确的方法施药，不仅可充分发挥农药应有的防治效果，而且能减少药害和农药残留等不良作用。所以，在施用农药时，应根据农药的特性、有害生物的发生特点，以及植物长势、气候条件等因素，灵活选用施药方法。

### 5. 交互用药

长期使用一种农药防治某种害虫或病菌，易使害虫或病菌产生抗药性，降低防治效果。因此应尽可能选用不同作用机制的农药轮换用药，以延缓病虫的抗药性。

### 6. 混合用药

将两种或两种以上的对病虫具有不同作用机制的农药混合使用，可提高防治效果，延缓有害生物产生抗药性，扩大防治范围，节省劳力和用药量，降低成本和毒性，增强对人畜的安全性。

### 7. 防止药害

不同植物或同一类植物不同品种之间，耐药力会有较大差异；同一种植物在不同发育阶段或生长发育不良时耐药力也有所不同。施用农药前，要根据植物的耐药力谨慎选用农药或避开植物的敏感期施药，特别是应用新农药新剂型前，最好做一下药害试验，防止新农药对植物的药害。

### 8. 注意农药与天敌的关系

在使用农药时，一定要从生态学观点出发，注意选择农药的剂型、使用方法、施药次数和施药时间，选用有选择性的农药，避开天敌盛发期或天敌敏感期，达到既防治病虫害，又能保护天敌的目的。

### （四）农药的合理混用

农药混合使用是指两种以上不同农药混配在一起施用。混用的目的在于提高药剂效能、劳动效率或经济效益。科学合理地混用可以起到扩大防治范围、增强防治效果、降低药剂毒性、延长施药时期、节省防治成本、克服农药抗性、减少施药次数、强化农药适应性能、挖掘农药品种潜力等方面的效果。

### 1. 农药混用形式

（1）现混

现混是生产中普遍应用的方式，灵活方便，可根据具体情况调整混用品种和剂量。应注意随混随用，药液不宜久存，以免减效。

（2）桶混

有些农药之间现混现用不方便，但又确实应该成为使用伴侣，厂家便将其制成桶混制剂（罐混制剂），分别包装，集中出售，称为"子母袋、子母瓶"。

（3）预混

由工厂预先将两种以上农药混合加工成定型产品，按照说明书直接使用。预混虽然应用方便，但存在两个不足：一是农药有效成分可能在长期的贮藏、运输过程中发生缓慢分解而失效；二是预混不能根据使用时的环境条件、病虫草害的组成和密度不同而灵活掌握混用的比例和用量，甚至可能因为病虫草害的单一，造成一种有效成分的浪费。

### 2. 农药混合使用原则

农药复配混用有许多好处，但如果混用不合理，也会出现不良后果，造成损失。必须提倡合理混用，没有经过全面试验的复配方案不宜随便加以推广。

（1）根据防治对象，选准针对性混配农药

如要兼治同期发生的病、虫害，需选用杀虫剂和杀菌剂混配；如要降低防治成本，在相同防治对象内，应增加廉价农药；如要改变防效迟缓的不足，应选用速效农药混配。

（2）明确禁混范围

凡混配后出现分离、沉淀、结絮、起气、飘油、分解、置换、变性、灭活等不正常现象，应列为禁混范围。一般碱性和酸性农药不混；微生物杀虫剂和化学杀菌剂、微生物杀菌剂不混；含铜素农药和含锌素农药不混。具体可参阅农药标签上混配要求和有关书刊的《农药混用表》，或先行测试后再混配。

（3）要有增效、兼治作用

相克减效，或低于单用防效，或无兼治作用，则失去混用的意义。要选用高效、低毒、低残留农药品种。

（4）避免交互抗性

注意农药品种间的作用机理是否相同、有无交互抗性。如已存在抗性，则不再选用相同抗性类型的农药进行混配和防治。

（5）混用的农药种类不宜过多

农药的混合使用，一般不超过3种，混配使用的品种越多，风险性加大。混配农药毒性一般都较单一农药毒性趋重。多品种混合后，一旦发生中毒，解救困难。如长期使用后产生多重抗性，也较难除治。

## （五）药械清洗和农药（械）保管

### 1. 施药器械清洗

每次施药后，机具应全面清洗。施药器械不能直接在河边、池塘边洗刷，以防污染水源和毒害水生生物。若下一个班次更换药剂或作物，要用碱水反复清洗多次，再用清水冲洗。特别是前次喷洒过除草剂的器械，更要彻底冲洗，以防对作物产生药害。清洗机具的污水，应选择安全地点妥善处理，不准随地泼洒，防止污染环境。防治季节过后，应将重点部件用热洗涤剂或弱碱水清洗，再用清水清洗干净，晾干后存放。某些施药器械有特殊的维护保养要求，应严格按要求执行。

### 2. 农药（械）保管

农药仓库要求阴凉、干燥、通风，并有防火、防盗措施。农药必须单独贮存，不得和其他农用品及日用品混放。农药堆放时，要分品种堆放，堆放高度不宜超过 2 m。液体农药易燃烧、易挥发，在贮存时重点是隔热防晒，避免高温。固体农药吸湿性强，易发生变质，贮存保管重点是防潮隔湿。微生物农药不耐高温，不耐贮存，容易吸湿霉变，失活失效，宜在低温干燥环境中保存，而且保存时间不易超过 2 年。各种农药进出库都要记账入册，并根据农药"先进先出"的原则，防止农药存放时间过长而失效。

药械每天使用结束后，应倒出桶内残余药液，加入少量清水继续喷洒干净，并用清水清洗各部分，然后打开开关，置于室内通风干燥处存放。喷洒除草剂后，必须将喷雾器彻底清洗干净，以免喷洒其他农药时对作物产生药害。凡活动部件及非塑料接头处应涂黄油防锈。

# 四、林业工程项目常用农药种类简介

## （一）农药的分类

### 1. 按农药的防治对象分类

农药按主要防治对象可分为：杀虫剂、杀菌剂、杀螨剂、杀线虫剂、杀鼠剂、除草剂、植物生长调节剂等。

### 2. 按农药的成分和来源分类

农药按成分和来源可分为：无机农药：如波尔多液、石硫合剂等；有机合成农药：如有机磷类、氨基甲酸酯类、拟除虫菊酯类等；生物源农药（包括植物源农药）：如烟碱、鱼藤酮、除虫菊素、芸薹素内酯等。微生物源农药：如白僵菌、苏云金杆菌、核型多角体病毒，以及各种抗生素等。生物化学农药：如灭幼脲、氟虫脲等。

### 3. 按作用方式分类

杀虫剂：胃毒剂、触杀剂、熏蒸剂、内吸剂等。

杀菌剂：保护剂、治疗剂、铲除剂、免疫剂。

除草剂：灭生性除草剂、选择性除草剂。

## （二）常用农药种类简介

### 1. 杀虫剂

（1）植物源杀虫剂

植物源杀虫剂是利用具有杀虫活性的植物有机体的全部或其中一部分作为农药或提取其有效成分制成的杀虫剂。植物源杀虫剂具有以下特点：对人、畜毒性低，对天敌安全，对作物一般不易产生药害；易降解，持效期短，对农产品、食品和环境基本无污染；防治谱较窄，以触杀作用为主；对害虫作用缓慢，多种成分协同发挥作用；害虫不易产生抗药性。当前，植物源杀虫剂成为农药研究开发的热点，商品化品种有烟碱、除虫菊素、鱼藤酮、印楝素、川楝素、鱼尼丁、苦皮藤素、藜芦碱、苦参碱、辣椒碱、木烟碱、茴蒿素、百部碱、茶皂素等几十种。

（2）微生物源杀虫剂

微生物杀虫剂是由害虫的病原微生物，如细菌、真菌、病毒等及其代谢产物加工成的一类杀虫剂。这类杀虫剂具有以下特点：施药后使害虫染病而死，且具有传染性；对人、畜毒性低，不污染环境；一般不易使害虫产生抗药性；选择性强，不伤害天敌；药效受环境条件的影响较大，药效发挥慢，防治爆发性害虫效果差。微生物杀虫剂是生产绿色食品的首选种类，生产上应用较多的品种有苏云金杆菌、青虫菌、金龟子芽孢杆菌、白僵菌、绿僵菌、蜡蚧轮枝菌、棉铃虫核多角体病毒、阿维菌素、甲氨基阿维菌素苯甲酸盐、多杀菌素、杀蚜素、虫螨霉素等。

（3）生物化学杀虫剂

这类杀虫剂主要对昆虫生理机能发生影响，也称昆虫生长调节剂。目前生产上应用较多的是灭幼脲类杀虫剂，如灭幼脲、氟苯脲、杀铃脲、氟铃脲、噻嗪酮、虫酰肼等。该类药剂进入昆虫体后，抑制幼虫表皮几丁质的合成，使虫体不能长出新皮，造成害虫无法蜕皮而死亡。对鳞翅目幼虫有特效，对蚊蝇幼虫也有高效，对天敌和鱼虾等水生动物杀伤作用较小，对蜜蜂安全。对人、畜的毒性很低，也无慢性毒性。该类农药在动植物体内、土壤和水中容易分解，因此在农产品中残留量很低，对环境无污染；对害虫主要是胃毒作用，杀虫作用缓慢，一般药后至少需要3天害虫才会死亡。

（4）有机合成杀虫剂

**有机磷杀虫剂**　有机磷杀虫剂是我国使用最早最广泛的一类杀虫剂，品种繁多，剂型多样。这类杀虫剂的特点是：药效较高，杀虫谱广，杀虫作用方式多样，可防治不同类型的害虫。急性毒性高，易造成人、畜中毒，但残留毒性低，在高等动物体内无积累毒性。易使害虫产生抗药性，但抗药性发展较其他杀虫剂类慢，在推荐剂量下使用对植物安全。易碱解，正常条件下贮存较稳定，一般有效贮存期2年。

由于该类药剂的毒性问题，目前使用范围及应用量逐渐减少。已禁止使用的农药有甲胺磷、甲基对硫磷、对硫磷、久效磷、磷胺、苯线磷、地虫硫磷、甲基硫环磷、硫线磷、蝇毒磷、治螟磷、特丁硫磷等。限制在经济作物上使用的有甲基异柳磷、内吸磷、灭线磷、硫环磷、氯唑磷、水胺硫磷、氧乐果、杀扑磷、毒死蜱、三唑磷、甲拌磷、治螟磷等。

**氨基甲酸酯类杀虫剂**　氨基甲酸酯类是指具有$CH_3NHCOO\text{-}R$结构的酯类化合物，其中文名称多为××威，该类杀虫剂的特点是：触杀作用强，药效迅速；对害虫选择性强，杀虫范围不如有机磷类广泛，对螨类和介壳虫效果差，对天敌较安全；多数品种对人、畜毒性较低，但也有一些品种如克百威、涕灭威等的毒性极高，已被限制使用范围。

**拟除虫菊酯类杀虫剂**　拟除虫菊酯类杀虫剂是根据天然除虫菊素的化学结构人工合成的一类有机化合物。其主要特点是：杀虫广谱、高效、用药量少，杀虫效力是其他常用杀虫剂的5～10倍，且速效性好，击倒力强；以触杀作用为主；对人、畜毒性一般比有机磷和氨基甲酸酯杀虫剂低，但对鱼、贝类毒性高，对蜜蜂及天敌毒性较大；在自然界易分解，残留低，不污染环境；极易使害虫产生抗药性，且该类药剂不同品种间也较易产生交互抗性。

**新烟碱类杀虫剂**　新烟碱类杀虫剂与植物源农药烟碱类似，是近几年发展最快的一类新型杀虫剂。由于该类杀虫剂具有独特的作用机制，与常规杀虫剂没有交互抗性，其不仅具有高效、广谱及良好的内吸、触杀和胃毒作用，而且对哺乳动物毒性低，对环境安全。可有效防治同翅目、鞘翅目、双翅目和鳞翅目等害虫，对用传统杀虫剂防治产生抗药性的害虫也有良好的活性。既可用于茎叶处理、也可用于土壤、种子处理。常用的品种有吡虫啉、啶虫脒、噻虫嗪、烯啶虫胺、呋虫胺等。

表 6-1 林业常用杀虫剂一览表

| 类别 | 农药名称 | 杀虫作用及特点 | 主要防治对象 |
|---|---|---|---|
| 植物源杀虫剂 | 烟碱 | 具触杀作用，速效，持效期短 | 鳞翅目、半翅目、缨翅目、双翅目等多种害虫 |
| | 鱼藤酮 | 具触杀、胃毒作用，选择性强，持效期短 | 鳞翅目、同翅目、半翅目、鞘翅目、缨翅目、螨类及卫生害虫 |
| | 印楝素 | 具拒食、忌避、触杀作用，有良好的内吸传导性 | 鳞翅目、鞘翅目、直翅目等 |
| | 苦参碱 | 具触杀和胃毒作用 | 鳞翅目幼虫、蚜虫、红蜘蛛等 |
| 微生物源杀虫剂 | 白僵菌 | 真菌杀虫剂，寄生害虫致病，速效性好，持效长 | 鳞翅目、鞘翅目、同翅目、膜翅目、直翅目等害虫 |
| | 苏云金杆菌（Bt） | 细菌杀虫剂，寄生害虫致病，具有胃毒作用，迟效 | 防治鳞翅目、直翅目、鞘翅目、双翅目、膜翅目等害虫 |
| | 阿维菌素 | 具胃毒、触杀作用，有较强渗透性，持效长 | 防治鳞翅目、双翅目、同翅目、鞘翅目害虫以及叶螨、锈螨等 |
| | 多杀菌素 | 具胃毒、触杀作用，有较强渗透性，速效，持效长 | 防治鳞翅目、双翅目及蓟马等 |
| | 甲氨基阿维菌素苯甲酸盐 | 半合成抗生素杀虫杀螨剂，具胃毒、触杀和渗透作用，持效期长 | 对鳞翅目幼虫防效卓著，对双翅目、蓟马及螨类高效 |
| 生物化学杀虫剂 | 灭幼脲 | 几丁质合成抑制剂，具胃毒、触杀作用，迟效 | 对多种鳞翅目幼虫有特效 |
| | 噻嗪酮（优乐得） | 几丁质合成抑制剂，具触杀、胃毒作用，迟效，持效长 | 对飞虱、叶蝉、粉虱及介壳虫类害虫高效 |
| | 虫酰肼（米满） | 促进鳞翅目幼虫蜕皮的仿生杀虫剂，具胃毒作用 | 可有效防治鳞翅目害虫，对各龄幼虫均有效 |
| 有机合成杀虫剂 | 敌百虫 | 具胃毒、触杀作用 | 防治咀嚼式口器害虫，对鳞翅目害虫有较高的防治效果 |
| | 辛硫磷 | 具触杀、胃毒作用，击倒速度快、易光解 | 鳞翅目害虫、地下害虫和卫生害虫 |
| | 乙酰甲胺磷 | 具有触杀、内吸、胃毒作用，药效发挥较慢，但后效作用强 | 林木上的刺吸口器害虫，咀嚼式口器和螨类 |
| | 毒死蜱 | 具有触杀、胃毒作用，持效期长 | 对鳞翅目幼虫、蚜虫、叶蝉及螨类效果好，对地下害虫防效突出 |
| | 杀扑磷（速扑杀） | 具触杀、胃毒和渗透作用，持效长 | 防治林木、果树上的刺吸和食叶害虫，特别对介壳虫效果好 |

| 类别 | 农药名称 | 杀虫作用及特点 | 主要防治对象 |
|------|----------|----------------|--------------|
| 有机合成杀虫剂 | 抗蚜威 | 具有触杀、熏蒸和渗透作用，药效迅速，持效期短 | 对蚜虫（棉蚜除外）高效 |
| | 氰戊菊酯 | 具强烈地触杀作用，作用迅速，击倒性强 | 防治鳞翅目、半翅目、双翅目等100多种害虫 |
| | 氯氟氰菊酯（功夫） | 具强烈地触杀作用，作用迅速，击倒性强，对螨类兼有抑制作用 | 防治鳞翅目、双翅目、鞘翅目、半翅目、同翅目、直翅目等害虫及多种害螨 |
| | 吡虫啉 | 具有内吸、胃毒和触杀作用，持效期长 | 对蚜虫、飞虱、叶蝉、粉虱、蓟马等刺吸式口器害虫防效突出 |
| | 啶虫脒（莫比朗） | 具有内吸、触杀、胃毒和渗透作用。杀虫速效，且持效长 | 对林木、果树、经济作物上同翅目害虫效果好 |
| | 噻虫嗪（阿克泰） | 具有内吸、触杀、胃毒作用，杀虫活性高 | 对同翅目害虫高效，对鞘翅目、双翅目、鳞翅目等害虫也有较好防效 |
| | 噻虫啉 | 具内吸、触杀和胃毒作用 | 对松褐天牛、光肩星天牛等鞘翅目害虫和美国白蛾、舞毒蛾等鳞翅目害虫，以及同翅目、半翅目、直翅目害虫都有很好的防治效果 |
| | 氯虫苯甲酰胺（康宽） | 具胃毒、触杀作用，具有较强渗透性，属微毒级农药 | 对鳞翅目幼虫有特效，还能控制象甲科、叶甲科、潜蝇科、烟粉虱等多种非鳞翅目害虫 |
| | 氟虫双酰胺（垄歌） | 具有胃毒和触杀作用，具有较强渗透性、见效快、持效期长 | 对鳞翅目类害虫具有突出的防效 |
| | 氰氟虫腙（艾杀特） | 具胃毒作用，触杀作用较小，具渗透作用，持效期长，微毒 | 对鳞翅目和部分鞘翅目害虫防效好，对各龄期幼虫都有较好的防效 |
| | 茚虫威（安打） | 具触杀和胃毒作用，速效，为"低风险农药" | 防除几乎所有鳞翅目害虫，对各龄期幼虫均有效 |

## 2. 杀螨剂

杀螨剂是指用于防治蛛形纲中有害螨类的化学药剂，一般是指杀螨不杀虫或以杀螨为主兼治害虫的药剂。杀螨剂一般对人、畜低毒，对植物安全，多无内吸传导作用，抗性产生较快，但不同类型间的杀螨剂通常无交互抗性。各种杀螨剂对各螨态的毒杀效果有较大差异，有的杀螨剂对成螨高效，有的对卵高效，有的对若螨高效，因此，选用杀螨剂时应注意药剂的杀螨作用。

表6-2 林业常用杀螨剂一览表

| 药剂名称 | 杀螨作用及特点 | 主要防治对象 |
|---|---|---|
| 四螨嗪<br>（螨死净） | 具触杀作用，对螨卵高效，对幼、若螨也有效，对成螨效果差，迟效，持效期长 | 适用于林木、果树、花卉、经济作物上防治多种害螨 |
| 哒螨灵<br>（扫螨净） | 以触杀为主，对成螨、若螨、幼螨和卵均有效，速效 | 对叶螨有特效，对锈螨、瘿螨、跗线螨也有良好防效 |
| 三唑锡<br>（倍乐霸） | 以触杀作用为主，可杀若螨、成螨和卵，持效期长 | 防治林木、果树、园林、花卉、经济作物上的多种叶螨、锈螨 |
| 克螨特 | 具有触杀和胃毒作用，对幼、若、成螨效果好，杀卵效果差，持效期长 | 用于林木、果树、园林、花卉、经济作物，防治多种害螨 |
| 氟虫脲<br>（卡死克） | 为苯甲酰脲类杀螨杀虫剂，具有触杀和胃毒作用，杀幼、若螨效果好，不杀成螨 | 防治各类叶螨、全爪螨和鳞翅目、鞘翅目、双翅目、半翅目等害虫 |

### 3. 杀菌剂

杀菌剂一般是指对植物病原菌具有抑制或毒杀作用的化学物质，还包括使用后能改变病菌的致病过程，或通过调节植物代谢而提高植物抗病能力的物质。杀菌剂一般对植物表现保护作用和治疗作用，常用的杀菌剂有植物源杀菌剂、矿物源杀菌剂、微生物源杀菌剂、有机合成杀菌剂等。

（1）植物源杀菌剂

植物源杀菌剂是利用有些植物含有的抗菌物质，或经诱导产生的植物防卫素，来杀死某些病原菌或抑制菌丝的生长。常用的种类有乙蒜素、绿帝等。

（2）矿物源杀菌剂

矿物源杀菌剂主要包括硫制剂和铜制剂，可预防多种病害。这类杀菌剂主要起保护作用，起作用的主要成分是硫离子和铜离子。矿物源杀菌剂属传统药剂，成本低、持效期长、防治谱广、不易使病菌产生抗药性，但是病菌一旦侵入植物体，就不能控制病情的发展。按照《生产绿色食品农药使用标准》规定，在 A 级和 AA 级绿色食品生产中，允许使用硫制剂、铜制剂。常用的种类有石硫合剂、波尔多液及氢氧化铜等铜制剂等。

（3）微生物源杀菌剂

微生物源杀菌剂是一类利用微生物本身或其代谢产物来控制植物病害的药剂，主要有农用抗生素、细菌杀菌剂、真菌杀菌剂和病毒杀菌剂等，目前生产上应用较多的是农用抗生素。农用抗生素是微生物产生的代谢物质，能抑制植物病原菌的生长和繁殖。这类药剂的特点是：防效高，使用浓度低；多具有内吸或内渗作用，易被植物吸收，具有治疗作用；

大多对人、畜毒性低，残留少，不污染环境。目前，已有数十种商品化农用抗生素推向市场，成为防治植物病害的主要药剂。主要品种有井冈霉素、春雷霉素、灭瘟素-S、农用链霉素、水合霉素、抗霉菌素 120、多抗霉素、公主岭霉素、宁南霉素、中生菌素、武夷菌素、梧宁霉素等。

（4）有机合成杀菌剂

此类杀菌剂是目前防治林木病害的主要类群，分为保护性杀菌剂和治疗性杀菌剂两大类。

*保护性杀菌剂*　保护性杀菌剂喷施到植物体表后，形成一层药膜，以保护植物不受病原菌的侵染，这类药剂一般杀菌谱广，可防治多种病害，多作为预防性施药。其作用特点是不会进入植物体内，只沉积在作物表面起保护作用。有的药剂虽能就近渗入植物体内，却不能传导至未直接施药的部位。对已侵入植物体内的病菌没有治疗作用，对施药后新长出的植物部分亦不能起到保护作用。由于不能在植物体内传导，所以用药量较大，药效受环境影响较大。

保护性杀菌剂与治疗性杀菌剂相比，较不易使病菌产生抗药性。我们常用的波尔多液和石硫合剂，均是效果较好的保护性无机杀菌剂。

*治疗性杀菌剂*　治疗性杀菌剂多为内吸性杀菌剂，能渗入植物组织或被植物吸收并在植物体内传导。这类药剂的作用是保护植物使其免受病菌的侵害，抑制已经侵入植物组织的病菌生长。多数内吸杀菌剂进入植物体内后单向向顶传导，少数药剂可以双向传导。因此，对保护性杀菌剂防治效果差的病害，改用治疗性杀菌剂防治，会提高防治效果。但内吸治疗性杀菌剂容易使病原菌产生抗药性。

表 6-3　林业常用杀菌剂一览表

| 类别 | 药剂名称 | 杀菌作用及特点 | 主要防治对象 |
|---|---|---|---|
| 植物源杀菌剂 | 乙蒜素（抗菌剂402） | 具有保护、治疗作用，兼具植物生长调节作用 | 防治林木的根癌病、枝枯病和白绢病，植物苗期病害和枯萎病、黄萎病、立枯病、疫病等 |
| 矿物源杀菌剂 | 石硫合剂 | 保护性杀菌剂，为一杀菌杀虫杀螨剂 | 防治白粉病、锈病等病害，对介壳虫、虫卵、螨卵有较好的防效 |
| | 波尔多液 | 保护性杀菌剂 | 对霜霉病、叶斑病效果好 |
| | 氢氧化铜（可杀得） | 保护性铜基广谱性杀菌剂 | 适用于预防林木、果树、花卉、经济作物等的主要真菌和细菌性病害 |
| | 氧化亚铜（铜大师） | 为保护性为主，兼有治疗作用 | 防治林木、果树及经济作物上的叶斑病、霜霉病、疫病、溃疡病、轮纹病等 |
| 微生物源杀菌剂 | 农用链霉素 | 具有保护和治疗作用，具有内吸作用 | 对多种植物的细菌性病害防效较好，对真菌病害也有一定的防治作用 |
| | 多抗霉素（宝丽安） | 具有保护作用，有一定的治疗作用，有内吸传导作用 | 防治林木枯梢及梨黑斑病等多种真菌病害，植物叶斑病、灰霉病、白粉病、霜霉病等 |

| 类别 | 药剂名称 | 杀菌作用及特点 | 主要防治对象 |
|---|---|---|---|
| 微生物源杀菌剂 | 中生霉素（克菌康） | 具有保护作用，有渗透作用 | 防治多种细菌及真菌病害，对细菌性角斑病、软腐病、叶斑病、溃疡病、疮痂病、穿孔病、根癌病等具有较好的防治效果 |
| | 梧宁霉素（四霉素） | 具有保护和治疗作用，可促进愈伤组织愈合 | 对果树腐烂病、斑点落叶病、葡萄白腐病，根腐病，茎基腐特效 |
| | 放射土壤杆菌（K84） | 具有保护作用 | 防治林木、果树、花卉的根癌病 |
| 有机合成（保护性）杀菌剂 | 代森锰锌（大生） | 广谱保护性杀菌剂 | 对各种叶斑病防效突出，对疫病、霜霉病、灰霉病、炭疽病等也有良好的防效 |
| | 百菌清 | 广谱保护性杀菌剂 | 在林木、果树、花卉、蔬菜上应用较多，对于霜霉病、疫病、炭疽病、灰霉病、锈病、白粉病及各种叶斑病有较好的防治效果 |
| | 腐霉利（速克灵） | 保护性杀菌剂，具保护、治疗作用，有一定的内吸性 | 对林木、果树、观赏植物的多种病害有效，特别对灰霉病、菌核病等效果好 |
| | 异菌脲（扑海因） | 为保护性杀菌剂，具保护和一定的治疗作用 | 可防治灰霉病、菌核病及多种叶斑病，对苹果斑点落叶病效果好 |
| 有机合成（治疗性）杀菌剂 | 多菌灵 | 具有保护、治疗和内吸作用 | 对多种真菌病害有效 |
| | 甲基硫菌灵（甲基托布津） | 具有保护、治疗和内吸作用 | 防治林木、果树、园林、花卉、经济作物等上的多种病害，效果优于多菌灵 |
| | 烯唑醇（速保利） | 具有保护、治疗、铲除和内吸作用 | 对白粉病、锈病、黑粉病、黑星病等高效 |
| | 三唑酮（粉锈宁） | 具有保护、内吸治疗和一定的熏蒸作用 | 主要防治林木、果树、农作物上白粉病、锈病、黑穗病等 |
| | 甲霜灵（瑞毒霉） | 具有保护、治疗和内吸作用，在植物体内双向传导 | 对霜霉病、疫霉病、腐霉病有特效 |
| | 氟硅唑（新星） | 具有保护、治疗作用 | 防治黑星病、叶斑病、白粉病、锈病等病害，对梨黑星病防效突出 |
| | 苯醚甲环唑(世高) | 具有保护、治疗和内吸作用 | 防治林木、果树白粉病、叶斑病、炭疽病、早疫病、锈病等 |
| | 恶霉灵（土菌消） | 具有保护作用，为内吸性土壤消毒剂和种子拌种剂 | 防治由腐霉菌、镰刀菌、丝核菌等引起的林木、观赏植物立枯病、根腐病等 |
| | 咪鲜胺 | 具有保护、治疗和铲除作用，有良好的渗透性，速效性好，持效期长 | 主要防治林木、果树、观赏植物上的多种叶斑病、白粉病、立枯病、灰霉病、叶枯病、枯萎病、炭疽病等 |
| | 戊唑醇（立克秀） | 具有保护、内吸治疗和铲除作用。杀菌谱广，不仅活性高，而且持效期长 | 为目前防治林木及经济作物上的叶斑病类的优异杀菌剂，对叶斑病、白粉病、锈病、灰霉病、根腐病防效突出 |
| | 菌毒清 | 具有保护和治疗作用，有一定的内吸和渗透作用，具一定的铲除作用 | 可治疗和预防林木、花卉、果树等上的腐烂病、溃疡病、轮纹病、干枯病、根腐病、基腐病等枝干病害 |

#### 4．除草剂

除草剂的选用一般有两种情况，一是在杂草出土前使用，防止杂草的萌发；二是杂草出土后使用，选用灭生性或选择性除草剂消灭杂草。

杂草萌芽前使用的除草剂，也称封闭型除草剂，即在杂草萌芽以前喷施在地面，在土壤表面形成药膜，杂草种子萌发时接触药膜致死。这类除草剂施用后，在土壤中持效期较长，在黏土、壤土中易形成稳定的药膜，在沙土、沙壤土中难以形成稳定药膜不建议使用，对已经长出的杂草无效。常用的土壤封闭型除草剂有氟乐灵、乙氧氟草醚、乙草胺、二甲戊乐灵、农思它等。

杂草萌芽后使用的除草剂，即在杂草出土以后使用，对未长出杂草基本无效（只有个别除草剂品种例外）。在杂草旺盛生长期，将对应除草剂按照推荐用量和对水量均匀喷施于杂草叶片，通过触杀或叶片吸收传导，导致杂草死亡。包括灭生性除草剂，如草甘膦、敌草快等。选择性除草剂，如吡氟禾草灵、盖草能、环嗪酮、拿扑净、氟草烟、苯磺隆等。

表6-4　林业常用除草剂一览表

| 类别 | 农药名称 | 杀草作用及特点 | 主要防治对象 |
|---|---|---|---|
| 封闭型除草剂 | 氟乐灵 | 选择性芽前土壤处理剂，为优良的旱田除草剂 | 主要防除一年生禾本科杂草、种子繁殖的多年生杂草和某些阔叶杂草，对成株杂草无效 |
| | 乙氧氟草醚（果尔） | 选择性触杀型芽前或芽后土壤处理剂，杀草谱广，持效期长，活性高 | 防除林地、苗圃中的一年生阔叶草、莎草、禾草，其中对阔叶草的防效高于禾草，适用于针叶树和带壳出土的植物地段除草 |
| | 乙草胺（禾耐斯） | 内吸选择性芽前除草剂。可被植物幼芽吸收，吸收后向上传导 | 用于苗圃、果园、农作物防除一年生禾本科杂草和部分小粒种子的阔叶杂草，对多年生杂草无效 |
| | 二甲戊乐灵（施田补） | 为选择性芽前、芽后土壤处理剂 | 用于苗圃防除一年生禾本科杂草和藜、苋、芥菜等部分阔叶杂草 |
| 灭生性除草剂 | 草甘膦（农达） | 内吸传导型广谱灭生性茎叶处理剂，宜作叶面处理，不宜作土壤处理 | 主要用于林地、果园、农田等灭生性除草，防除一年生和多年生禾本科、莎草科、阔叶杂草、灌木等40多科的植物杂草 |
| | 绿草定（盖灌能） | 内吸传导型茎叶处理剂，根和叶均可吸收并传导到全身 | 著名的防除乔木、灌木、藤类及恶性阔叶杂草的药剂。林业上用于抚育松林及防除针叶树幼林地中的阔叶杂草和灌木，造林前除草灭灌、维护防火线等 |
| | 敌草快（利农） | 触杀型灭生性除草剂，具一定内吸传导性，在土壤中迅速失活 | 主要用于苗圃、果园及农田防除阔叶和禾本科杂草 |

| 类别 | 农药名称 | 杀草作用及特点 | 主要防治对象 |
|---|---|---|---|
| 选择性除草剂 | 高效氟吡甲禾灵（高效盖草能） | 内吸传导型选择性除草剂 | 用于各种阔叶作物地中防除一年生及多年生禾本科杂草，尤其对芦苇、白茅、狗牙根等多年生顽固禾本科杂草具有卓越的防除效果 |
| | 稀禾定（拿捕净） | 为内吸传导型选择性茎叶处理剂 | 用于林木、果园、双子叶作物田中防除稗草、野燕麦、狗尾草、马唐、牛筋草、看麦娘、白茅、狗芽根、早熟禾等单子叶杂草，对阔叶杂草无效 |
| | 吡氟禾草灵（稳杀得） | 内吸型选择性茎叶处理剂 | 适用于林地、苗圃、果园等防除一年生禾本科杂草 |
| | 环嗪酮（威尔柏） | 为内吸选择性除草剂，优良的林用除草剂 | 用于常绿针叶林的幼林抚育，造林前除草灭灌、维护森林防火线及林分改造等，可防除大部分单子叶和双子叶杂草及木本植物等 |
| | 氟草烟 | 内吸传导型选择性苗后除草剂，杀草谱广，药效快 | 用于林地、果园、草坪等地防除阔叶杂草，对禾本科杂草无效 |
| | 莠去津（阿特拉津） | 为选择性内吸传导型苗前（土壤处理）、苗后（茎叶处理）除草剂，持效期较长 | 适用于林地、苗圃、果树（桃除外）、玉米等地，防除一年生禾本科杂草和阔叶杂草 |
| | 苯磺隆（阔叶净） | 为内吸传导型选择性茎叶处理剂，用于防除已出土杂草，对未出土杂草防效很差 | 主要用于防除各种一年生阔叶杂草，对播娘蒿、荠菜、藜、反枝苋等效果较好 |

# 五、林业工程项目的农药安全使用与监测

## （一）农药的毒性与残留

### 1. 农药毒性

农药毒性是指农药对人、畜、有益生物等的毒害作用。毒性分为急性毒性和慢性毒性，急性毒性是指一次服用或接触大量药剂后，很快表现中毒症状的毒性；慢性毒性是指长期接触小剂量的药剂后，逐渐表现出中毒症状的毒性。

农药毒性常用致死中量（$LD_{50}$）来表示，致死中量是指药剂杀死同一生物种群一半所需要的剂量，单位为 mg/kg 体重。常以急性毒性指标的大小来衡量农药毒性的高低，我国按原药对动物（大白鼠）急性毒性（$LD_{50}$）值的大小分为 3 级：高毒级，大白鼠经口 $LD_{50} < 50$ mg/kg；中等毒级，大白鼠经口 $LD_{50}$ 为 50～500 mg/kg；低毒级，大白鼠经口 $LD_{50} > 500$ mg/kg。

## 2. 农药残留

农药残留是指农药使用后残存于生物体、农副产品和环境中的微量农药原体、有毒代谢物、降解物和杂质的总称。农药残留毒性即农药残毒，是指在环境和食品中残留的农药对人和动物所引起的毒害作用。农药残留毒性，可表现为急性毒性、慢性毒性和"三致"作用，即致癌、致畸、致突变。

农药残留毒性有如下特点：一是潜伏期长，是一种慢性毒性引起的毒害，潜伏期往往很长，因而不易察觉，而一旦发现则难以治疗；二是危害面广，农药急性中毒受害者往往是少数人，而残留中毒往往是一个广泛地区的大多数人。

农药残留表现在对环境和生物两方面的影响。

（1）农药对土壤的影响

土壤是农药在环境中的"贮藏库"与"集散地"。使用的农药有 80%左右将最终进入土壤。土壤中农药的主要来源有：农药直接进入土壤，包括土壤中施用的一些除草剂，防治地下害虫的杀虫剂及防治土传病害和线虫的拌种剂等；为防治地上部分病虫草害而喷撒于农田的农药落入土壤中；农药包装袋（瓶）中的农药进入土壤；农药气体沉降以及农药运输过程中的泄漏；农药生产、加工过程中的废液排放；灌溉水和动植物残体进入土壤。

由于农药的利用率低，施入土壤的农药大部分残留于土壤中。农药残留会改变土壤的物理性状，造成土壤结构板结，导致土壤退化、农作物产量和品质下降。长期受农药污染的土壤还会出现明显的酸化，土壤养分随污染程度的加重而减少。同时，残留还造成重金属污染，土壤一旦遭受重金属污染将很难恢复。

（2）农药对水体的影响

水体中的农药污染主要来源有：直接向水体施药；施用于农田的农药随雨水或灌溉水向水体的迁移；农药生产、加工企业废水的排放；大气中残留农药随降水进入水体；农药使用过程中雾滴或粉尘微粒随风漂移沉降进入水体，以及施药工具和器械的清洗等。其中农田农药流失为最主要来源。

农药除污染地表水体以外，还使地下水源遭受严重污染。由于大气传输作用，目前地球上的地表水体都已不同程度地遭受农药污染。通常情况下，受农药污染最为严重的是农田水，农药含量最高，但其污染范围相对较小，随着农药的迁移扩散，污染范围逐渐扩大。但从污染程度上看，随着农药在水体中的迁移扩散，从农田水流至河水，净化处理或土层的吸附作用一般污染程度较轻，不同水体遭受农药污染的程度依次为：农田水＞田沟水＞塘水＞浅层地下水＞河流水＞湖泊水＞自来水＞深层地下水＞海水。水体被农药污染后，会使其中的水生生物大量减少，破坏生态平衡；地下水受到农药污染后极难降解，易造成持久性污染，若被当作饮用水源，将会严重危害人体健康。

（3）农药对大气的影响

大气中的农药污染主要来自农药生产、加工企业排放的废气、地面或飞机喷洒农药时，药剂的微粒在空中漂浮、残留于水体、土壤表面农药的挥发等，以农药厂排出的废气为最严重。大气中的残留农药漂浮物，或被大气中的飘尘所吸附，或以气体的形式悬浮在空气中，随着大气的运动而扩散，使污染范围不断扩大，对其他地区的作物和人体健康造成危害。

农药对大气的污染程度主要取决于施用农药的品种、数量及其所处的大气环境状况。一般情况下，农药蒸气压越高，其挥发能力越强，使用后通过挥发作用进入大气中的农药量就越大。不同农药剂型，农药挥发、漂移污染大气的程度不同，表现为烟剂＞粉剂与水剂＞乳油＞粒剂。飞机喷施对大气污染最大，其次是地面喷施，采用地面撒施和穴施的施药方式对大气污染最小。施药时，风速越大，气温越高，挥发量也越大。

（4）农药对环境生物的影响

农药进入生态系统后，所产生的影响表现在两个方面，一是对生物的毒性，二是在生物体内产生富集作用。对生物的毒性主要包括：对保护植物产生药害；杀伤害虫天敌、传粉昆虫和家蚕，使昆虫多样性趋于贫乏化；对鸟类繁殖后代产生影响；对水生动物和水生植物产生毒害；杀死或影响土壤微生物的活性等。其综合表现为农药进入生态系统后，改变生态系统的结构和功能，影响生物多样性，导致某些生物种类减少，最终破坏生态平衡。

环境中的农药浓度尽管非常低，但由于生物体对农药的浓缩作用，起始浓度不高的农药会在生物体内逐渐积累，越是上面的营养级，生物体内农药的残留浓度越高。而人处于食物链的终端，因此受到的危害最为严重。农药对人体的危害表现为急性和慢性两种，急性危害往往易引起人们的注意，而慢性危害则易被人们忽视。另外，由于农药的大量使用，许多昆虫抗药性增强，使农药的杀虫效果大大下降。

### 3. 农药残留污染产生的原因

（1）环保意识差，使用不当

由于大多数农药施用者文化素质不高、环保意识差，缺乏对农药安全使用标准和使用准则的了解，不少施药者在经济利益驱动下，单纯追求杀虫、杀菌、除草效果，违反农药使用的有关规定，擅自提高农药使用浓度。还有不少地方甚至使用了一些国家禁止使用的高毒、剧毒农药，产品中农药残留严重超标。

（2）生产工艺落后，品种结构不合理

我国农药产品结构同发达国家相比差距较大。老品种较多、剂型较少，高毒农药、水溶性农药用量比例仍然较大，我国农药生产企业的生产工艺落后、企业小而分散，农药质量还不能令人满意。

（3）使用量大，管理薄弱

人们习惯使用广谱、杀灭性强、持效期长的农药，不重视其对生态环境的影响，为了追求效果而过量使用农药，单位面积施药量平均高出发达国家2～3倍，造成污染。目前，我国虽已颁布、实施了《农药安全使用规定》《农药安全使用标准》《农药管理条例》等一些农药管理条例与法规，但尚未真正对农药生产、经营、使用进行有效的监督管理，对其危害也缺乏系统、科学的研究和相应的管理、控制、监督措施，乱用、滥用农药问题普遍严重。

### 4. 农药环境污染的预防

预防和降低农药对生态环境的污染，一方面要提高人们科学合理使用农药的技术，另一方面要大力发展效能更好、安全性更高，尽量不污染环境的环保农药。

（1）根除污染源

对那些高毒、高残留及严重危害环境的农药必须予以严格禁止或限制使用。严格按农药登记批准的农药种类和使用范围使用农药，不能随意扩大农药使用范围，农业部已公布了国家明令禁止使用的农药和不得在蔬菜、果树、茶叶、中草药材上使用的高毒农药品种名单。

对使用过的各种农药瓶、塑料袋等，应专门回收处理，但目前在国家还没有明确强制要求下，要集中深埋，不能随地丢弃田间，造成剩余农药及农药包装物的严重污染。

（2）加强对农药的产销和使用管理

严格执法，防止严重危害环境的农药进入市场，这是保证环境安全的关键。

（3）使用无公害生物农药

生物农药对有害物选择性强，对害虫天敌及其他有益生物不产生负面影响，有利于保持生态平衡。对植物没有毒害，易分解，无残留，对人畜安全，不污染环境，不易使害虫产生抗药性。因此，生物农药是一类有利于生态环境保护的环保农药，是化学合成农药的理想替代品。

建议使用下列生物农药：Bt.杀虫剂；农用抗生素：井冈霉素、浏阳霉素、多抗霉素、阿维菌素、农抗120、公主岭霉素、灭瘟素、春雷霉素、链霉素等；植物源农药：鱼藤酮、皂素烟碱、楝素等；病毒类农药：斜纹夜蛾核多角体病毒、棉铃虫核多角体病毒等；真菌类农药：白僵菌、木霉菌等；植物生长调节类农药：油菜素内酯、细胞分裂素、脱落酸等。

（4）利用植物进行修复

植物修复即利用植物能忍耐和超量积累环境中污染物，利用植物的生长来清除环境中污染物的方法。植物的根和茎都具有相当的代谢活性，被称为"绿色肝脏"，对外来物质的解毒能力很强，植物可以从土壤中吸收污染物，经代谢成为无毒物质。因此，我们在造林的同时，尽可能地丰富植物的多样性，乔灌混交、灌草搭配，最大限度地发挥植物对土壤中有毒物质的自然代谢和分解功能。

（5）健全农药残留监控制度，建立农药和农产品监管体系

世界上大多国家都制定了作物中农药的残留标准，包括我国。与此同时，还需进一步健全残留分析的标准和建立常规的监控机构。

（6）严格控制农药施用浓度、施药量、剂型、次数和施药方式

农药残留量随着施药浓度、用药量和次数的增加而增多，在防治实践中，既要考虑防治效果，又要使农产品农药残留量不能超过安全极限。

（7）严格执行有关法规

2010 年 7 月，环境保护部发布了《农药使用环境安全技术导则》[中华人民共和国国家环境保护标准（HJ 556—2010）]，规定了农药环境安全使用的原则、污染控制技术措施和管理措施等相关内容。使用农药时，要严格执行《农药使用环境安全技术导则》中的规定，依法防治农药污染，防止或减轻农药使用产生的不利环境影响，保护生态环境。

（8）加强对农药使用者的宣传和培训

目前，大多数农民还没有意识到农药对生态环境和人体健康造成的潜在危害。因此提高农民对这一问题的认识，使他们能够正确、科学、合理地使用农药是解决农药污染问题的基础。

（9）改进农药生产工艺，加快新产品的研制

对农药生产过程中产生的废气、废水和废渣，应做到达标排放。加大资金投入，加快新产品的研发，发展高效、安全、经济、使用方便的新型农药。

（10）注重综合防治技术，减少农药使用量

提高综合防治病虫害技术，对病虫害的防治不能单一依靠化学防治，应以农业技术防治措施为基础，尽量应用生物、物理等防治措施，控制化学农药的使用次数和使用量，最大限度地减少农药对环境的污染。

## （二）农药的安全使用

农药中毒是指在使用或接触农药过程中，农药进入人体的量超过了正常的最大忍受量，使人的正常生理功能受到影响，出现生理失调、病理改变等症状。农药制剂无论是液态、固态还是气态，一般可通过皮肤、呼吸道或口进入人体。农药中毒的原因多是由于不按农药操作规程、施药方法不正确、缺乏安全防护措施、麻痹大意等引起的。防止施药中毒，要注意以下几个方面。

### 1. 施药人员必须做好一切安全防护措施

使用必备的防护品，是防止农药进入人体内，避免农药中毒的必要措施，配药、喷药时应穿戴防护服、手套、风镜、口罩、防护帽、防护鞋等标准的防护用品。

### 2. 安全配药和施药

施药前应检查药械，保证药械无跑、冒、滴、漏现象。遇喷头被堵塞，不可用口去吸或吹。喷洒药液一般采用顺风隔行喷的方法，施药人员喷药时间不宜过长，高温炎热的中午不宜用药。配药、喷药时，不能饮食、抽烟。喷药过程中，如稍有不适或头疼目眩时，应立即离开现场到通风阴凉处休息，如症状严重须去医院治疗。

### 3. 施药后应做的工作

施药后要做好个人卫生、药械清洗、废瓶处理以及施过药田块的管理等方面工作。个人要尽快用肥皂和清水洗脸洗澡，更换衣服。被农药污染的衣服和手套等防护品，应及时洗涤，妥善放置。

### （三）农药使用的调查监测

为掌握农药使用动态，摸清我国农药使用终端在防治农林作物病虫害时，使用农药的实际状况，掌握我国目前现实的农药使用水平，科学判断农民对安全科学用药知识的掌握情况，分析存在的主要问题，有针对性地提出改进措施，实现农药使用总量零增长目标。农业部全国农业技术推广服务中心，近几年每年均安排专项资金，开展农药使用调查监测工作，每年要求各地对不同作物上的农药使用情况进行调查监测，并制订了工作方案。

### 1. 调查内容

调查分两个方面，一是造林实体和造林树种的基本情况；二是农药购买与使用情况。

（1）基本情况调查

主要是了解调查点造林实体组成、造林树种面积情况等，填写《造林实体基本情况表》（附表6-4）。

（2）农药购买及使用调查

主要调查全年农药的购买（或有关项目补贴）与使用情况。以掌握调查点全年购买农药的品种及所花费的成本，农药价格波动，施药林分的树种名称，防治病虫的种类，防治面积，用药量等信息，见《农药使用调查监测表》（附表6-5）。

在农药购买回来后，请及时填写《农药使用调查监测表》，并认真核实农药登记证号。

所购买农药在所有的林木（包括卫生用药）上的使用去向须在用药后及时整理、记载，每用药一次、记载一次。

原始表格一律由种植大户和普通农户负责记载，每一次用药防治后记录一次。县业务主管部门要有专人负责辅导、督促、检查数据记载情况。

### 2. 调查方法

选择种植大户、家庭农场、农民合作社、农业企业和普通农户，对所购买的农药及农药使用的所有情况，全部记载。即对一年内施用农药进行病虫草鼠防治的树种种类及面积、用药防治的对象、农药品种和用药量，都逐一记载。

### 3. 数据统计

按照上级主管部门的要求，将《农户家庭基本情况表》《农药使用调查监测表》统计，以县级为单位进行汇总，填写《项目单位（县级）基本情况表》（附表6-6）、《农药登记证号采集表》（附表6-7），逐级上报，同时完成区域内全部用药情况调查监测及分析报告。

### （四）农药的环境监测

目前，我国已形成了"国家—省、直辖市—地级市—县"4级环境监测体系，初步建成了覆盖全国的国家环境监测网。省（自治区、直辖市）级环境监测中心站隶属省级环境保护厅，其主要职责是为环境保护提供监测保障，主要负责包括农业污染源在内的全方位生态环境监测。

关于农业环境保护的监测，主要由农业部门负责，农业部在全国各地设立了多处"农业环境质量监督检验测试中心"，省、市、县各级均设立"农业环境保护监测站"。省（自治区、直辖市）级农业环境保护监测站，主要负责全省农业生态环境保护工作，主要工作内容有：参与农用化学物质对农业环境和农畜产品污染的调查和防治工作，重大农业污染事故的调查处理；负责农业环境监测网络建设及监督工作，参与组织开展农业环境质量调查与监测评价；负责基本农田保护区环境监测及评价；负责无公害农产品环境、质量监测；研究制定农业环境检测技术和分析方法，负责农业建设项目和涉农建设项目的预审与环境影响评价。

2017年4月，国务院公布修订后的《农药管理条例》，农业部于6月发布了5个配套规章：《农药登记管理办法》《农药生产许可管理办法》《农药经营许可管理办法》《农药登记试验管理办法》《农药标签和说明书管理办法》，这些是我国进行农药环境管理的重要法规和管理制度。农业部及地方农业行政主管部门制定的农作物无公害技术标准，作为我国实施良好农业规范的指导性技术规程，是保障农药科学使用和环境安全的重要措施。

## 六、林业工程项目中的农药监管与规定

### （一）林业工程项目中的农药监管

#### 1．农药监管的法规依据及组织机构

（1）法规依据

在林业工程项目中，防治林木病虫害所使用的化学农药，要按照国务院《农药管理条例》（2017 修订）和农业部的《农药管理条例实施办法》的规定，严格遵守农业部发布的《农药安全使用规范总则》（NY/T 1276—2007）、《农药合理使用准则》（GB 8321.1-9）、《农药使用环境安全技术导则》（HJ 556—2010）等法规标准。

（2）组织机构

省（自治区、直辖市）级农药检定所负责全省农药登记、农药产品质量检验、鉴定和监督管理，农药残留监测、安全使用农药评价、查处假劣农药、药害事件。

我国各省（自治区、直辖市）级对林业病虫害防治均有较完善的组织机构。例如，山东省野生动植物保护站负责山东省林业有害生物防治的管理、指导和监测工作。每个地级市以及县（市、区）林业局设有动植物保护站，负责管理、指导和监督其辖区内的病虫害防治工作。全省还分别建立了国家级、省级、地市级、县级监测站（点），健全而完善的林业有害生物防控组织体系，确保了山东省林业有害生物防治工作的开展。

#### 2．农药监管程序

在林业工程项目实施过程中，世界银行，亚洲开发银行、欧洲投资银行等国际金融组织在农药的采购和使用方面有严格的监管程序和规定。例如，世界银行贷款山东生态造林项目，根据造林树种类别及主要林业有害生物的种类，制订了"人工防护林病虫害防治管理计划"。在该"计划"中，山东省林业外资与工程项目管理站提出了主要病虫害防治所用农药的使用种类名单，并具体列出了使用的农药清单。省项目管理站制定农药检验政策并批准项目采购，通过与世界银行磋商，省项目管理站将批准规定的农药清单，项目资金仅能购买清单上的农药。市项目办根据项目政策委托县项目办采购农药。各级项目办要求详细的保存记录，以便对采购进行监测。省项目管理站将根据省内出售农药的名称，修改规定的农药清单。该清单将作为各级项目办为县、乡技术人员和农户举办培训班的依据。

每个造林实体应根据病虫害的预测拟定需要的农药名称、剂量等，向县项目办汇报。县项目办向市项目办汇报，市项目办与省项目管理站一起，根据项目规程来安排批量的采购名录。

在世界银行贷款山东生态造林项目实施过程中，为保障"人工防护林病虫害防治管理计划"的严格实施，县项目办监测筛选和购买被批准的农药。再由县野生动植物保护站在提供信息的基础上，由县级项目办监测农药的分配和使用。项目农用化学药品的储存和搬运也由县级野生动植物保护站监测。应委派技术人员押送农药，以保证农药及时安全地运送到目的地。一旦装盛农药的容器损坏，必须采取有效的补救方法，以防止污染环境。县项目办将保留运输和交货的原始记录，承担项目的县林业局应用其设施储存项目农药。为造林实体提供服务的单位和零售商店应维护其储存设施。各造林实体应按所列农药清单应用于造林项目的病虫害防治，不得使用农药清单以外的农药种类。

### 3. 农药采购和安全使用

每个造林实体要根据病虫害的预测，将所需农药的名称、数量、剂量，向县项目办汇报。县项目办向市项目办汇报，由市和省项目管理站汇总，根据项目的规程安排是否需要批量采购。

采购的农药应该遵循《世行项目物资和设备采购办法》，并使用配套资金进行采购。如果一个乡镇的采购量小，造林实体可按批准的农药采购名录自行到乡镇农药供销点采购；如果一个乡镇的采购量比较大，则由县项目办负责组织采购。省项目管理站制定项目农药采购审批政策，以确保项目资金仅采购规定农药清单上的农药。

农药的安全使用要遵循以下步骤：

（1）建议林农根据每块造林地的树种、县林业局项目办和野生动植物保护站的病虫害监测报告，在用药前进行科学用药培训。

（2）林农如需要较大量的农药，可以直接从县项目办获得；少量的农药可以直接从乡农药店购买，该农药店提供的农药必须是县项目办批准的农药。

（3）为了有效地防治病虫害，根据不同种类病虫害的生物学特性、损失面积和程度采用不同的喷洒方法。县野生动植物保护站的人员，针对发生病虫害的树种提出使用正确的农药和喷洒路线。

（4）市项目办将保证与有关专家磋商，以形成适合当地情况的具体建议。专家将包括省野生动植物保护站、农业大学的植保学院、省经济林站、省林科院森保所的有关人员。

（5）要考虑农药的正常周期，以减轻病虫害的抗药性，降低农药对植物的损害。市项目办确保与有关专家进行磋商，制定合适的建议。这些建议将被纳入培训计划、各点的技术建议和农药采购规程。

（6）各项目点的农民或林农将参加该项目执行过程中有关安全使用农药和农药使用方法的培训。

（7）培训班将重点强调使用农药时穿防护衣的重要性。将包括合适的工作服、防护帽、面罩、手套和鞋，剩余的农药应合理储存或安全处理。

（8）培训班需要强调严格遵守农药使用规程，以避免污染居民区、水源和牧场。

（9）每个造林实体剩余的农药应退回到指定的农药储存仓库。根据有关法律和规定，空的农药容器需要退回到指定的仓库以便重复使用或处理。

（10）县项目办和乡镇的技术人员将强调农药管理有效程序的重要性。

### （二）林业工程项目中的农药使用规定

#### 1. 国际有关农药使用及监管的规定

**世界银行《业务方针 4.09 病虫害管理》**

文件规定了世界银行支持货款项目中的病虫害管理的战略要求、病虫害管理评价要求、选择使用农药标准、病虫害管理办法等。

**《联合国粮农组织和世卫组织农药标准制订和使用手册——农药标准》**

该书由联合国粮农组织和世卫组织农药标准联席会议编写，为第二次修定版，原版英文版于 2010 年出版。中文版由农业部农药检定所译，中国农业出版社 2012 年 11 月出版。内容包括：序言；联合国粮农组织/世界卫生组织农药标准的制定程序；联合国粮农组织/世界卫生组织农药标准制定程序和要求；标准各条款的目的、适用范围和要求；原药及母药的标准导则；固体制剂的标准导则；液体制剂的标准导则；带有应用器具的农药制剂标准导则；微生物农药标准导则九部分及附录。

**欧盟的有关规定**

在欧盟，农药的概念属于植物保护产品，是指用来保护农作物或者于防治农业和园艺病虫草害和调节植物生长的农药。农药产品通常应用于农田领域，也包括森林、园艺、市容及家庭花园等地。欧盟植物保护产品的管理法规主要有《植物保护产品管理条例（PPPR）》，该法规代替了之前的 79/117/EEC 与 91/414/EEC 指令，于 2009 年 10 月 21 日通过，同年 12 月 14 日生效，并在 2011 年 6 月 14 日开始全面实施。该法规的目的主要在于保护人类、动物及环境，并且促进提高植物保护产品的登记效率。欧盟农药登记区分为两个层次，活性物质（即有效成分）由欧盟层级审核，由主管机关欧洲食品安全局（European Food Safety Authority，EFSA）审查，并通过欧盟委员会（European Commission）审核后，含有该活性物质的农药产品才可提交至欧盟各国审查，最终通过审查才可以在目标成员国上市。主要的法规和指令有：

（1）欧盟 1107/2009 法规 Regulation（EC） No 1107/2009：该法规管理植物保护产品在欧盟市场的上市规则，要求任何植物保护产品在欧盟市场上市前，需要得到成员国的许可。

（2）欧盟 2009/128 指令 Directive 2009/128/EC：该指令适用于法规 10 （a）第三章中的植物保护产品，要求成员国采取国家计划，设定目标及时间表，减少农药使用对人类健康及环境风险的影响，并鼓励发展综合性病虫害管理及代替技术和方法，减少对农药的依赖。

（3）欧盟 2009/127 指令 Directive 2009/127/EC：该指令适用于植物保护产品的机械化施药，同时也会涉及部分适用于环境保护的生物杀灭剂产品。

（4）欧盟 396/2005 法规 Regulation（EC）No 396/2005：欧盟法规统一并简化了农药最大残留限量规定，并设定了通用的所有食品及饲料的最大残留限量评估流程。

## 2．国内有关农药使用及监管的规定

### 《森林病虫害防治条例》

本条例于 1989 年 11 月 17 日国务院第五十次常务会议通过，1989 年 12 月 18 日中华人民共和国国务院令第 46 号发布。条例由总则、森林病虫害的预防、森林病虫害的除治奖励和惩罚、附则共五章三十条组成。

### 《农药安全使用标准》（GB 4285—1989）

本标准是国家环境保护局 1989 年 9 月 6 日批准，1990 年 2 月 1 日实施。适用于为防治农作物（包括粮食、棉花、蔬菜、果树、烟草、茶叶和牧草等作物）的病虫草害而使用的农药。标准对各种作物上使用的农药的名称、剂型、使用药量、最高用药量、使药方法、最多使用次数、安全间隔期等进行了明确的规定。

### 《农药管理条例》（2017 年修订）

该条例是对 1997 年发布的《农药管理条例》（以下简称《条例》）的修订版，经 2017 年 2 月 8 日国务院第 164 次常务会议修订通过，自 2017 年 6 月 1 日起施行。条例分第一章总则、第二章农药登记、第三章农药生产、第四章农药经营、第五章农药使用、第六章监督管理、第七章法律责任、第八章附则共六十六条。新《条例》在以下几方面进行了修改。

（1）农药登记方面：一是取消临时登记，明确在我国生产和向我国出口的农药需申请登记，经登记试验、登记评审，符合条件的，由农业部核发农药登记证并公告。二是规定农业部组织成立农药登记评审委员会，负责农药登记评审，并明确了登记评审委员会的人员组成。三是规定申请农药登记，首先要进行登记试验，登记试验报所在地省级农业部门备案，新农药的登记试验须经农业部批准。四是规定登记试验由农业部认定的登记试验单位按照规定进行，登记试验单位对登记试验报告的真实性负责。五是规定了登记试验结束后，申请人应当提交的资料以及农药登记机关的审批时限等。六是规定了农药登记证应当载明的内容和有效期，以及农药登记证的延续、变更程序。

（2）农药生产管理制度方面：针对农药生产管理存在的重复审批、管理分散等问题，按照国务院简政放权、放管结合、优化服务的改革精神，《条例》做了以下修改：一是实行农药生产许可制度，明确农药生产企业应当具备的条件，并规定由省级农业部门核发农药生产许可证。二是规定委托加工、分装农药的，委托人应当取得相应的农药登记证，受托人应当取得农药生产许可证，并明确委托人应当对委托加工、分装的农药质量负责。三是要求生产企业建立原材料进货记录制度，采购原材料要查验产品质量检验合格证和有关许可证明文件并如实记录。四是规定农药生产企业应当严格按照产品质量标准进行生产，农药出厂销售应当经质量检验合格、附具产品质量检验合格证，并建立出厂销售记录制度。五是规定农药包装应当符合国家有关规定，印制或者贴有标签，并明确了标签应当标注的具体内容，特别要求用于食用农产品的农药的标签标注安全间隔期。

（3）农药经营方面：针对农药经营主体规模小、布局散、秩序乱，有的制假售假甚至销售禁用农药等问题，《条例》做了以下规定：一是取消农药经营主体仅限于供销社、农技推广站等主体的规定，实行农药经营许可制度，对高毒等限制使用农药实行定点经营制度，明确了农药经营者应当具备农药和病虫害防治专业知识、能够指导安全合理使用农药、经营场所应当与饮用水水源和生活区域有效隔离等条件，以及申请农药经营许可的程序。二是要求农药经营者建立采购台账，采购农药时查验产品包装、标签、产品质量检验合格证以及有关许可证明文件，并如实记录，不得向未取得农药生产许可证的农药生产企业或者未取得农药经营许可证的其他农药经营者采购农药。三是要求农药经营者建立销售台账，如实记录销售农药的名称、规格、数量、生产企业、购买人、销售日期等内容，并正确说明农药的使用范围、使用方法和剂量、使用技术要求和注意事项。四是规定农药经营者不得加工、分装农药，不得在农药中添加物质，不得采购、销售包装和标签不符合规定，以及未附具产品质量检验合格证、未取得有关许可证明文件的农药。

（4）农药使用管理方面：针对农药使用中存在的擅自加大剂量、超范围使用以及不按照安全间隔期采收农产品等问题，《条例》主要做了以下规定：一是要求各级农业部门加强农药使用指导、服务工作，组织推广农药科学使用技术，提供免费技术培训，提高农药安全、合理使用水平。二是通过推广生物防治、物理防治、先进施药器械等措施，逐步减少农药使用量，要求县级政府制定并组织实施农药减量计划，对实施农药减量计划、自愿减少农药使用量的给予鼓励和扶持。三是要求农药使用者遵守农药使用规定，妥善保管农药，并在配药、用药过程中采取防护措施，避免发生农药使用事故。四是要求农药使用者严格按照标签标注的使用范围、使用方法和剂量、使用技术要求等注意事项使用农药，不得扩大使用范围、加大用药剂量或者改变使用方法，不得使用禁用的农药；标签标注安全间隔期的农药，在农产品收获前应当按照安全间隔期的要求停止使用；剧毒、高毒农药不得用于蔬菜、瓜果、茶叶、菌类、中草药材的生产。五是要求农产品生产企业、食品和食用农产品仓储企业、专业化病虫害防治服务组织和从事农产品生产的农民专业合作社等建立农药使用记录，如实记录使用农药的时间、地点、对象以及农药名称、用量、生产企业等。

（5）法律责任方面：为加大对违法行为的处罚力度，保证《条例》得到切实贯彻实施，《条例》进一步严格了法律责任：一是明确农业部门及其工作人员有不依法履行监督管理职责等行为的，依法给予处分和追究刑事责任。二是对无证生产经营、生产经营假劣农药等违法行为，规定了没收违法所得、罚款、吊销许可证，以及没收违法生产的产品和用于违法生产的设备、原材料等行政处罚，构成犯罪的依法追究刑事责任。三是对将剧毒、高毒农药用于蔬菜、瓜果等食用农产品的，规定了罚款等行政处罚，构成犯罪的依法追究刑事责任。四是规定被吊销农药登记证的，5 年内不再受理其登记申请；无证生产经营以及被吊销许可证的，其直接负责的主管人员 10 年内不得从事农药生产经营活动。

**《农药登记管理办法》农业部 2017 年第 3 号令**

《农药登记管理办法》是农业部对国务院发布的《农药管理条例》的配套规章之一。包括：第一章总则、第二章基本要求、第三章申请与受理、第四章审查与决定、第五章变更与延续、第六章风险监测与评价、第七章监督管理、第八章附则，共四十九条，自 2017 年 8 月 1 日起施行。

**《农药生产许可管理办法》农业部 2017 年第 4 号令**

《农药生产许可管理办法》是农业部对国务院发布的《农药管理条例》的配套规章之二。包括：第一章总则、第二章申请与审查、第三章变更与延续、第四章监督检查、第五章附则，共三十条，自 2017 年 8 月 1 日起实施。

**《农药经营许可管理办法》农业部 2017 年第 5 号令**

《农药经营许可管理办法》是农业部对国务院发布的《农药管理条例》的配套规章之三。包括：第一章总则、第二章申请与受理、第三章审查与决定、第四章变更与延续、第五章监督检查、第七章附则，共三十一条，自 2017 年 8 月 1 日起施行。

**《农药登记试验管理办法》（2017）**

《农药登记试验管理办法》是农业部对国务院发布的《农药管理条例》的配套规章之四。共分：第一章总则、第二章试验单位认定、第三章试验备案与审批、第四章登记试验基本要求、第五章监督检查、第六章附则，共三十四条，自 2017 年 8 月 1 日起施行。

**《农药标签和说明书管理办法》（2017）**

《农药标签和说明书管理办法》是农业部对国务院发布的《农药管理条例》的配套规章之五。包括：第一章总则、第二章标注内容、第三章制作、使用和管理、第四章附则，共四十二条，自 2017 年 8 月 1 日起施行。2007 年 12 月 8 日农业部公布的《农药标签和说明书管理办法》同时废止。

**《农药安全使用规范 总则》农业部 NY/T 1276—2007**

本规范由农业部于 2007 年发布，标准规定了使用农药人员的安全防护和安全操作的要求，适用于农业使用人员。

**农药合理使用准则（一）～（九），GB/T 8321.1-9**

农药合理使用准则（一）～（九）的内容，200 余个农药有效成分，涉及 20 余种作物，近 500 多项科学、合理使用标准。每项标准均经过了两年两点残留试验，根据取得的大量残留数据而制定的。在每项标准中，对每一种农药（剂型）防治每一种作物的病虫草害规定施药量（浓度）、施药次数、施药方法、安全间隔期、最高残留限量参照值以及施药注意事项等。按标准中规定的技术指标施药，能有效地防治农作物病虫草害，提高农产品质量，避免发生药害和人畜中毒事故，降低施药成本，防止或延缓抗性产生，保护生态环境，保证收获的农产品中农药残留量不超过规定的限量标准，保障人们身体健康。

GB/T 8321.1—2000 农药合理使用准则（一），本部分规定了 18 种农药在 11 种农作物上 32 项合理使用准则，本标准适用于农作物病、虫、草害的防治。

GB/T 8321.2—2000 农药合理使用准则（二），本部分规定了 35 种农药在 14 种农作物上 51 项合理使用准则，本标准适用于农作物病虫、草害的防治。

GB/T 8321.3—2000 农药合理使用准则（三），本部分规定了 53 种农药在 13 种农作物上 83 项合理使用准则，本标准适用于农作物病、虫、草害的防治。

GB/T 8321.4—2006 农药合理使用准则（四），本部分规定了 50 种农药在 17 种农作物上的合理使用准则，本标准适用于农作物病、虫、草害的防治。

GB/T 8321.5—2006 农药合理使用准则（五），本部分规定了 43 种农药在 14 种农作物及蘑菇上的 61 项合理使用准则，本标准适用于农作物病、虫、草害的防治。

GB/T 8321.6—2000 农药合理使用准则（六），本部分规定了 39 种农药在 15 种农作物上 52 项合理使用准则，本标准适用于农作物病、虫、草害的防治。

GB/T 8321.7—2002 农药合理使用准则（七），本部分规定了 32 种农药在 17 种作物上 42 项合理使用准则，本标准适用于农作物病、虫、草害的防治。

GB/T 8321.8—2007 农药合理使用准则（八），本部分规定了 37 种农药在 21 种作物上 55 项合理使用准则，本标准适用于农作物病、虫、草害的防治和植物生长调节剂的使用。

GB/T 8321.9—2009 农药合理使用准则（九），本部分规定了 56 种农药在 23 种作物上 69 项合理使用准则，本标准适用于农作物病、虫、草害的防治。

**农药限制使用管理规定（农业部令 2002 第 17 号）**

《农药限制使用管理规定》（以下简称《规定》）于 2002 年 6 月 18 日农业部第 15 次常务会议审议通过，农业部发布实施，自 2002 年 8 月 1 日起生效。

《规定》分第一章总则、第二章农药限制使用的申请、第三章农药限制使用的审查、批准和发布、第四章附则，共十四条。

### 中华人民共和国农业部公告（第 199 号）

2002 年 6 月 5 日，农业部发布《中华人民共和国农业部公告第 199 号》，公布国家明令禁止使用的农药和不得在蔬菜、果树、茶叶、中草药材上使用的高毒农药品种清单。

国家明令禁止使用的农药：六六六（HCH），滴滴涕（DDT），毒杀芬（camphechlor），二溴氯丙烷（dibromochloropane），杀虫脒（chlordimeform），二溴乙烷（EDB），除草醚（nitrofen），艾氏剂（aldrin），狄氏剂（dieldrin），汞制剂（Mercurycompounds），砷（arsena）、铅（acetate）类，敌枯双，氟乙酰胺（fluoroacetamide），甘氟（gliftor），毒鼠强（tetramine），氟乙酸钠（sodiumfluoroacetate），毒鼠硅（silatrane）。

在蔬菜、果树、茶叶、中草药材上不得使用和限制使用的农药：甲胺磷（methamidophos），甲基对硫磷（parathion-methyl），对硫磷（parathion），久效磷（monocrotophos），磷胺（phosphamidon），甲拌磷（phorate），甲基异柳磷（isofenphos-methyl），特丁硫磷（terbufos），甲基硫环磷（phosfolan-methyl），治螟磷（sulfotep），内吸磷（demeton），克百威（carbofuran），涕灭威（aldicarb），灭线磷（ethoprophos），硫环磷（phosfolan），蝇毒磷（coumaphos），地虫硫磷（fonofos），氯唑磷（isazofos），苯线磷（fenamiphos）19 种高毒农药不得用于蔬菜、果树、茶叶、中草药材上。三氯杀螨醇（dicofol），氰戊菊酯（fenvalerate）不得用于茶树上。任何农药产品都不得超出农药登记批准的使用范围使用。

### 中华人民共和国农业部公告（第 322 号）

2003 年 12 月 30 日，农业部发布《中华人民共和国农业部公告第 322 号》，自 2007 年 1 月 1 日起，全面禁止甲胺磷、对硫磷、甲基对硫磷、久效磷和磷胺 5 种高毒有机磷农药在农业上使用。

### 中华人民共和国农业部公告（第 2567 号）（2017 年版）

2017 年 8 月 31 日，农业部发布第 2567 号公告《限制使用农药名录（2017 年版）》，该公告自 2017 年 10 月 1 日起施行，要求列入本名录的农药，标签应当标注"限制使用"字样，并注明使用的特别限制和特殊要求；用于食用农产品的，标签还应当标注安全间隔期。同时要求对此名录中的前 22 种农药实行定点经营，其他农药实行定点经营的时间由农业部另行规定。

32 种限制使用农药为：甲拌磷、甲基异柳磷、克百威、磷化铝、硫丹、氯化苦、灭多威、灭线磷、水胺硫磷、涕灭威、溴甲烷、氧乐果、百草枯、2,4-滴丁酯、C 型肉毒梭菌毒素、D 型肉毒梭菌毒素、氟鼠灵、敌鼠钠盐、杀鼠灵、杀鼠醚、溴敌隆、溴鼠灵、丁硫克百威、丁酰肼、毒死蜱、氟苯虫酰胺、氟虫腈、乐果、氰戊菊酯、三氯杀螨醇、三唑磷、乙酰甲胺磷（前 22 种农药实行定点经营）。

### 国家禁止使用农药名单

六六六、滴滴涕、毒杀芬、二溴氯丙烷、杀虫脒、二溴乙烷、除草醚、艾氏剂、狄氏剂、汞制剂、砷、铅类、敌枯双、氟乙酰胺、甘氟、毒鼠强、氟乙酸钠、毒鼠硅、磷化钙、磷化镁、磷化锌、硫线磷、蝇毒磷、治螟磷、甲胺磷、甲基对硫磷、对硫磷、久效磷、磷胺、苯线磷、地虫硫磷、甲基硫环磷、特丁硫磷、氯磺隆、胺苯磺隆单剂产品、甲磺隆单剂产品、福美胂、福美甲胂、百草枯。

**附表 6-1 化肥使用量统计表**

填报单位（盖章）：_____ 填报日期：_____

| 化肥品种 | 销售数量/t | 有效成分含量/% | 价格/（元/t） | 折纯/t |
|---|---|---|---|---|
| 化肥总计 | | | | |
| 一、单质肥料合计 | | | | |
| | | | | |
| | | | | |
| 二、复混肥料合计 | | | | |
| 1. 通用型复混肥合计 | | | | |
| | | | | |
| 2. 专用肥合计 | | | | |
| | | | | |
| 3. 有机无机复混肥料合计 | | | | |
| | | | | |
| 4. 掺混肥料（BB 肥）合计 | | | | |
| 三、新型肥料 | | | | |
| | | | | |
| | | | | |

**附表 6-2 县级造林实体化肥使用情况调查表**

调查统计时间： 年 月 日— 年 月 日 树种：

项目县（盖章）：

| 造林实体名称 | 地 址 | 造林面积/hm² | 化肥种类 | 施用次数 | 化肥使用名称 | 年度总用肥量/kg |
|---|---|---|---|---|---|---|
| | | | | | | |

## 附表 6-3　造林实体化肥使用情况统计表

造林实体名称：　　　　　　造林地点：　　　　　　造林树种：　　　　　　造林面积/hm²：

| 施用时间 | 施用对象 | 化肥名称 | 化肥用量/g |
|---|---|---|---|
|  |  |  |  |
|  |  |  |  |
|  |  |  |  |
|  |  |  |  |
|  |  |  |  |
|  |  |  |  |

## 附表 6-4　造林实体基本情况表

造林实体编号：＿＿＿＿＿＿＿＿　　　　年份：＿＿＿＿＿＿＿

造林实体类型：□国有林场　　□集体林场　　□村集体　　□种植大户　　□专业化组织　　□公司

| 造林实体名称 |  | 性别结构 |  | 年龄结构 |  |
|---|---|---|---|---|---|
| 文化程度 |  | 造林实体或家庭人口 |  | 务农劳动力（个） |  |
| 林业用地总面积/hm² |  | 总造林面积/（hm²·次） |  | 造林实体或家中经济状况 | ○好<br>○中等<br>○较差 |
| 联系地址 |  |  |  | 手机* |  |

造林情况

| 树种（名称） | 造林面积/hm² | 施药器械 | 树种（名称） | 造林面积/hm² | 施药器械 |
|---|---|---|---|---|---|
|  |  |  |  |  |  |
|  |  |  |  |  |  |
|  |  |  |  |  |  |

## 附表 6-5 农药使用调查监测表

造林实体编号：_____ 年份：_____

| 农药购买情况 | | | | | 农药使用情况 | | | | |
|---|---|---|---|---|---|---|---|---|---|
| 日期 | 农药通用名称 | 农药登记证号 | 实物数量/（g、ml） | 购买费用/元 | 用药日期 | 施药树种名称 | 防治病虫草鼠名称 | 防治面积/hm$^2$ | 用药量/（g、ml） |
| | | | | | | | | | |
| | | | | | | | | | |
| | | | | | | | | | |
| | | | | | | | | | |
| | | | | | 合计 | | | | |
| | | | | | | | | | |
| | | | | | | | | | |
| | | | | | | | | | |
| | | | | | | | | | |
| | | | | | 合计 | | | | |
| | | | | | | | | | |
| | | | | | | | | | |
| | | | | | | | | | |
| | | | | | 合计 | | | | |
| | | | | | | | | | |
| | | | | | | | | | |
| | | | | | 合计 | | | | |

附表6-6 项目单位（县级）基本情况表

年份：_____

| 单位全称 | | | | | |
|---|---|---|---|---|---|
| 联系人 | | 联系地址 | | | |
| 联系电话 | | E-mail | | | |
| 总耕地面积/百 hm² | | 经度 | | 纬度 | |
| 总种植面积/百 hm² | | | | | |

造林实体造林情况

| 主要造林树种（名称） | 造林面积/百 hm² | 大户防治面积比例/% | 其 他树种（名称） | 造林面积/百 hm² | 大户防治面积比例/% |
|---|---|---|---|---|---|
| | | | | | |
| | | | | | |
| | | | | | |
| | | | | | |

附表6-7 农药登记证号采集表

填报单位_____ 日期_____

| 登记证号 | | 通用名 | | |
|---|---|---|---|---|
| 剂型 | | 毒性 | | |
| 生产厂家 | | 国家 | | |
| 有效成分 | 成分名称 | 农药类别 | 是否生物农药 | 含量/% |
| | | | | |
| | | | | |
| | | | | |
| | | | | |
| 常规用量（g、ml/hm²） | 下限 | | 上限 | |
| 有效期 | | | | |

说明：①登记证号是您录入数据时在登记证一栏填写的。
　　　②农药类别：杀虫剂、杀菌剂、除草剂、植物生长调节剂、杀鼠剂。
　　　③毒性：微毒、低毒、中毒、高毒、剧毒。

# 第二部分　案例分析

# 第七章 林业工程项目环境保护规程

  世界银行、欧洲投资银行、亚洲开发银行等国际金融组织，在规划启动实施林业工程项目中，非常重视项目的环境保护问题。世界银行根据项目的性质、规模、环境保护的敏感程度将项目的环境影响评价划分为 A 类、B 类、C 类三个等级，针对项目涉及的环境保护问题的大小，分别给予不同的关注。其中，A 类项目将给环境带来多重重大影响，必须进行环境影响评价，这类项目包括：大坝和水库、矿藏开发、管道铺设、大型制造业、机场和铁路等交通设施建设、大型灌溉和排水、土地开垦、人工迁移、大规模城市扩展等。B 类项目可能对环境带来某种影响，对其环境评价的要求较低，可用特别的污染指标或实际标准来分析，这类项目包括：小型工业、农林项目、小型水产养殖、小型电力传输、小型水电站以及医院、住房、学校建设等公共设施项目。C 类项目对环境不会带来较大影响，一般不要求进行环境评价，这类项目包括：教育（不包括学校建设）、计划生育、卫生保健、组织机构发展等。

  在项目的预认定、认定、评估论证等立项过程中，世界银行不仅要组织专家进行项目的可行性研究，同时还要派环境保护专家到现场进行环境保护方面的论证，确定项目环境保护的类别等级。在项目的准备过程中，项目建设单位不仅要向世界银行提交符合要求的项目可行性报告，而且还要提交有 A 类环评资质单位编写的项目环评报告书。因此，在林业工程项目启动之前，项目建设单位必须按照世界银行的要求组织有关技术人员和管理人员编写"项目环境保护规程"。

  本章给出了"世界银行贷款山东生态造林项目环境保护规程"样例，并就样例的起草、执行以及总结等方面进行了解析，供参考。

# 第一节　林业工程项目环境保护规程样例

## （世界银行贷款山东生态造林项目环境保护规程）

## 一、概述

### （一）目的意义

为了指导"山东生态造林项目"（以下简称 SEAP）退化山地植被恢复区和滨海盐碱地改良区人工防护林的造林、营林等活动，确保在"SEAP"的实施中进一步增强生态环境效益，将可能产生的对自然环境造成的负面影响减至最小或消除，以确保全面实现项目预期的各项生态环境效益目标，特制定本规程。

### （二）参考的主要法律文件

在制定本规程的过程中，充分吸取了山东已成功实施的世界银行贷款 "国家造林项目"（以下简称 NAP）、"森林资源发展和保护项目"（以下简称 FRDP）以及"林业持续发展项目"（以下简称 FDPP）环境管理的经验和教训，并全面参考了下列法律文件。

#### 1. 相关的法律和法规

具体是：《环境保护法》《森林法》《土地管理法》《水土保持法》《环境影响评价法》《森林病虫害防治条例》《植物检疫条例》《森林防火条例》《水土保持法实施条例》《自然保护区条例》《退耕还林条例》《造林质量管理暂行办法》《加强对利用国际金融组织资金建设项目的环境影响评价管理的公告》。

#### 2. 世界银行的业务方针

具体是：《业务方针 4.01 环境评价》《业务方针 4.04 自然栖息地》《业务方针 4.09 病虫害管理》《业务方针 4.36 林业》《业务方针 4.11 文化遗产》《业务方针 4.20 当地居民》。

## 二、山东以往世行贷款林业项目的环境管理经验

自 1990 年以来，山东省已成功地实施了世行贷款"NAP"、"FRDPP"以及"FRDP"项目。项目实施过程中，都制定了"环境保护规程"，用于指导项目的设计与施工，以减

轻或消除项目实施对环境造成的负面影响，增强人工林生态系统的稳定性和环境保护功能。回顾上述世行贷款林业项目环保规程的制定和实施，可以总结出以下经验和教训：

## （一）经验与做法

### 1．强化了"三队一点"的建设

三队即一支病虫害预测预报队伍的建设，一支病虫害防治队伍的建设，一支环保监理队伍的建设；一点即病虫害预测预报点的建设。通过"三队一点"的建设，确保了环保措施的落实。

### 2．制定了规范性的规章制度和环保措施

在规章制度建设方面，严格按照世界银行安全保障政策及中国的有关环境保护法律法规的要求，制定了《项目管理办法》《检查验收管理办法》《项目环境保护规程》《项目环境监测方案》《病虫害防治管理计划》等科学规范的管理办法或规定，并且针对项目设计和施工的主要环节，制定操作性强的环保措施。

### 3．严格了环保质量监督

在环保质量管理方面，运用了"事前培训、事中指导、事后检查验收"的环保管理模式和"分工序检查验收、分级检查验收"的质量监督办法，把执行"环保规程"与否作为项目施工质量检查验收的标准之一，从而保证了"环保规程"在项目实施中的认真执行并取得良好环保效果。

### 4．抓好了技术队伍的培训

采用了走出去请进来、集中培训、以会代训、现场施教、科技下乡、发放技术明白纸六种环境管理培训形式，提高了环保管理人员和操作人员的素质，确保了环保合格率达到了项目设计目标要求。

## （二）主要教训

### 1．造林树种、品种单一，病虫害对杨树人工林的生长有潜在的威胁

三个世界银行贷款项目，共营造人工商品林 16.06 万 $hm^2$，主要造林树种有杨树、刺槐、泡桐、枣、板栗等。其中，杨树造林面积为 13.2 万 $hm^2$，占总造林面积的 82.2%，并且三倍体毛白杨、中林 46、I-107、L-35、T66、T26 等杨树品种占杨树造林面积的 70% 以

上。由于树种单一，品种较少，所营造的人工林生态稳定性差，病虫害对杨树人工林的生长有潜在的威胁。杨雪毒蛾（*Stilpnotia candida*）、雪毒蛾（*Stilpnotia salicis*）、杨扇舟蛾（*Clostera annachoreta*）等食叶害虫曾在世行贷款"NAP""FRDPP"的部分杨树人工林中发生，由于防治及时没有造成严重危害，但这些害虫对杨树人工林的生长有潜在的威胁。

### 2．经营农户有自己使用农药的习惯或方式

经营农户热衷于使用广谱性化学杀虫剂防治项目林害虫，使用老品种的农药又是经营农户的传统习惯，对新生事物接受能力差。虽然在农药品种的选择和安全使用农药方面进行了多次培训和指导，但想改变经营农户已形成的习惯很难，需要典型事例引导，才能改变传统习惯。

### （三）对山东生态造林项目的启示

在实施世行贷款"NAP""FRDPP"以及"FRDP"的过程中，不仅获得了环境管理方面的经验，也汲取了项目环境管理方面的教训，更重要的是从中获得了启发。

### 1．多树种、多品种造林，是维持人工防护林稳定的基础

不同树种或品种对不同的病虫害有不同的抗性。当在同一林分中有不同的树种或品种时，就会有不同的病虫害存在，也就会产生不同的天敌种群，害虫与天敌之间形成一个稳定的生态链。因此，多树种、多品种造林是维持人工防护林稳定的基础。

### 2．营造混交林，是维持人工防护林稳定的保证

20世纪70年代初到80年代末，山东省肥城市牛山林场和昆嵛山林场分别对当时的赤松人工林进行改建证明，改建后的人工混交林能增加生物多样性，可有效抑制赤松毛虫（*Dendrolimus spectabilis*　Butler）的危害。林分中有害生物与有益生物此消彼长，相互制约，种群始终维持平衡状态。因此，营造混交林是维持人工防护林稳定的保证。

### 3．树种的合理搭配，是维持人工防护林稳定的前提

研究表明，遴选的42种乔木、灌木、藤本及草本植物的生物学特性适合项目区的立地条件，这些树种既有喜阳性，又有耐阴性；树冠有大冠型和窄冠型之分；树根有深根性和浅根性之分。所以，树种搭配必须合理，相互之间留有空间，不同树种之间才能和平相处。块状混交比行间混交，林分容易调整，而株间混交成功的可能性最小。因此，树种的合理搭配是维持人工防护林稳定的前提。

### 4. 因地制宜、合理密植，是维持人工防护林稳定的重要条件

立地条件越差，造林密度就应该越大；反之，立地条件越好，造林密度就应该越小。树冠越小，造林密度越大；反之，树冠越大，造林密度越小。群体生长好的树种，易密植。山东生态造林项目区立地条件差，柏树、松树具有树冠小、群体生长好的特性，如果地表植被能够得以保存的，适宜密栽。因此，因地制宜、合理密植是维持人工防护林稳定的重要条件。

在编制本"环保规程"过程中，充分参考了上述经验和教训，使本"环保规程"更加科学和完善，更能适合"山东生态造林项目"的需要。

## 三、造林地的选择

（1）项目的新造林地要选择在生态状况退化或生态问题突出的国家级或省级规划的生态区；

（2）不能选择拥有价值的人类历史文化遗产、珍稀植物、野生动物栖息地和各种保护区以及在自然或文化遗产保护区的缓冲区外围 2 000 m 范围内、公益林外围 100 m 范围内；

（3）不能选择郁闭度大于 0.2 的现有林；

（4）项目选择的林地类型应该位于具有严重或极端严重的水土流失现象（4～6 级）的山地，其中水土流失级别参照山东省侵蚀的 6 级分类标准确定；

（5）项目选择的林地类型应该位于重要的水源区域（1～3 级），并具有严重或极端严重的水土流失现象（4～6 级），其中水源级别参照山东省水源 4 级分类标准确定；

（6）项目选择的造林地类在滨海盐渍区域时还要具有严重或极端严重的风蚀现象；

（7）项目选择的林地类型应该位于那种面临着明显的环境退化局面，同时能经受项目治理措施考验的区域；

（8）政府愿意还贷，农户自愿参加项目；

（9）用于营造人工防护林的林地优先选择的顺序是：宜林荒山荒地、盐碱荒地、退耕还林地、裸露地面并长有外来草种的退化的林地、灌丛地和疏林地。对于以防风为主的新造林地，应首先选择风害（包括干热风）较严重的沟路渠弃荒地，其次是重度、中度、轻度盐碱荒地或沙化的土地；以水土保持林为主的首先选择坡度较大的荒山荒地，其次是河滩地。

生态造林项目人工防护林的造林地筛选方法流程请参见附件。

## 四、造林地清理与整地

### （一）造林地清理

（1）严禁采用炼山方式清理林地；

（2）坡度大于 15°的地块，可采用块状或带状清除妨碍造林活动的杂（灌）草；

（3）将清除的杂（灌）草堆积在带间或种植穴间，让其自然腐烂分解；

（4）保留好山顶、山腰、山脚的原生植被；

（5）林地清理时，溪流两侧要视溪流大小、流量、横断面、河道的稳定性等情况，区划一定范围的保护区。

### （二）造林地整地

（1）整地应视造林地的坡度大小选择穴垦、带垦或全垦的方式。破土面积控制在 25% 以下。整地方式的选择与林地坡度的关系见表 7-1。

表 7-1　整地方式与林地坡度关系表

| 林地坡度 | 整地方式 |
| --- | --- |
| <15° | 全垦 |
| 16°～25° | 穴垦、沿等高线的带垦或梯级整地 |
| >26° | 穴垦整地，且"品"字形排列；沿等高线设置截水沟 |

（2）造林地块边缘与农田之间保留 10 m 宽的植被保护带，长坡面上若采用全垦整地，每隔 100 m 保留一条 2 m 宽的原生草保护带。

（3）在 15°以上的坡地上营建生态型经济树种时要采用梯级整地（反角梯田）。应能将地表径流水输送到稳定的地面上或使之流入可接收多余水量的溪流中。

（4）在滨海盐碱地改良区，可采用筑台田的方法进行整地，条宽一般在 30～70 m，台面四周高，里面低，便于拦截天然降水，并且有排水设施，尽可能降低土壤含盐量。

## 五、防护林的营造

### （一）树种（品种）选择

（1）为了加强生物多样性的保护，应优先选择乡土树种。选用优良乡土树种的优良种源、家系或无性系造林，增强抵抗病虫害的能力，降低林木受病虫害威胁的风险。只有在外来树种的生长和抗性优于乡土树种时，且对当地种群不侵扰的情况下，才可选择外来树种。如果未来的科研能够发现一些新的乡土树种能够适应造林地条件，这些树种也要作为备选树种。

（2）造林、整地时，应尽量保留和利用原有的乡土树种及灌木，促进天然植物群落的保护、恢复和更新。

### （二）造林模型的选择

退化山地植被恢复区和盐碱地改良区的造林模型分别为 8 个和 5 个，造林技术模型的制定是根据以往的科研经验和实际营造林经验。其中，模型 1～4 适合石灰岩山地，模型 5～8 适合花岗岩山地，其余模型适合滨海盐碱地改良区。除模型 1 和模型 5 外，其余模型尽可能采用多树种混交造林。

### （三）配置与布局

（1）项目造林小班布局是：退化山地植被恢复区每个造林小班面积不大于 20 hm$^2$；滨海盐碱地改良区每个造林小班面积不大于 35 hm$^2$。

（2）退化山地植被恢复区单一树种的造林面积：模型 1 和模型 5 的单一树种造林面积没有限制，因为不存在混交问题。在其他所有造林模型中，单一树种的造林面积要小于 2 hm$^2$。

（3）退化山地植被恢复区中用来划分单一树种的隔离带至少要有 3 行或者 10 m。

（4）在退化山地植被恢复区混交中优势树种的数量上限：在混交模型中，优势树种的数量不能超过总株数的 70%。

（5）盐碱地改良区混交地块：模型 1、模型 2 和模型 3，带状混交至少占 75%，每个栽植块或条带至少包含 3 个树种。对模型 4 和模型 5 没有限制。

（6）盐碱地改良区林带宽不大于 70 m，带间距离是树高的 10～20 倍。

## 六、抚育管理

### （一）间作

在滨海盐碱地改良区，为减少地面积蒸发，消除杂草竞争，提倡林下间作农作物，达到以耕代抚的目的，但树的两侧要保留 50 cm 的保护行。在坡地上进行林间混种应按水平方向进行，大于 25°的坡地上不允许进行间种作业。介于 15°～25°的坡地上，穴垦整地不得进行间作；只有在沿等高线进行的宽带状整地或梯级整地时，才可间作，间作时，最好种植对土壤有改良作用的豆科植物。

## （二）除草与松土

禁止使用除草剂。幼林抚育要尽可能采用局部抚育法，围绕幼树进行扩穴、松土、除草，尽量保留幼林地的天然植被。除草后所剩的植被剩余物应留在地里作为覆盖物。禁止樵采林下枯枝落叶，以提高林地水源涵养的能力和保持土壤肥力。

## （三）施肥

施肥要尽量选用有机肥，施用的时间、次数、数量和方式要严格按照肥料的特性和要求进行，不得随意施用。要根据适宜的科研成果或适当的土壤和植物测试结果来确定施肥方案。一定要采用穴施或条施，严禁撒施，要将肥料施于穴的上坡向，且以土壤覆盖防止养分流失和地表水污染。

## （四）灌溉

本项目区雨期主要依靠降水，旱季灌溉采用人工穴灌方式。要尽量采用蓄水池截流降水、地膜覆盖植树穴、高分子保水剂等节水灌溉措施，并采取科学的节水灌溉方法如喷灌、微灌、滴灌等方式，严禁大水漫灌，节约水资源。在滨海盐碱地改良区要多利用地表水进行灌溉，提倡浅水块轮，均匀灌水；平整土地，防止地表局部不平整造成积盐，输水渠道要防渗，避免灌溉水下渗，导致地下水升高，充分利用灌溉措施控制土壤盐渍化。

## （五）禁牧育林

禁牧是保证项目林正常生长的重要措施，也是抚育管理的重要手段。要参照《山东生态造林项目移民——政策框架》处理好放牧者与项目林经营者的关系，在保证受放牧群体利益的前提下，禁止一切放牧活动，确保项目林的正常生长。

## （六）择伐

为了改善林分卫生状况，要进行卫生伐。卫生伐结合抚育间伐同时进行。卫生伐的主要对象为枯立木、风倒木、风折木、受机械损伤及病虫危害将要死亡的树木。

## 七、病虫害综合管理

项目林的病虫害综合管理，应贯彻"预防为主，科学治理，依法监管，强化责任"的方针。项目林要进行病虫害综合管理，以确保其健康生长及发育。为此，专门制定了"病虫害综合管理计划"，在项目实施中加以执行。

在人工防护林病虫害的管理计划中，要特别加强病虫害的预测预报工作，采用综合治理（IPM）的方法防治病虫害，使用化学杀虫剂必须符合世界卫生组织划定的三类以上要求的杀虫剂，并且必须遵守有关规定，防止环境污染，确保人畜安全，尽量减少杀伤有益生物。最大限度地降低病、虫所造成的损失。

## 八、森林防火

（1）项目林的防火工作必须纳入各级地方的森林火灾管理体系中。每个造林单位都必须编制森林防火计划，建立火灾管理机构。制定防火、公众教育、巡逻、执法和火灾应急详细计划。

（2）各造林实体必须制订护林防火计划、乡规民约、划定防火责任区，应根据面积大小配备护林人员，并按时向项目办和护林防火组织汇报情况。

（3）健全护林防火组织，配备护林防火器具，实行责任制和奖惩制度。在造林作业时，沿山脊开设防火隔离带，设置瞭望台，建设护林房，配备通信设施。

（4）防火期内，要严禁野外用火，严禁控制火源，禁止在林内、林地周边烧荒及燃烧枯枝落叶。

（5）造林设计时，应考虑护林防火规划，凡连片面积超过 $100 \text{ hm}^2$ 的人工防护林地块都必须建立防火带，把地块分成几个小班。防火带的宽度应为 $10\sim20 \text{ m}$。尽可能利用河道和乡土天然防火植被作为防火带。

## 九、监测与评价

环境保护合格率监测用以评价造林施工与批准的设计计划相一致的程度来评价项目实施是否按照既定的标准进行。PMO 的职责就是确保所有的人工防护林设计规划都要符合设计中所规定的原则、标准和数据。PMO 将通过定期评价并采取随机抽样的方法，监管人工防护林设计方案执行情况。一旦计划编制完成并得到批准，县 PMO 应通过定期检查与监督的方式，负责保证所有的作业施工都按照批准的计划进行实施。为了保证对合格率监测的一致性和连续性，应采用标准的汇报格式。省 PMO 应通过定期随机检查的方式，确保监测施工作业的工作质量。合格率监测最重要的核心是对人工防护林多样性、河流保护、整地、抚育，病虫害管理（杀虫剂的选用和施用方法以及工人/农民的安全）等方面的监测。

# 附件：山东生态造林项目人工防护林的造林地筛选方法流程

### 第一步  拟选造林地现状

1）拟选造林地上是否有文化或遗产资源或其他各类受保护资源或与之的距离是否小于当地有关部门的规定？是□  否□

2）拟选造林地上是否有天然林，包括原始林和可恢复为天然林的植被？是□  否□

3）这种拟选造林地全部或部分位于保护区？是□  否□

4）拟选造林地上是否为郁闭度大于 0.2 的现有林？是□  否□

5）拟选造林地是否在自然或文化遗产保护区的缓冲区外围 2000 m 范围内以及公益林外围 100 m 范围内？是□  否□

6）该造林地滨海盐碱地改良区的小班面积是否大于 35 hm²？退化山地恢复区的小班面积是否大于 20 hm²？是□  否□

如果以上六个问题当中的任意一个答案为"是"，则这些土地不能作为造林地。应重新考虑选择其他造林地。如果以上六个问题的答案都为"否"，则进入第二步筛选过程。

### 第二步  所选的造林地类型

第 1 类——国家级或省级规划拟用于生态造林的林地类型；是□  否□
第 2 类——具有 4～6 级（严重或极端严重）的水土流失现象的山地林地类型；是□  否□
第 3 类——位于重要的水源区域（1～3 级）的林地类型；是□  否□
第 4 类——具有严重或极端严重的风蚀现象的滨海盐渍区域的林地类型；是□  否□
第 5 类——能经受项目治理措施考验的环境退化区域的林地类型；是□  否□

如果上述 5 个问题中的任意一个答案为"否"，则这些林地类型不能作为项目用地，应重新选择其他林地类型。如果退化山地恢复区林地类型选中"1 类"、"2 类"、"3 类"和"5 类"或滨海盐碱地改良区林地类型选中"1 类"、"4 类"和"5 类"，则进入第三步筛选过程。

### 第三步  所选的造林地类别

第 1 类——荒山荒地；是□  否□
第 2 类——从前或近期的退耕还林地；是□  否□
第 3 类——人工疏林地或散生木（郁闭度小于 0.2）造林地；是□  否□
第 4 类——受风害（包括干热风）较严重的沟路渠弃荒地或不同程度的沙化土地；是□  否□

第 5 类——盐碱荒地或盐碱涝洼地；是□　否□

第 6 类——其他土地，如有潜在价值的自然栖息地，包括覆盖率小于 20% 的天然林、天然草地（高海拔地区）、湿地和沼泽。是□　否□

如果造林地属于第 1~5 类，新造林应不会对当地生境造成负面影响（注意，位于农区的土地或远离天然林区的土地应属于前 3 类中的一类），筛选过程终止，该地可以用于发展人工防护林。

如果所选土地为第 6 类，进入第四步筛选程序。

**第四步　所选择造林地生态类型是否很普遍（例如，建议的造林地面积占该土地生态类型的 5% 以下？）**

如果选择的造林地类型比较普遍，该地可以用于发展人工防护林，但是，应该对该造林地进行拍照，并与记录造林地植被等内容的小班调查表放在一起。

如果选择的造林地类型不普遍，该地不能用于造林，应重新考虑选择其他造林地。

# 第二节　林业工程项目环境保护规程样例解析

随着化石燃料的大量使用，温室效应的增加，环境污染的加剧，日趋严重的环境污染问题使世界银行等国际金融组织对贷款项目的申请和审查制度发生了变化。为确保项目设计者和执行者充分重视项目给环境带来的后果，慎重研究项目的选址和设计方案，并提出有效的预防造成环境破坏的措施，世界银行决定，1989 年 10 月起，环境评价成为项目贷款的强制性政策。

目前，我国对国际金融组织贷款的需求量越来越大，但贷款项目的环境评价工作是成功取得贷款的关键性步骤。环境保护规程是项目执行过程中树种选择搭配、混交比例、混交方式以及病虫害治理、整地挖穴、水土保持、农药肥料合理使用等环保问题的总抓手，是实施好林业工程项目的重要前提。因此，在项目的准备、执行和总结过程中，管理人员和技术人员必须认真对待。

## 一、起草环保规程应特别注意的事项

造林项目的环境保护问题，贯穿造林和营林的各个环节。因此，在起草项目环境保护规程的过程中，成立了项目环境保护规程编写班子，邀请有环境保护方面的专家参加，吸收了基层的管理人员、技术人员和施工人员共同参加编写，特别要保持与借款方（金融组织）的协调与沟通，同时起草的环境保护规程文稿内容要得到借款方的确认。要抓住每个造林项目的特点，有针对性地编写出高质量的项目环境保护规程。

## （一）编写思路

　　林业工程项目涉及的范围很广，包括森林培育、野生动植物及湿地保护、有害生物防控、苗木繁育、苗圃升级改造、木材加工等方面。不同的林业工程项目，其环境保护规程的编写内容不尽相同。这里所谈的项目，主要是林业造林工程项目。根据林业的传统分类，一般把林业造林工程项目分为商品林造林项目和生态防护林造林项目。

　　商品林和生态防护林造林项目，其造林地选择、整地方法、树种选择、树种搭配、抚育管理等各个环节均不相同。也就是说，商品林造林项目和生态造林项目有各自的造林模型，不同的造林模型，其经营活动和经营措施不同，从而决定了项目环境保护工作的开展。下面给出了构建造林模型的设计条件，供在编写项目环保规程时拓展思路。

### 1. 商品林造林模型设计思路

　　a）有适宜商品林生产的土地资源；

　　b）提倡大小行配置，实行农林复合经营，防止地力减退；

　　c）采用的树种或品种要尽量多，有利于有害生物防治；

　　d）树种或品种经济价值高或果实产量高，有利于提高经济效益；

　　e）树种的配置三角形或长方形或正方形，利于土地的利用率；

　　f）不同的造林树种造林成本不同，即根据树种的价格确定造林成本。

### 2. 生态防护林造林模型设计思路

　　a）应适宜困难立地条件下的土地资源；

　　b）按山体的部位和土壤盐碱含量划分；

　　c）采用的树种要尽量多，既能抗干旱耐瘠薄，又能抗盐碱耐水湿；

　　d）树种要有阳性、阴性和中性，有利于营造混交林；

　　e）采用的造林密度在保证成林的前提下要尽量小，利于林下植被的形成；

　　f）树种的配置要乔、灌、藤结合，利于形成复层林；

　　g）不同的造林模型造林成本不同，即根据造林难易确定造林成本。

## （二）编写框架与内容

　　根据世界银行、亚洲开发银行等国际金融组织林业贷款造林工程项目环境保护管理的要求，可以把林业工程造林项目环境保护规程编写框架及内容归纳为以下10个方面。

### 1．概述

该部分内容可以从以下两个方面进行阐述：

（1）目的意义。简要说明制定该项目的环境保护规程目的和对项目的作用。

（2）参考的主要法律文件。包括：与项目相关的国内法律和法规；世界银行、欧洲投资银行等国际金融组织的业务方针，特别是项目利用贷款方银行的环境保护规定或方针。

### 2．以往国际金融组织贷款林业项目的环境管理经验

该部分内容为可选内容。一般实施过国际金融组织（贷款方）贷款林业项目的单位（借款方），贷款方都要求借款方总结归纳以往项目环境保护管理经验。经验的归纳可从以下 3 个方面阐述：

（1）经验与做法；

（2）主要教训；

（3）对准备实施项目的启示。

### 3．造林地的选择

造林地选择部分，应根据项目实施目标和借款方的要求，提出切实可行的保护生物多样性、有价值的人类历史文化遗产等林地选择限制条件，同时还要结合项目既定目标，制定造林地筛选方法流程（参照样例章节）。

### 4．造林地清理与整地

林地清理和整地部分，要根据项目的立地条件，围绕预留生态位、保持林地生物多样性、减少水土流失的目的，提出相应的林地清理和整地的科学方法。

### 5．项目林营造

项目林营造包括树种（品种）选择、造林模型的选择以及树种配置与布局。

（1）树种（品种）选择。根据项目特点和生物多样性保护的要求，提出尽可能多的树种（品种），可供选择。

（2）造林模型的选择。根据项目营造林要求和项目区立地条件，制定适合树种（品种）混交和生长的造林模型。

（3）配置与布局。根据项目的造林目标，提出项目造林小班布局和树种（品种）的配置要求。

### 6. 林地抚育管理

该部分内容涉及间作、除草与松土、施肥、灌溉、封山育林、间伐等方面。

（1）间作。在不影响或有促进项目林生长的前提下，根据不同的项目、不同的立地条件，提出间作的有关规定或措施。

（2）除草与松土。提出维护林地水源涵养能力，保持土壤肥力，减少环境污染的松土除草方法。

（3）施肥。规定施肥的种类、次数、时间、方法以及减少养分流失和地表水污染的措施。

（4）灌溉。根据项目区降雨特点，提出节水灌溉的措施。

（5）封山育林。提出处理好放牧者与项目林经营者的关系，在保证受放牧群体利益的前提下，禁止一切放牧活动，确保项目林的正常生长。

（6）间伐。根据不同的造林项目，提出项目林分生长伐或卫生伐的抚育间伐措施。

### 7. 维护土壤肥力

生态造林项目一般不需要编写这方面的内容，但商品林造林项目必须详细编写防止地力减退方面的内容。

在编写防止地力减退方面的内容时，要考虑连作或大面积的栽培同一种树种或品种对土壤肥力的过度消耗、病虫害的发生和危害以及过度使用化肥对环境特别是地下水或河流污染等诸多问题。在项目环境保护规程中，要提出上述问题的解决方案或补救措施。

### 8. 病虫害综合管理

该部分内容要重点阐述，在病虫害的防治管理中，要采用综合治理（IPM）的方法防治病虫害，尽量减少化学杀虫剂的使用，杀虫剂的使用必须遵守有关规定，提出防止农药环境污染和确保人畜安全的措施及对策。

### 9. 森林防火

在编写该部分内容时，要结合项目的特点和各地护林防火的实际，制定项目林管护和火灾防治规定，确保项目林的防控预案落实到位。

### 10. 监测与评价

该部分内容主要包括：项目实施是否按照既定的标准进行，评价项目执行的机构（省、市、县级项目管理办公室简称 PMO），各级项目管理办公室的职责，项目监测的核心（项目林多样性、河流保护、林地清理与整地、抚育管理、杀虫剂选用和施用、农药安全使用等方面）。

## 二、环保规程执行中应注意的问题

### （一）项目施工前期

项目一旦确定了目标，完成了项目可行性研究报告、环境评价报告、国内外报批程序以及项目相关管理办法的制定后，项目就进入施工前期准备阶段。这一时期项目环境保护规程执行的主要任务有 3 个方面。

#### 1. 搞好环保规程执行队伍建设

山东省已成功地实施了世界银行贷款国家造林项目、森林资源发展和保护项目、林业持续发展项目、山东生态造林项目。实践证明，强化规划设计队伍、现场施工队伍、监测监理队伍、病虫防治队伍、护林防火队伍建设，是搞好国际金融组织贷款项目环境保护各项措施严格落实的前提。这"五个"队伍有明确的分工，规划设计队伍即按照项目目标和环境保护规程要求，进行规划设计造林小班；现场施工队伍即严格按照作业设计，进行现场施工；监测监理队伍即按照"规程"，进行环保质量监督；病虫防治队伍即按照综合治理的要求，进行病虫害的监测防治和农药的安全使用；护林防火队伍严格按照项目和地方相关护林防火的要求，进行项目林火灾的预防和管理。因此，各级项目管理和施工单位，必须按照项目既定目标，组建好"五个"队伍，为项目的正式实施，奠定好人才和队伍。

#### 2. 搞好小班规划设计

项目小班造林规划设计，是项目严格执行环境保护规程的第一道工序，因此必须严格按照项目目标搞好规划设计。如设计时，应避免选择在拥有价值的人类历史文化遗产、珍稀植物、野生动物栖息地、各种保护区、公益林 100 m 范围内、已是植物演替顶级群落、特用林、郁闭度大于 0.2 的人工林分、重要水源地等土地资源作为项目用地。

#### 3. 加强人员培训

项目的环境保护规程的技术培训工作，是项目的既定目标之一。人才不仅是确保项目建设的重要资源，也是确保项目可持续性的关键因素。人员的素质高低决定林业工程项目实施的成败。造林项目不仅涉及管理人员、技术人员、施工人员，而且还有社区农民参与，业务水平、基本技能相差很大，与项目实施要求相差甚远。因此，必须按照项目建设的标准，进行严格的培训。

各级项目办始终要把培训工作放在重要位置，自上而下建立一套培训体系。一是建立分级培训制度。从项目工程建设与管理实际需要出发，建立健全自上而下的培训网络，合理确定培训重点与内容，加大培训力度。二是加强对重点工作和关键环节的指导。在项目建设关键时期，采取发放明白纸、开展专题讲座等形式，对项目建设的重点和难点给予及时指导。三是全方位地给农民和造林实体提供技术指导和服务。在营造林季节，各项目单位及时组织技术人员深入田间地头进行指导，示范和普及关键技术，做给农民看、带领农民干。

### （二）项目施工期

#### 1．林地清理

林地清理是造林前的重要环节，特别是采伐迹地或荒山荒地，造林前一定要进行林地的清理工作。为保护生物多样性，林地清理应避免炼山，尽可能地保护原生植被。

#### 2．整地挖穴

栽植前，要对林地进行整地挖穴。整地挖穴时要保护植被，预留生态位；山区采用穴状整地，植树穴呈品字形排列（见图 7-1），尽可能维护植物多样性。

图 7-1　造林穴状整地照片（青州项目区）

#### 3．种植材料选择

维护生物多样性是利用国际金融组织贷款实施项目的前提。因此，世界银行、亚洲开发银行、欧洲投资银行等国际金融组织在签订项目贷款协议时，要求林业贷款造林项目尽可能多地选用种植材料，实行乔木、灌木、藤本、草本结合的多树种、多品种造林。

#### 4．保留天然植被

整地、造林、抚育时，要尽可能地保留天然植被。这种做法有两个目的：一是尽可能多地减少水土流失，增加林地蓄水保土能力；二是保留原有的植被，维护了植物的多样性。

### 5. 预留生态位

造林工程项目，生态位预留（密度控制）得当，是项目成功的必然选择。用材林造林项目，营养空间的多少，是决定培养径级材大小的主要因素；生态造林项目，在保证成林郁闭的前提下，造林密度越小，越有利于林下植被的恢复和更新；造林密度的合理控制，有时比混交造林更重要。

图 7-2 是沂水县在非项目区，采用传统的造林模式，造林树种为侧柏，造林密度为 6 400 多株/hm²，林分郁闭度 0.9 以上，林龄 30 多年。由图可以看出，林下几乎没有植被，蓄水保土等生态效益差。

图 7-3、图 7-4 是沂水县和邹城市分别在项目区，采用世界银行规定的造林模型，造林树种为侧柏，造林密度为 2 300 株/hm² 左右，林分郁闭度 0.4，林龄 8 年。由图可以看出，低密度造林，有利后期天然更新，林下植被丰富，造林树种与天然更新树种形成混交林，生物多样性丰富，林分稳定，蓄水、保土效益强。

图 7-2 高密度造林影响林下植被生长和天然更新（沂水）

图 7-3 低密度有利天然更新[沂水项目区（左边）与非项目区（右边）对照]

图 7-4    低密度下侧伯纯林更新现状（邹城项目区）

### 6. 混交造林

为了维护林业造林工程项目的生物多样性，项目提倡多树种、多品种混交造林。混交造林技术性强，阳性树种、阴性树种、中性树种之间应合理混交，树种搭配要科学。混交方式，以块状、行状或带状混交更易形成稳定的林分；株间混交对树种特性要求高，其搭配要慎重。

图 7-5 是乳山项目区，采用山槐与黑松块状混交，每个混交块的大小在 1 hm$^2$ 左右，效果较好。图 7-6 是莒县项目区，采用麻栎与黑松株间混交，两个阳性树种进行混交后，出现黑松被压，是一个非成功的混交造林模式。

图 7-5    山槐与黑松块状混交效果好（乳山项目区）

图 7-6 麻栎与黑松混交出现黑松被压（莒县项目区）

### 7. 农药化肥合理与安全使用

造林初期，病虫害发生较轻；随着林分郁闭，如果树种单一，树木极易遭受病虫害的侵染危害。当林分虫口密度或感病指数达到防治指标时，应采取 IPM（综合防治）方法进行有效防控；在进行化学防治时，要选用符合国际金融组织规定的农药清单上的农药品种，并对施用者进行农药安全使用培训，确保人畜安全，河流、水源、土壤等环境不被污染。

## 三、环保规程总结报告编写内容及编写范例

### （一）编写框架与内容

### 1. 引言

这部分主要写国际金融组织及国家对林业建设项目环境问题的要求以及项目实施涉及的主要环境问题。

### 2. 环境管理的主要内容

这部分主要是对项目环境保护规程、病虫害防治管理计划内容的描述，即对项目环境管理的主要计划任务总体归纳。

### 3. 环境保护管理的实施

这部分内容包括成立项目环境保护领导小组、环境保护与管理的措施、环境管理措施的监督、开展病虫害管理的动态监测等。

#### 4．环境保护管理实施效果评价

主要描述：环保措施在造林中的应用、生态环境及生物多样性保护、有效防止水土流失、病虫害的及时安全有效防治、管理人员和受益人环境保护意识及能力增强等。

#### 5．经验与建议

主要阐述项目执行过程中环境管理方面的主要经验、有什么教训以及意见与建议。

### （二）总结报告编写范例

项目环境管理实施效果总结材料，是利用国际金融组织贷款林业项目竣工验收报告材料不可或缺的组成部分。因此，世界银行、亚洲开发银行、欧洲投资银行等国际金融组织对林业项目实施过程的每一个重要节点都特别关注，并进行跟踪监测和评价，定期报告环境管理实施效果情况。项目中期和终期，还要提交项目环境管理实施和效果总结报告。

项目环境管理实施与效果报告的编写，应满足世界银行、欧洲投资银行等国际金融组织的要求。其编写框架只要符合前述五个方面的内容，就是一个合格的项目环境管理实施与效果报告。以下是贷款"山东生态造林项目环境管理实施与执行效果总结报告"，供同行参考。

## 附件：山东生态造林项目环境管理实施与执行效果总结报告——范例

### 1．引言

环境问题是世界银行贷款"山东生态造林项目（SEAP）"重点关注的问题之一，为了指导 SEAP 退化山地植被恢复区和滨海盐碱改良区人工林的造林、营林活动，确保在 SEAP 的实施过程中进一步提高生态环境效益，消除可能产生的对自然环境造成的负面影响，以确保全面实现项目预期的各项生态环境效益目标，依据项目《环境保护规程》和《病虫害管理计划》，实施了环境管理过程总控制，提高了项目的实施效果。

项目实施注重以下主要环境问题：

（1）选择的造林地必须按《项目环境保护规程》要求；

（2）造林地清理与整地应根据退化山地植被恢复区的坡位、坡度和滨海盐碱地盐分含量进行；

（3）防护林的营造应优先选择乡土树种、适宜的造林模型、混交林配置和造林技术；

（4）林分抚育管理应根据防护林、用材林和经济林的抚育要求进行松土、除草、间作、施肥、浇水、择伐，并禁止一切放牧活动；

（5）森林防火应根据森林面积配置护林防火人员、防火器具，建立防火带；

（6）在病虫害防治时，采用综合病虫害管理（IPM）和低毒、高效、低残留的生物制剂，尽量减少使用化学农药。

### 2. 环境管理的主要内容

为解决 SEAP 实施过程中的环境保护问题，依据项目《环境保护规程》和《病虫害管理计划》，环境管理实施主要包括以下几个方面：

（1）明确造林地选择标准和流程

造林地选择严格按照"造林地选择标准"和"造林地选择流程"的要求进行，注重保护文化遗产或自然遗产、自然保护区、重要的动物栖息地、现有林、避免山地退化和滨海盐碱化，且充分考虑受益人的参与和土地使用权等社会因素。

（2）严格规范造林地清理和整地

① 造林地清理。

严禁炼山方式清理林地；

坡度大于 15°的地块，采用块状或带状清理妨碍造林活动的灌藤草；

将清除的灌藤草堆积在带间或种植穴间，让其自然腐烂分解；

保留好山体和盐碱地的原生植被；

林地清理时，溪流两侧视溪流宽度和长度流量、横断面、河道的稳定性等情况，区划一定范围的保护区。

② 造林地整地。

整地视退化山地植被恢复区的造林地坡度大小选择穴垦、带垦或梯级整地方式。破土面积控制在 25%以下。整地方式的选择与林地坡度的关系见表 7-2。

表 7-2 整地方式与林地坡度关系表

| 林地坡度 | 整地方式 |
| --- | --- |
| <15° | 阶梯整地 |
| 15°~25° | 穴垦、沿等高线的带垦 |
| >25° | 穴垦整地，"品"字形排列；沿等高线设置截水沟 |

造林地块边缘与农田之间保留 10 m 宽的植被保护带。

③ 在 15°以上的坡地上营建生态型经济树种时采用阶梯整地。将地表径流水输送到稳定的地面上或使之流入可接收多余水量的溪流中。

④ 在滨海盐碱地改良区，采用筑台、条田的方法进行整地，宽一般为 30～70 m，台面四周高，里面低，便于拦截天然降水，并且有排水设施，降低土壤含盐量。

（3）按造林技术规程进行防护林的营造

① 树种（品种）选择。

为了加强生物多样性的保护，优先选择了乡土树种。选用了优良乡土树种的优良种源、家系或无性系造林，增强抵抗病虫害的能力，降低林木受病虫害威胁的风险。在科研中，发现能够适应造林条件的新的乡土树种，也可作为造林树种。

造林整地时，保留和利用原有的乡土树种和灌藤植物，促进天然植物群落的保护、恢复和更新。

② 造林模型选择。

退化山地植被恢复区和滨海盐碱地改良区的造林模型分别为 8 个（S1～S8）和 5 个（Y1～Y5），其中，模型 S1～S4 适合石灰岩山地，模型 S5～S8 适合砂石山区，其余造林模型适合滨海盐碱地改良区。除造林模型 S1 和 S5 外，其余造林模型在可能情况下也采用多树种混交造林。

③ 配置与布局。

项目造林小班布局：退化山地植被恢复区每个造林小班面积都控制在 20 hm$^2$ 以内；滨海盐碱地改良区每个造林小班面积控制在 35 hm$^2$ 以内。

退化山地植被恢复区单一树种的造林面积：造林模型 S1 和 S5 的单一树种造林面积虽然没有限制，但也尽量进行了混交问题。在其他所有造林模型中，单一树种的造林面积小于 2 hm$^2$。

退化山地植被恢复区中用来划分单一树种的隔离带有 3 行或者 10 m 宽。

在退化山地植被恢复区混交中优势树种的数量上限：在混交模型中，优势树种的数量不能超过总株数的 70%。

盐碱地混交地块：模型 Y1、Y2 和 Y3，带状混交占 75%，每个栽植块或条带包含 3 个树种。对模型 Y4 和 Y5 没有限制。

盐碱地林带宽小于 70 m，带间距离是树高的 10～20 倍。

（4）幼林抚育

① 间作。

在滨海盐碱地改良区，为减少地面蒸发，在林下间作农作物，达到以耕代抚的目的，树的两侧保留 50 cm 的保护行。在退化山地植被恢复区<15°的坡地上进行林间混种按水平方向进行，＞25°的坡地上不进行间种作业。介于 15°～25°的坡地上，穴垦整地不进行间作；只有在沿等高线进行的宽带状整地或阶梯整地时，才可间作，进行间作时，种植对土壤有改良作用的豆科植物。

② 除草与松土。

禁止使用除草剂。幼林抚育采用局部抚育法，围绕幼树进行扩穴、松土、除草，保留幼林地的天然植被。除草后所剩的植被剩余物作为地表覆盖物。禁止樵采林下枯枝落叶，提高林地水源涵养的能力和保持土壤肥力。

③ 施肥。

施肥选用有机肥，施用的时间、次数、数量和方式严格按照肥料的特性和要求进行。根据适宜的科研成果或适当的土壤和植物测试结果来确定施肥方案。采用穴施或条施，严禁撒施，将肥料施于穴内，且以土壤覆盖防止养分流失和地表水污染。

④ 灌溉及保水。

在退化山地植被恢复区，雨季主要依靠降水，旱季灌溉采用人工穴灌方式。采用鱼鳞坑、穴状、水平阶、水平梯田等整地方式截留蓄积降水，地膜覆盖植树穴、石板灌草覆盖植树穴、高分子保水剂等保水措施，并采取科学的节水灌溉方法如喷灌、微灌、滴灌等方式，严禁大水漫灌，节约水资源。在滨海盐碱地改良区利用地表水进行灌溉，浅水块轮，均匀灌水；平整土地，防止地表局部不平整造成积盐，输水渠道防渗，充分利用灌溉措施防止土壤返盐。

⑤ 禁牧育林。

禁牧是保证项目林正常生长的重要措施，也是抚育管理的重要手段。参照山东省封山育林有关措施，处理好放牧者与项目林经营者的关系，实行圈养，禁止项目区的放牧活动，确保项目林正常生长。

（5）火灾防控

项目林的防火工作已纳入各级地方的森林火灾管理体系中。每个造林单位编制了森林防火计划，建立火灾管理机构。制订了防火、公众教育、巡逻、执法和火灾应急详细计划。

各造林实体制订了护林防火计划、乡规民约、划定防火责任区，根据森林面积大小配备了护林人员，并按时向项目办和护林防火组织汇报情况。

健全护林防火组织，配备护林防火器具，实行了责任制和奖惩制度。在造林作业时，沿山脊开设防火隔离带，设置瞭望台，建设护林房，配备通信设施。

防火期间，严禁野外用火，严格控制火源，禁止在林内、林地周边烧荒及燃烧枯枝落叶。

按照护林防火规划，凡连片面积超过 100 $hm^2$ 的人工防护林地块都建立了防火带，把地块分成几个小班。防火带的宽度为 10～20 m。利用河道和乡土天然防火植被作为防火带。

（6）病虫害管理

在项目林病虫害的管理中，加强了病虫害的预测预报工作，采用 IPM 的方法防治病虫害，使用化学杀虫剂符合世界卫生组织划定的三类以上要求的杀虫剂，并且遵守有关规定，防止环境污染，确保人畜安全，尽量减少杀伤有益生物。最大限度地降低病、虫所造成的损失。

### 3. 环境管理的实施

（1）成立项目环境保护领导小组和技术支撑小组

在项目实施前，省、市、县三级均成立了由财政、发改委、审计、林业、环保等部门参加的项目环境保护领导小组，并配备林业、环境保护等业务熟练的专业技术人员组成环境保护技术支撑小组，省项目办邀请山东省环境保护科学研究设计院、山东农业大学、山东省林业科学研究院的5位专家作为项目环境保护指导专家，在实施前进行环境管理培训，实施过程中进行环境保护指导，实施完成后进行环境保护检查验收的项目环境管理模式，有效地保护了项目区的生态环境。

（2）环境保护与管理措施

① 造林地的选择。

Ⅰ. 项目的新造林地选择在生态退化或生态问题突出的国家级或省级规划的生态区；

Ⅱ. 没有选择拥有价值的人类历史文化遗产、珍稀植物、野生动物栖息地和各种保护区以及在自然或文化遗产保护区外围 2 000 m 范围内、公益林外围 100 m 范围内；

Ⅲ. 项目没有选择郁闭度大于 0.2 的现有林；

Ⅳ. 项目选择的林地类型位于具有严重或极端严重的水土流失现象（4～6 级）的山地，其中水土流失级别参照了山东省侵蚀的 6 级分类标准确定；

Ⅴ. 项目选择的林地类型位于重要的水源区域（1～3 级），并具有严重或极端严重的水土流失现象（4～6 级），其中水源级别参照了山东省水源 4 级分类标准确定；

Ⅵ. 项目选择的林地类型是滨海盐渍区域，并具有严重或极端严重的风蚀现象；

Ⅶ. 项目选择的林地类型位于面临明显的环境退化局面，同时经受了项目治理措施考验的区域；

Ⅷ. 项目区选择在政府愿意还贷，农户自愿参加项目且土地没有纠纷的区域；

Ⅸ. 项目区用于营造人工防护林的林地优先选择了：宜林荒山荒地、盐碱荒地、退耕还林地、裸露地面并长有杂草的退化林地、灌丛地和疏林地。对于以防风为主的新造林地，选择风害（包括干热风）较严重的沟路渠弃荒地，重度、中度、轻度盐碱荒地或沙化土地；以水土保持林为主选择坡度较大的荒山荒地。符合世界银行山东生态造林项目用地要求。

② 造林模型选择。

Ⅰ. 退化山地植被恢复区造林模型

退化山地植被恢复区是山东省宜林荒山荒地的集中分布区，是水土流失最严重的区域，同时也是生态极敏感斑块分布最多的区域，该区域生态环境极其脆弱，水土流失严重。

以营造生态型防护林和生态型用材林为主，兼顾生态型经济林，采用了8个造林模型。

造林模型 S1：石灰岩山地山坡上部，裸岩裸砂面积30%～50%，植被盖度10%～20%，土层厚度<15 cm，海拔高度400～600 m，坡度>25°的区域。

造林模型 S2：石灰岩山地山坡上部，裸岩裸砂面积10%～30%，植被盖度20%～30%，土层厚度15～20 cm，海拔高度400～600 m，坡度>25°的区域。

造林模型 S3：石灰岩山地山坡中部，裸岩裸砂面积5%～10%，植被盖度30%～50%，土层厚度20～30 cm，海拔高度300～500 m，坡度15°～25°的区域。

造林模型 S4：石灰岩山地山坡下部，裸岩裸砂面积<5%，植被盖度>50%，土层厚度30～50 cm，海拔高度100～300 m，坡度8°～15°的区域。

造林模型 S5：砂石山区山坡上部，裸岩裸砂面积30%～50%，植被盖度10%～20%，土层厚度<20 cm，海拔高度400～600 m，坡度>25°的区域。

造林模型 S6：砂石山区山坡中部，裸岩裸砂面积5%～10%，植被盖度30%～50%，土层厚度20～30 cm，海拔高度300～500 m，坡度15°～25°的区域。

造林模型 S7：砂石山区山坡下部，裸岩裸砂面积<5%，植被盖度>50%，土层厚度30～50 cm，海拔高度100～300 m，坡度8°～15°的区域。

造林模型 S8：砂石山区山坡下部，裸岩裸砂面积<5%，植被盖度>50%，土层厚度50～80 cm，海拔高度<200 m，坡度3°～8°的区域。

Ⅱ．滨海盐碱地改良区造林模型

滨海盐碱地是由黄河泥沙冲积而成，成土年幼，土壤易次生盐渍化，由于地下水位浅，地下水矿化度大，土壤含盐量高，植被盖度低、类型少、结构单一，海潮、盐碱化、风沙等自然灾害严重，生态环境极为脆弱。以营造生态型防护林和生态型用材林为主，兼顾生态型经济林，采用了5个造林模型。

造林模型 Y1：适用于含盐量小于2‰滨海盐碱地造林，原地段主要用于农业。

造林模型 Y2：适用于含盐量小于2‰滨海盐碱地造林，经土壤改良后用于林业。

造林模型 Y3：适用于含盐量2‰～3‰滨海盐碱地造林。

造林模型 Y4：适用于含盐量大于3‰滨海盐碱地造林。

造林模型 Y5：适用于滨海盐碱地沟渠路造林，含盐量大小不一。

③ 造林技术。

Ⅰ．造林地清理与整地

通过清理造林地上的杂草和灌藤，改善了造林地的卫生状况，为整地创造有利条件。清理方式包括带状清理和块状清理，带状清理是以种植带为中心清理带内灌草植被，块状清理是以种植穴为中心清理穴内灌草植被。整地改善了造林地的立地条件，改变小地形，有效地拦截地表径流，加速雨水下渗，减少水土流失，提高造林质量，促进林木生长。禁止全面清理和炼山，保护好清理区的原有植被。

造林模型 S1：穴面清理灌草，穴状整地，规格为 30 cm×30 cm×30 cm；

造林模型 S2：穴面清理灌草，穴状整地，规格为 40 cm×40 cm×30 cm；

造林模型 S3：穴面清理灌草，穴状整地，规格为 50 cm×50 cm×40 cm；

造林模型 S4：带状清理灌草，水平梯田整地，规格为宽 8～20 m，深 0.4 m；

造林模型 S5：穴面清理灌草，穴状整地，规格为 40 cm×40 cm×30 cm；

造林模型 S6：穴面清理灌草，穴状整地，规格为 50 cm×50 cm×40 cm；

造林模型 S7：带状清理灌草，水平梯田整地，规格为宽 8～30 m，深 0.4 m；

造林模型 S8：带状清理灌草，水平梯田整地，规格为宽 8～40 m，深 0.5 m；

造林模型 Y1：穴面清理灌草，穴状整地，规格为 60 cm×60 cm×50 cm；

造林模型 Y2：穴面清理灌草，穴状整地，规格为防护树种 60 cm×60 cm×40 cm，经济树种 60 cm×60 cm×50 cm；

造林模型 Y3：穴面清理灌草，穴状整地，规格为 60 cm×60 cm×50 cm；

造林模型 Y4：穴面清理灌草，穴状整地，规格为 60 cm×60 cm×50 cm；

造林模型 Y5：穴面清理灌草，穴状整地，规格为 50 cm×50 cm×50 cm。

Ⅱ．造林树种选择

造林模型 S1：选择的主要造林树种为侧柏，保护原有散生的黄荆、酸枣、胡枝子、杠柳等灌藤植被。

造林模型 S2：选择的主要造林树种为侧柏、黄栌、山杏等，灌藤树种有连翘、扶芳藤、紫穗槐等，保护原有散生的黄荆、酸枣、胡枝子等灌藤植被。

造林模型 S3：选择的主要造林树种为侧柏、刺槐、黄栌、五角枫等，伴生树种有黄连木、栾树、臭椿、苦楝、皂角等，保护原有散生的黄荆、酸枣、胡枝子、杠柳等灌藤植被。

造林模型 S4：选择的经济林主要树种为核桃、柿树、山楂、杏树、桃树等，伴生树种有花椒、香椿、金银花等，梯田地坎防护林树种有侧柏、臭椿、苦楝、栾树、黄连木等，保护原有散生的黄荆、酸枣、胡枝子、连翘、杠柳等灌藤植被。

造林模型 S5：选择的主要造林树种为黑松、油松、山杏等，灌藤树种有连翘、扶芳藤、紫穗槐等，保护原有散生的酸枣、胡枝子、连翘等灌藤植被。

造林模型 S6：选择的主要造林树种为黑松、油松、刺槐、麻栎等，伴生树种有黄连木、栾树、臭椿、苦楝、黄栌、五角枫等，保护原有散生的酸枣、胡枝子、连翘等灌藤植被。

造林模型 S7：选择的经济林主要树种为核桃、板栗、柿树、山楂、杏树、桃树等，伴生树种有花椒、香椿、金银花等，梯田地坎防护林树种有黑松、臭椿、苦楝、栾树、黄连木等，保护原有散生的酸枣、胡枝子、连翘等灌藤植被。

造林模型 S8：选择的经济林为茶树，梯田地坎防护林树种有黑松、蜀桧、龙柏、樱桃等树种，保护原有植被。

造林模型 Y1：选择防护林主要树种为刺槐、杨树、臭椿、白蜡等。

造林模型 Y2：选择的主要树种为黑杨类、桃树、杏树、梨树、枣树、香椿等经济树种，防护林树种有白蜡、榆树等乔木。

造林模型 Y3：选择的主要树种为榆树、臭椿、白蜡、苦楝、柳树等乔木，灌木树种有紫穗槐、沙枣、杞柳、金银花等。

造林模型 Y4：选择的主要树种为白蜡、竹柳、沙柳和柽柳。

造林模型 Y5：选择的防护林乔木树种为柳树、竹柳、榆树、白蜡、黑杨类、臭椿、苦楝、国槐等，灌木树种有紫穗槐、木槿、沙柳、柽柳等。

Ⅲ．混交林配置

造林模型 S1：栽植密度 2 500 株/hm²，形成侧柏＋黄荆、侧柏＋酸枣、侧柏＋胡枝子、侧柏＋杠柳等不规则行间、带状、块状乔灌混交林。

造林模型 S2：栽植密度 2 500 株/hm²，形成侧柏＋黄荆、侧柏＋酸枣、侧柏＋胡枝子、侧柏＋山杏、侧柏＋连翘、侧柏＋扶芳藤、侧柏＋紫穗槐、侧柏＋黄栌、黄栌＋黄荆、黄栌＋酸枣、黄栌＋胡枝子、黄栌＋山杏、黄栌＋连翘、黄栌＋扶芳藤、黄栌＋紫穗槐等不规则乔灌行间、块状、带状混交林。

造林模型 S3：栽植密度 1 667 株/hm²，形成侧柏＋刺槐、侧柏＋臭椿、侧柏＋黄连木等针阔混交林，侧柏＋黄栌、侧柏＋五角枫等针叶与彩叶树种混交林，刺槐＋黄栌、刺槐＋五角枫等绿叶与彩叶树种混交林，混交方式采用不规则的块状、带状混交。

造林模型 S4：经济林的栽植密度 500 株/hm²，采用不规则块状混交；梯田地坎防护林的栽植密度 1 110 株/hm²，采用不规则的带状混交。

造林模型 S5：栽植密度 1 667 株/hm²，形成黑松＋酸枣、黑松＋胡枝子、黑松＋山杏、黑松＋连翘、黑松＋扶芳藤、油松＋山杏、油松＋连翘、油松＋扶芳藤、油松＋酸枣、油松＋胡枝子等不规则乔灌行间、块状、带状混交林。

造林模型 S6：栽植密度 1 110 株/hm²，形成黑松＋刺槐、黑松＋麻栎、黑松＋黄连木等针阔混交林，黑松＋黄栌、黑松＋五角枫、黑松＋栾树等针叶与彩叶树种混交林，刺槐＋麻栎、刺槐＋黄栌、刺槐＋五角枫等绿叶与彩叶树种混交林。混交方式采用不规则的块状、带状混交。

造林模型 S7：经济林的栽植密度 500 株/hm²，采用不规则块状混交；梯田地坎防护林的栽植密度 1 110 株/hm²，采用不规则的带状混交。

造林模型 S8：梯田内茶树密度 45 000～60 000 株/hm²；梯田地坎防护林带的栽植密度 1 110 株/hm²，采用不规则的带状混交。

造林模型 Y1：栽植密度 600～900 株/hm²，采取块状混交（最多占造林面积的 25%）

或带状混交（至少占造林面积的 75%）。带宽最宽为 70 m，带间距为树高的 15～20 倍，每一块或每个带至少有 3 个树种。

造林模型 Y2：栽植密度防护林 600～900 株/hm²，采取块状混交（最多占造林面积的 25%）或带状混交（至少占造林面积的 75%）。带宽最宽为 70 m，每一块或每个带至少有 3 个树种。

造林模型 Y3：栽植密度 600～900 株/hm²，在保护原有植被的基础上，采取块状混交（最多占造林面积的 25%）或带状混交（至少占造林面积的 75%）。带宽最宽为 70 m，每一块或每个带至少有 3 个树种。

造林模型 Y4：栽植密度 600～1 500 株/hm²，主要以块状混交为主。

造林模型 Y5：栽植密度 600～1 500 株/hm²，以沟渠路为主的防护林采用行间或带状混交。

④ 抚育管理。

Ⅰ. 除草松土

造林模型 S1：穴内中耕除草，第 1 年 2 次，第 2 年 1 次，第 3 年 1 次；

造林模型 S2：穴内中耕除草，第 1 年 2 次，第 2 年 1 次，第 3 年 1 次；

造林模型 S3：穴内中耕除草，第 1 年 3 次，第 2 年 2 次，第 3 年 1 次；

造林模型 S4：穴内中耕除草，每年 2 次；

造林模型 S5：穴内中耕除草，第 1 年 2 次，第 2 年 1 次，第 3 年 1 次；

造林模型 S6：穴内中耕除草，第 1 年 2 次，第 2 年 1 次，第 3 年 1 次；

造林模型 S7：穴内中耕除草，每年 2 次；

造林模型 S8：行间中耕除草，每年 2 次；

造林模型 Y1：穴内中耕除草，第 1 年 2 次，第 2 年 1 次，第 3 年 1 次；

造林模型 Y2：穴内中耕除草，每年 2 次；

造林模型 Y3：穴内中耕除草，第 1 年 2 次，第 2 年 1 次，第 3 年 1 次；

造林模型 Y4：穴内中耕除草，第 1 年 2 次，第 2 年 1 次，第 3 年 1 次；

造林模型 Y5：穴内中耕除草，第 1 年 2 次，第 2 年 1 次，第 3 年 1 次。

Ⅱ. 施肥

造林模型 S4、造林模型 S7、造林模型 Y2 采用放射状开沟施肥，每年 2 次；

造林模型 S8 采用行间沟内施肥，每年 2 次。

Ⅲ. 灌溉

造林模型 S1、S2、S3、S5、S6 穴内浇水，第一年 1 次，第二年 1 次，以后只在特别干旱的年份浇水；

造林模型 S4、S7 穴内浇水，每年 2 次；

造林模型 S8 行间沟内浇水，每年 2 次；

造林模型 Y1、Y3、Y4、Y5 穴内浇水，第 1 年 2 次，第 2 年 1 次，第 3 年 1 次；

造林模型 Y2：穴内浇水，每年 2 次。

Ⅳ．禁牧育林

各造林模型均进行了禁牧育林。

Ⅴ．间作

幼林时造林模型 S4、S7、Y1、Y2、Y3 进行行内间作，树的两侧保留了各 50 cm 的保护行，间作时种植矮秆的花生、大豆等植物。

Ⅵ．修枝

造林模型 S1、S2、S3、S5、S6、Y1、Y3、Y4、Y5 前 3 年不修枝，第 4 年开始修枝 1 次，保留树冠 2/3，造林模型 S4、S7、S8、Y2 每年冬季、夏季两次修枝。

⑤ 森林防火。

项目林的防火工作已经纳入各级地方的森林火灾管理体系中，各造林实体制订了护林防火计划、乡规民约划定了防火责任区，健全了护林防火组织，实行了责任制和奖惩制度，沿山脊开设了防火隔离带，建设了瞭望台、护林房，配备了通信设施，并在防火期内，严禁野外用火，严格控制火源。

⑥ 病虫害防治管理。

项目林的建设采用了针阔混交、阔阔混交，实现了多树种、多林种、多层次的混交模式，构建了时空配置合理的林分，病虫害发生较少，有虫有病不成灾。

在病虫害管理方面重点抓了以下几项工作：一是搞好病虫害的种类调查摸底；二是建立健全了病虫害监测点，在全省布设了 9 个省级监测点，18 个市级监测点，85 个县级监测点，各项目乡镇和林场均设立了多个监测点，构建了完善的病虫害监测体系；三是严格执行了农药使用规定，采用符合世界卫生组织规定的三类以上农药，造林实体均严格按照农药清单进行了采购和安全使用；四是一旦发现虫源点，立即采取 IPM 综合防治措施，生物防治采用释放周氏啮小蜂、花绒寄甲、肿腿蜂、白僵菌等，有效控制了病虫害的发生和发展。

### 4．环境管理效果评价

（1）环境保护措施在项目造林中得到广泛应用

项目制定了《环境保护规程》《病虫害管理计划》，从省到各项目市、县（市、区）在项目的实施中均严格执行，将环境保护贯彻项目实施的全过程，使造林工程可能对环境造成的负面影响降至最低。SEAP 实施 6 年以来，历年项目施工的环境保护措施达标率均为 100%，充分说明了《环境保护规程》和《病虫害管理计划》在本项目造林工程及幼林抚育中得到了很好的执行，这些环境保护措施为山东今后其他类型的造林工程提供了有益的借鉴。

（2）植物多样性得到了很好的保护和提高

项目在选择造林地时，注重保护自然或文化遗产、珍稀植物、公益林、自然保护区、重要动物栖息地，在整地时注重保护造林地原有灌藤草植被；在造林时注重选择多树种和乡土树种，有效地保护和提高项目区的植物多样性。项目不同造林模型植物多样性变化见表 7-3。

表 7-3　SEAP 不同造林模型植物多样性

| 造林模型 | 2010 年 | | | | 2015 年 | | | | 增加物种数量 | | | |
|---|---|---|---|---|---|---|---|---|---|---|---|---|
| | 乔木数量 | 灌藤数量 | 草本数量 | 物种数量 | 乔木数量 | 灌藤数量 | 草本数量 | 物种数量 | 乔木数量 | 灌藤数量 | 草本数量 | 物种数量 |
| S1 | 0 | 2 | 8 | 10 | 1 | 4 | 13 | 18 | 1 | 2 | 5 | 8 |
| S2 | 0 | 3 | 10 | 13 | 2 | 8 | 15 | 25 | 2 | 5 | 5 | 12 |
| S3 | 0 | 4 | 13 | 17 | 9 | 7 | 16 | 32 | 9 | 3 | 3 | 15 |
| S4 | 0 | 4 | 13 | 17 | 13 | 7 | 15 | 35 | 13 | 3 | 2 | 18 |
| S5 | 0 | 3 | 10 | 16 | 3 | 8 | 17 | 28 | 3 | 5 | 7 | 12 |
| S6 | 0 | 5 | 14 | 19 | 12 | 8 | 18 | 39 | 12 | 4 | 4 | 20 |
| S7 | 0 | 5 | 14 | 19 | 14 | 8 | 16 | 38 | 14 | 3 | 2 | 19 |
| S8 | 0 | 5 | 14 | 19 | 5 | 7 | 16 | 28 | 5 | 2 | 2 | 9 |
| Y1 | 0 | 2 | 4 | 6 | 6 | 6 | 10 | 22 | 6 | 4 | 6 | 16 |
| Y2 | 0 | 2 | 5 | 7 | 9 | 6 | 11 | 26 | 9 | 4 | 6 | 19 |
| Y3 | 0 | 2 | 4 | 6 | 6 | 8 | 10 | 24 | 6 | 6 | 6 | 18 |
| Y4 | 0 | 2 | 5 | 7 | 3 | 8 | 9 | 20 | 3 | 6 | 4 | 13 |
| Y5 | 0 | 2 | 4 | 6 | 10 | 9 | 12 | 31 | 10 | 7 | 8 | 25 |

（3）土壤理化性状显著改善

项目在造林地清理与整地时严禁炼山和全垦造林整地，严格规范整地措施，保护林地灌草植被和枯落物，林地草本植被和枯枝落叶经过腐烂分解，进入表层土壤，经过雨水下渗逐渐渗入中下层土壤内，从而改善了土壤物理性状，增加土壤中的团粒结构，使土壤孔隙度增加，土壤容重降低，增加了土壤有机质和 N、P、K 等养分含量。项目不同造林模型土壤理化性状变化见表 7-4。

表 7-4　SEAP 不同造林模型土壤理化性状

| 造林模型 | 土壤容重/（g/cm³） | 总孔隙度/% | 毛管孔隙度/% | 非毛管孔隙度% | 有机质/% | 速效 N/（mg/kg） | 速效 P/（mg/kg） | 速效 K/（mg/kg） |
|---|---|---|---|---|---|---|---|---|
| S1 | 1.28 | 48.75 | 40.38 | 8.37 | 0.55 | 53.59 | 28.26 | 79.01 |
| S2 | 1.19 | 50.86 | 42.48 | 8.38 | 0.77 | 69.63 | 21.24 | 74.47 |
| S3 | 1.15 | 51.66 | 42.38 | 9.28 | 0.88 | 62.11 | 16.73 | 73.15 |
| S4 | 1.25 | 50.07 | 42.15 | 7.92 | 0.84 | 53.53 | 22.18 | 58.98 |
| 2010 年石灰岩基准 | 1.31 | 44.46 | 37.68 | 6.78 | 0.30 | 28.48 | 3.18 | 40.18 |
| S5 | 1.28 | 47.78 | 39.86 | 7.92 | 0.68 | 55.87 | 39.68 | 55.88 |
| S6 | 1.10 | 51.88 | 41.52 | 10.36 | 0.87 | 63.74 | 14.30 | 70.84 |
| S7 | 1.24 | 49.38 | 39.25 | 10.13 | 0.78 | 55.12 | 12.68 | 68.32 |
| S8 | 1.13 | 50.59 | 39.18 | 11.41 | 0.84 | 56.25 | 13.26 | 62.24 |
| 2010 年砂石山基准 | 1.32 | 42.38 | 33.88 | 8.50 | 0.27 | 23.27 | 3.60 | 33.28 |
| Y1 | 1.21 | 50.34 | 42.28 | 8.06 | 0.76 | 68.65 | 5.26 | 131.73 |
| Y2 | 1.20 | 50.72 | 41.86 | 8.86 | 0.80 | 69.74 | 6.28 | 102.14 |
| Y3 | 1.31 | 49.57 | 43.28 | 6.29 | 0.69 | 62.98 | 4.84 | 89.42 |
| Y4 | 1.38 | 45.25 | 38.46 | 6.79 | 0.66 | 63.56 | 5.79 | 89.99 |
| Y5 | 1.20 | 50.72 | 42.65 | 8.07 | 0.72 | 81.04 | 4.72 | 105.33 |
| 2010 年荒地基准 | 1.42 | 41.26 | 35.18 | 6.08 | 0.32 | 52.17 | 3.82 | 38.96 |

（4）水土流失得到有效控制

退化山地植被恢复区在造林地清理与整地时采用穴状、带状清理与整地，穴状整地和鱼鳞坑整地呈品字形配置，带状整地沿等高线水平整地，保护好带间原有灌草植被，在造林时注重选择多树种、多林种、多层次的复层乔灌混交、针阔混交、阔阔混交林，通过多层林冠截持降雨，灌草植被和枯落物层拦截地表径流，整地措施拦蓄地表径流，从而减少地表径流量，涵养了水源、保持了水土，水土流失得到有效控制。退化山地植被恢复区不同造林模型地表径流量和土壤侵蚀量变化见表 7-5 和表 7-6。

表 7-5　SEAP 退化山地植被恢复区不同造林模型地表径流量

| 造林模型 | 2010 年地表径流量/[m³/（hm²·a）] | 2013 年地表径流量/[m³/（hm²·a）] | 2015 年地表径流量/[m³/（hm²·a）] | 2015 年与 2010 年相比减少地表径流量/[m³/（hm²·a）] |
|---|---|---|---|---|
| S1 | 2 636.0 | 1 712.4 | 768.0 | 1 868.0 |
| S2 | 2 341.0 | 1 518.5 | 628.5 | 2 007.5 |
| S3 | 2 062.0 | 1 321.6 | 548.2 | 2 087.8 |
| S4 | 1 892.0 | 1 236.2 | 518.7 | 2 117.3 |
| 荒坡（对照） | 2 623.0 | 2 636.0 | 2 636.0 | — |
| S5 | 1 896.0 | 1 264.2 | 545.8 | 1 350.2 |
| S6 | 1 497.0 | 995.7 | 418.7 | 1 477.3 |
| S7 | 1 052.0 | 708.4 | 296.4 | 1 599.6 |
| S8 | 1 016.0 | 629.3 | 275.6 | 1 620.4 |
| 荒坡（对照） | 1 896.0 | 1 896.0 | 1 896.0 | — |

表 7-6   SEPA 退化山地植被恢复区不同造林模型土壤侵蚀量

| 造林模型 | 2010 年土壤侵蚀量/[t/（hm²·a）] | 2013 年土壤侵蚀量/[t/（hm²·a）] | 2015 年土壤侵蚀量/[t/（hm²·a）] | 2015 年与 2010 年相比减少土壤侵蚀量/[t/（hm²·a）] |
|---|---|---|---|---|
| S1 | 25.38 | 17.66 | 9.41 | 15.97 |
| S2 | 20.91 | 14.42 | 7.74 | 17.64 |
| S3 | 15.12 | 10.47 | 5.49 | 19.89 |
| S4 | 11.55 | 7.68 | 4.18 | 21.20 |
| 荒坡（对照） | 25.38 | 25.38 | 25.38 | — |
| S5 | 34.69 | 22.47 | 8.89 | 25.80 |
| S6 | 28.14 | 18.09 | 7.85 | 26.84 |
| S7 | 25.52 | 16.32 | 6.43 | 28.26 |
| S8 | 21.69 | 12.64 | 5.82 | 28.87 |
| 荒坡（对照） | 34.69 | 34.69 | 34.69 | — |

（5）森林碳汇显著增加

项目在造林时注重选择多林种、多树种，营造复层乔灌混交、针阔混交、阔阔混交林，保护林内灌草植被和枯落物，促进林内主要树种、伴生树种、灌草植被的总生物量，吸收 $CO_2$ 增多，储存碳源的能力强，将 $CO_2$ 更好地固定在植物体内，对净化空气、改善生态环境有着重要作用。项目不同造林模型碳汇量见表 7-7。

表 7-7   SEAP 不同造林模型碳汇量

| 造林模型 | 林龄/a | 林分密度/（株/hm²） | 林内总蓄积量/（m³/hm²） | 吸收 $CO_2$/[t/（m³·a）] | 碳汇量/[t/（hm²·a）] |
|---|---|---|---|---|---|
| S1 | 6 | 2 500 | 23.59 | 1.83 | 43.18 |
| S2 | 6 | 2 500 | 25.92 | 1.83 | 47.44 |
| S3 | 6 | 1 667 | 42.36 | 1.83 | 77.52 |
| S4 | 6 | 500 | 9.53 | 1.83 | 17.44 |
| S5 | 6 | 1 667 | 37.69 | 1.83 | 68.98 |
| S6 | 6 | 1 110 | 44.68 | 1.83 | 81.77 |
| S7 | 6 | 500 | 12.32 | 1.83 | 22.55 |
| S8 | 6 | 1 110 | 15.61 | 1.83 | 28.57 |
| Y1 | 6 | 830 | 73.63 | 1.83 | 134.74 |
| Y2 | 6 | 500 | 35.67 | 1.83 | 65.28 |
| Y3 | 6 | 830 | 66.15 | 1.83 | 121.05 |
| Y4 | 6 | 1 110 | 49.72 | 1.83 | 90.99 |
| Y5 | 6 | 1 110 | 68.97 | 1.83 | 126.22 |

（6）防风效果显著提高

滨海盐碱地改良区在造林时注重多树种、多林种、多种混交方式营造带状和块状混交林，形成林带、林网、片状用材林、片状经济林、林粮间作的带、网、片、间相结合的综合防护林体系，达到降低风速，减轻风灾对农作物的危害。滨海盐碱地改良区不同造林模型 4 月防风效应见表 7-8。

表 7-8　SEAP 滨海盐碱区不同造林模型 4 月的防风效应

| 造林模型 | 旷野风速/（m/s） | 林内风速/（m/s） | 5H 处风速/（m/s） | 10H 处风速/（m/s） | 15H 处风速/（m/s） | 林内降低风速/% | 5H 处降低风速/% | 10H 处降低风速/% | 15H 处降低风速/% | 平均降低风速/% |
|---|---|---|---|---|---|---|---|---|---|---|
| Y1 | 4.38 | 1.16 | 1.74 | 2.45 | 3.12 | 73.52 | 60.27 | 44.06 | 28.77 | 51.66 |
| Y2 | 5.12 | 1.30 | 2.04 | 3.17 | 3.83 | 74.61 | 60.16 | 38.09 | 25.20 | 49.51 |
| Y3 | 5.68 | 1.52 | 2.26 | 3.49 | 4.19 | 73.24 | 60.21 | 38.56 | 26.23 | 49.56 |
| Y4 | 4.08 | 1.14 | 1.68 | 2.56 | 2.82 | 72.06 | 58.82 | 37.25 | 30.88 | 49.75 |
| Y5 | 6.12 | 1.58 | 2.52 | 3.56 | 4.35 | 74.18 | 58.82 | 41.83 | 28.92 | 50.94 |

（7）土壤含盐量显著降低

滨海盐碱地改良区在造林时注重选择耐盐树种和品种，采用多树种混交，增加森林覆盖率，保护林下灌草植被，减少水分蒸发，防止土壤返盐；林木根系吸收土壤水分，降低地下水位，抑制土壤返盐；林分大量枯枝落叶和林下草本植物腐烂分解，改善土壤理化性状，增强雨水下渗，促进淋盐，从而达到降低土壤盐分的效果。滨海盐碱地改良区不同造林模型土壤含盐量变化见表 7-9。

表 7-9　SEAP 滨海盐碱改良区不同造林模型土壤含盐量变化

| 造林模型 | 土层厚度/cm | 荒地土壤盐分含量/% | 4 月土壤盐分含量/% | 与荒地相比盐分含量下降/% | 7 月土壤盐分含量/% | 与荒地相比盐分含量下降/% |
|---|---|---|---|---|---|---|
| Y1 | 0～20 | 0.35 | 0.08 | 0.27 | 0.06 | 0.29 |
| | 20～40 | 0.38 | 0.10 | 0.28 | 0.08 | 0.30 |
| | 40～60 | 0.37 | 0.11 | 0.26 | 0.08 | 0.29 |
| Y2 | 0～20 | 0.35 | 0.07 | 0.28 | 0.05 | 0.30 |
| | 20～40 | 0.38 | 0.09 | 0.29 | 0.06 | 0.32 |
| | 40～60 | 0.37 | 0.10 | 0.27 | 0.08 | 0.29 |
| Y3 | 0～20 | 0.35 | 0.07 | 0.28 | 0.05 | 0.30 |
| | 20～40 | 0.38 | 0.11 | 0.27 | 0.07 | 0.31 |
| | 40～60 | 0.37 | 0.13 | 0.24 | 0.09 | 0.28 |
| Y4 | 0～20 | 0.35 | 0.12 | 0.23 | 0.10 | 0.25 |
| | 20～40 | 0.38 | 0.15 | 0.23 | 0.12 | 0.26 |
| | 40～60 | 0.37 | 0.14 | 0.23 | 0.14 | 0.23 |
| Y5 | 0～20 | 0.35 | 0.09 | 0.26 | 0.07 | 0.28 |
| | 20～40 | 0.38 | 0.11 | 0.27 | 0.09 | 0.29 |
| | 40～60 | 0.37 | 0.12 | 0.25 | 0.10 | 0.27 |

（8）无火灾发生

依据《环境管理规程》各造林单位实行了"五个到位"，即管理到位、技术到位、设备到位、人员到位、保障到位，保证了项目实施期间无火灾发生。

（9）病虫害防治管理

通过实施《病虫害防治管理计划》，强化了"病虫害预测预报队伍、病虫害防治队伍、病虫害防控监理队伍"的建设，培训并普及了病虫害防治、农药安全使用知识，执行病虫害农药使用清单，采用 IPM 综合防治措施，确保了病虫害防治计划的执行，项目林达到有病有虫不成灾的效果。

## 5．经验与建议

从以上对 SEAP 环境管理措施及实施效果的分析可以看出，以《环境保护规程》和《病虫害管理计划》为主的项目环境管理措施，在项目造林和幼林抚育过程中得到了很好的贯彻和执行，并取得了显著的保护环境、增加植物多样性的效果，表明世界银行在 SEAP 中所推行的环境管理策略和方法是可行而有效的。

（1）取得的主要经验

① 在 SEAP 实施过程中，严格按环境管理计划要求进行施工，防止产生新的水土流失和环境污染。

② 在应用 13 个造林模型造林过程中，优先选择乡土树种，采用多林种、多树种、多种混交模式，采用"适宜的小穴、小苗、低密度" 造林技术，降低成本投入，保留尽量多的原生植被，维护了生物多样性。

③ 在混交林营建过程中，主要树种选择树体高大、生长迅速、材质优良、出材率高、经济效益好的树种，伴生树种选择生长稳定、枯落物丰富、改良土壤作用强、蓄水保土作用大、防护效果好、彩花彩叶鲜艳、景观效果好的树种。

④ 在抚育管理过程中，中耕除草和浇水均在穴内进行，既能减少杂草对幼树生长的影响，又能增加林地植被盖度、减少水土流失和抑制土壤返盐。修枝应在幼树生长 3 年后进行，幼树 3 年后按冠干比为 2/3 修去下部枝条，去除竞争枝、枯死枝，增加树木胸径生长和树高生长。

⑤ 在火灾与病虫害防控过程中，实行"五个到位"和"三个强化"的有效措施，有效杜绝了火灾，控制了病虫害的发生。

（2）建议

建议在全面总结环境管理经验的基础上，积极推广和应用 SEAP 的环境管理模式，在未来其他林业工程项目建设中，应把环境管理保护计划的内容和措施作为重要组成部分加以实施，使林业工程项目能够更好地实现发展森林资源、提升资源质量、保护环境及生态稳定性，促进林业可持续发展的多重目标，使林业建设和发展真正走上现代林业的轨道。

# 第八章　林业工程项目监测评估方案

　　"项目监测评估方案"的很多内容是执行"项目环境保护规程"关于生态效果、环境效果及其影响等监测方面的规定和要求，因此，两者是互为补充和不可完全分离的。

　　本章将分两节进行论述。首先以"世界银行贷款山东生态造林项目监测评估方案"作为样例，并就样例进行了分析，提出编写项目监测评估方案应注意的事项，以期达到能熟练掌握编写和执行国际金融组织贷款项目监测评估方案的目的。

## 第一节　林业工程项目监测评估方案样例

　　项目监测评估是世界银行、欧洲投资银行、亚洲开发银行等国际金融组织随时掌握项目实施进度、工程质量、目标完成情况的总抓手。在项目启动实施前，世界银行等国际金融组织要求项目建设单位向借款方提交符合要求的项目监测评估方案。因此，在林业工程项目规划时，项目建设单位必须按照国际金融组织的要求组织有关技术人员和管理人员编写"项目监测评估方案"。

　　本章以"世界银行贷款山东生态造林项目监测评估方案"为样例，并就样例进行了解析，供同行参考。

### 世界银行贷款山东生态造林项目监测评估方案

#### 一、项目概述

（一）监测与评估的目的意义

　　世界银行贷款山东生态造林项目（以下简称 SEAP）是在山东生态脆弱的退化山地植被恢复区和沿海盐碱地改良区营造人工防护林，突出森林生态效益，兼顾社会效益和经济效益，以提供社会公共产品为目的的社会公益活动的营造林项目。因此，为了对项目涉及的因素和产生的效果（包括生态效果、环境效果、社会效果、技术效果、经济效果等）与影响（环境影响和社会影响）进行全面分析评估，保证项目建设质量和进度，确保项目预期目标顺利实现，并尽可能避免或减少项目的技术、生态、环境、经济和社会的风险，特制定本项目的监测和评估方案。

（二）监测与评估的目标

监测与评估计划将达到以下目标：

（1）评估监测记录的数值和数据，判断采取的安全保障措施是否能充分起作用（包括实施期/建设期阶段和运营期阶段），如果没有，指出必要的改进或补充措施，确保项目对自然资源的可持续利用和社会公平。

（2）建立一套监测和评估项目产出和社会经济影响的系统，为动态、实时、远程控制项目提供量化标准，为项目管理层和决策者对项目进行控制、调整、管理、决策提供充分而有效的信息。对项目监测中发现的实施瓶颈，要及时采取措施，并加以消除。

（三）参照或编制依据

### 1．以往的经验

1990 年以来，山东省已成功地实施了世行贷款"国家造林项目""森林资源发展和保护项目"以及"林业持续发展项目"。三个项目都制定了《监测与评估方案》，积累了丰富的监测与评估方面的经验，培训了一批专家，为山东生态造林项目建设奠定了基础。

### 2．主要文件

在编制该项目监测与评估方案时，主要依据包括《世界银行贷款山东生态造林项目可行性研究报告》《世界银行贷款山东生态造林项目环境影响评价报告》《世界银行贷款山东生态造林项目环境保护规程》《世界银行贷款山东生态造林项目人工防护林病虫害防治管理计划》《世界银行贷款山东生态造林项目社会影响评估报告》《世界银行贷款山东生态造林项目投资实效性分析》等。

## 二、项目监测

监测主要内容包括项目发展目标、防护林年度进展和造林质量、技术服务和项目管理、财务管理和资金运转、生态环境影响和社会经济影响，其中的重点是生态环境影响监测，包括生物多样性、土壤理化性状和盐分、退化山地水源涵养与土壤侵蚀、滨海盐碱地防护林防风效果和森林病虫害的监测。

## （一）项目发展目标监测

### 1. 测定内容

主要是生态造林模型的开发应用和示范，项目区生态林面积和林木覆被率的提高。

### 2. 监测指标

树种多样性、森林覆被率、生态林面积、造林模型应用示范情况等（附件 1：附表 8-1-1）。

### 3. 监测方法

面上的监测是以小班为单位由县项目办组织人员进行数据采集。然后分别乡、县、市逐级进行汇总最后由市项目办报省项目办，其中造林实体负责自查，县项目办进行核查，市项目办组织复查，省项目办进行抽查。点上的监测由山东农业大学林学院、山东省林科院组织专家组，定点、定时与抽样相结合的方式开展相关数据的采集和汇总，并在每年的 6 月和 12 月分别上报世界银行和省项目办。设项目区和对照（非项目区）。

### 4. 监测频率

在项目实施期的第 1 年（2010 年）、第 3 年（2012 年）、第 6 年（2015 年），分前、中、后三个时间段，每间隔 2～3 年收集一次。

第 1 年，建立项目发展目标监测进度计划，建立项目发展目标监测数据库，完成第 1 年基准数据监测，掌握项目区基准数据。

第 3 年，进行中期数据监测和数据库更新，完成中期监测报告。根据监测报告对监测计划进行必要的修改或补充。

第 6 年，进行项目结束期数据监测和数据库更新，完成结束期项目发展目标监测报告。

### 5. 监测执行者

山东省林业科学研究院，山东农业大学，省、市、县项目办。

### 6. 监测活动产出

前、中、后 3 期项目发展目标监测报告，项目发展目标监测数据库。

### （二）防护林营建年度进展和造林质量监测

#### 1．监测内容

各项目单位的年度造林计划和实际完成面积，造林质量，包括苗木规格和质量、栽植、幼林抚育管护、森林防火、幼林生长等。

#### 2．监测指标

主要包括：①造林面积：退化山地植被恢复区和滨海盐碱地改良区，其中滨海盐碱地改良区沿沟渠路防护林营建用长度表示；②造林质量主要包括：造林面积核实率（造林核实面积/计划面积）、造林穴合格率、Ⅰ级苗使用率、造林成活率、保存率；③幼林生长达标率、幼林抚育和看护；④森林火灾发生面积和频率（附件1：附表8-1-2）。

#### 3．监测方法

自项目执行期开始，于每年的3月底和9月底以小班为单位监测收集数据2次，直至项目结束。监测的数据通过县级全面检查验收、市级抽查和报账提款表中获得。省项目办每年组织人员对各市项目实施情况进行抽查或全查，以便验证各市上报的数据的可靠性。其中：

①合格造林面积。以县级项目承担单位为单元，于造林后3～6年分林种开展全面调查或抽样调查，凡符合《世界银行山东生态造林项目检查验收办法》即计为保存面积。《世界银行山东生态造林项目检查验收办法》的具体要求为：凡造林面积连续成片在0.067 hm²以上的，按片林统计。乔木林带和灌木林带两行以上（包括两行）、林带宽度在4 m（灌木3 m）以上，连续面积0.067 hm²以上，且灌木林成活率在85%以上（含85%），可按面积统计。累加所有保存面积，与项目工程造林面积的比值即为保存率。

②造林成活率。是指造林后（一个生长季节）成活株数（以栽植穴或播种穴为单位，每穴成活1株即计为成活）与造林规划设计密度的比例。通过野外踏查，按照造林模型选择有代表性的地段，设置面积20 m×30 m（水平折实面积，每个标准地不少于50株）标准地，每个类型调查2～3块标准地。对于防护林带，采用机械抽样方法抽取3个标准行（每个标准行不少于50株）。实际调查标准地（行）内的成活效果（完全成活计为1，树干死亡基部萌发计为0.5），计算成活株数占造林株数（穴）的百分比。各成活率的计算方法如下：

平均成活率（%）＝∑（小班面积×小班成活率）/∑小班面积

小班成活率（%）＝∑样地（行）成活率/样地块数

样地（行）成活率（%）= 样地（行）成活株（穴）数/样地（行）栽植总株（穴）数×100

③幼林生长。通过野外踏查，按照造林模型选择有代表性的地段，划分周围边界，设置面积 20 m×30 m（水平折实面积，每个标准地不少于 50 株）的固定标准地，每个模型调查 2~3 块标准地。对标准地所有树木进行编号，实际测定树高、地径或胸径、冠幅（东西×南北），根据林冠实际面积计算郁闭度。

### 4. 监测频率

项目建设期每年 2 次（3 月底和 9 月底）。

第 1 年~第 2 年，制订并实施工程进度监测计划、建立工程进度监测数据库、现场检查验收施工进度、实际工程进度数据的加工处理和对比分析，提交年度工程施工进度报告；

第 3 年，年度现场检查和验收工程进度，工程进度数据库更新，提交年度工程进度报告，召开项目实施中期工程进度交流讨论会；

第 4 年~第 5 年，年度现场检查和验收工程进度，提交年度工程进度报告，工程进度数据库更新；

第 6 年，终期现场检查和验收工程进度，提交年度工程进度报告，工程进度数据库更新，提交项目工程进度监测终结报告，召开项目工程进度交流讨论会。

### 5. 监测执行者

省项目办会同项目市以及各县级项目单位根据项目检查验收办法和造林技术规程等到现场验收、现场核查，形成年度进度报告，并建立工程进度管理模块，定期召开现场会议等。

### 6. 监测活动产出

工程进度数据库建立和更新、工程年度进度验收报告、工程进度终结报告。

### （三）技术服务和项目管理监测

#### 1. 监测内容

监测内容 2 中技术服务和项目管理的内容，主要包括苗圃升级情况；国际国内考察、培训、技术咨询；物资采购管理等。

#### 2. 监测指标

主要包括：①升级苗圃的数量、面积及种苗供应能力、苗圃中培育的乡土树种的数量、苗圃管理人员、技术人员数量和技术水平的提高；②培训人次主要包括：出国培训、出国考察、省级培训、市级培训、县乡培训；③咨询人次主要包括：国际咨询、国内咨询；④物资采购种类和数量（附件1：附表8-1-3）。

### 3．监测方法

根据各项计划内容，自项目执行期开始每年年底收集一次，直至项目结束。监测的数据通过县级全面检查验收、市级抽查和报账提款表中获得。省项目办每年组织人员对各市项目实施情况进行抽查或全查。

### 4．监测频率

项目实施期每年2次，分别于3月底和9月底进行。

### 5．监测执行者

省级、市级、县级项目办。

### 6．监测活动产出

技术支持和项目管理计划调整，技术支持和项目管理年度计划执行报告。

## （四）财务管理和资金运转监测

### 1．监测内容

主要包括：①对各项目单位的资金管理情况、投资到位情况、资金使用情况进行监测；②对项目执行期劳动力、生产资料、产品价格进行监测；③对项目需要采购的物资设备进行监测。

### 2．监测指标

主要包括：①世界银行贷款投资额、到位率、周转时间；②省、市、县、造林单位配套资金投资额和资金到位率（实际/计划）；③物资采购资金额（附件1：附表8-1-4）。

### 3．监测方法

市级或县级项目办公室在省项目办的协调和指导下，根据项目财务管理和物资采购管理办法，检查财务报表、财务制度规范检查、年度财务审计报告，并建立财务管理模块。

### 4. 监测频率

项目建设期每年 1 次，共 6 次。其中：

第 1 年~第 2 年，制定项目财务管理制度，建立项目财务监测模块，中期和年终检查财务报表、财务制度检查、物资采购及其管理，提交年度财务审计，财务管理模块数据库更新；

第 3 年，中期和年终检查财务报表、财务制度检查、物资采购及其管理，提交年度财务审计，财务管理模块数据库更新，召开项目实施中期管理交流会；

第 4 年~第 5 年，中期和年终检查财务报表、财务制度检查、物资采购及其管理，提交年度财务审计，财务管理模块数据库更新；

第 6 年，中期和年终检查财务报表、财务制度检查、物资采购及其管理，提交年度财务审计，财务管理模块数据库更新，提交项目财务监测终结报告，召开项目管理交流会。

### 5. 监测执行者

省项目办、市项目办、县项目办共同执行。

### 6. 监测活动产出

财务管理模块，年度数据更新（数据库），年度财务审计报告。

### （五）生态环境影响监测

### 1. 监测内容

本项目通过在生态脆弱区营建生态林改善当地生态条件，其主要产出是环境效益，因此生态环境影响监测是本项目监测评估的重要内容。项目建设期的一些活动，如林地清理、整地、挖穴、栽植、浇水，营林期间的一些活动，如幼林松土、除草、防治病虫害、防火、间伐等，都可能对环境产生一定的影响。监测内容主要包括：生物多样性；土壤理化性质（物理结构、养分、水分、盐碱地盐分）；退化山地水源涵养、土壤侵蚀；滨海盐碱地防风固沙效果；各造林模型的病虫害种类、危害程度和特点以及农药的使用情况等。

### 2. 监测方法

选择有代表性的新泰市、乳山市、莒县、蒙阴县、雪野、沾化县、河口区作为生态环境影响监测区，每个造林模型选择 3 个监测点，每个监测点重复 3 次，设 1 个对照点，分别取样进行测定分析。其中各监测内容的监测指标、监测方法、监测频率、监测执行者和监测产出分别见前面第 3～7 部分。

### 3. 生物多样性监测

（1）监测指标

乔木树种种类、数量、郁闭度、分布和生长；灌木树种种类、数量、盖度、分布和生长；草本植物种类、数量、盖度、分布和生长；枯枝落叶盖度和裸露地面比率（附件 1：附表 8-1-5）。

（2）监测方法

通过踏查选择有代表性的地段，每个造林模型至少设置 3 个 10 m×10 m 的固定样方，同时在非项目区类似林分（同一树种、密度和林龄）设置对照，调查乔木树种的种类、数量和生长情况，计算乔木树种的多样性。将固定样方等分为 5 m×5 m 的 4 个小样方，调查每个小样方内的灌木种类、数量和生长情况，计算灌木树种的多样性。固定样方内选择有代表性的地段，设置至少 3 个 1 m×1 m 的小样方，调查其中的草本植物种类、数量和生长情况，计算草本植物的生物多样性。枯枝落叶盖度和裸露地面比率可以随机调查，即在林内随机选取 100 m 距离，每隔 1 m 计量是否有枯枝落叶，有枯枝落叶的点数即为枯枝落叶盖度。裸露地面比率也采用同样的办法。

（3）监测频率

项目建设期的第 1 年、第 3 年、第 6 年每年分别进行一次，监测时长为 9 天。

（4）监测执行者

山东省林业科学研究院、山东农业大学、县项目办、造林实体。

（5）监测活动产出

前、中、后期生物多样性监测报告。

### 4. 土壤物理结构、土壤养分、水分、盐碱地全盐监测

（1）监测指标

土壤容重、总孔隙度、毛管孔隙度、非毛管孔隙度、毛管最大持水量、土壤饱和含水量、土壤有机物、全氮、全磷、全钾、速效氮、速效磷、速效钾、pH 和全盐（附件 1：附表 8-1-6）。

（2）监测方法

采用固定标准样地调查与分析方法，取土壤样方进行定点观测和测定分析，做好数据收集，建立土壤物理结构、土壤肥力、水分、盐分监测数据库和土壤监测模块；在

有代表性的地段分造林模型选择有代表性的固定标准地 $0.1 \, hm^2$，在标准地内埋设专用管子，用 TDR 土壤时域反射仪测定土壤水分。在标准地内挖去土壤剖面，分层取样测定土壤，环刀法测定土壤孔隙度，火焰分光光度法测定土壤矿物质营养，定氮仪法测定土壤含氮量，丘林法测定有机质含量，电导法测定含盐量，利用土壤筛分析土壤粒径组成。

（3）监测频率

项目建设期的第 1 年、第 3 年、第 6 年，每年进行一次，每次监测时长为 6 天；

第 1 年，制订项目理化性状和土壤肥力监测计划，在不同造林模型中选择固定标准样地取土样进行土壤物理性状、肥力测定，建立土壤物理性状、肥力和盐分监测模块和数据库，提交年度土壤物理性状、肥力和盐分监测报告。

第 3 年，在不同造林模型中选择固定标准样地取土样进行土壤物理性状、肥力和盐分测定，提交年度土壤物理性状、肥力和盐分监测报告，数据库更新，召开项目实施中期土壤物理性状、肥力和盐分影响交流讨论会。

第 6 年，在不同造林模型中选择固定标准样地取土样进行土壤物理性状、肥力和盐分测定，提交年度土壤物理性状、肥力盐分监测报告和土壤物理性状、肥力盐分监测终结报告，数据库更新，召开项目实施终期土壤物理性状、肥力和盐分影响交流讨论会。

（4）监测执行者

山东农业大学、山东省林业科学研究院、县林业局项目办。

（5）监测活动产出

建立和更新土壤物理性状、肥力和盐分数据库，提交前、中、后期土壤肥力和盐分监测报告。

### 5. 退化山地水源涵养和土壤侵蚀强度监测

（1）监测指标

降雨量、土壤侵蚀量和地表径流量（附件 1：附表 8-1-7）。

（2）监测方法

降雨量数据来自省/县气象站或者自计雨量计测量。水源涵养和土壤侵蚀强度采用固定样地调查与分析方法，选择有代表性的地段，每个造林模型至少建立 3 个标地，其中水源涵养标地为 20 m×20 m，调查树木生长情况，在标地内取 0.5 m×0.5 m 样方，以相同或近似立地条件的未造林地为对照；土壤侵蚀标地为 10 m×20 m 的固定径流小区，调查树木生长情况，在径流小区周边开挖 100 cm 的深沟，埋设高强度铝塑板，对接部位用黏胶和铆钉固定，下部出水口建立沉沙池和蓄水池，雨季降雨过程中测定记录降雨进程中的地表径流过程及沉沙过程。在标准地内放置 3～5 个自记雨量桶或集水槽，降雨过程中测定林内降雨（穿透雨、林冠雨）。以相同或近似立地条件的未造林地为对照（设置同样的径流小区），观测和对比林地对水源涵养和土壤侵蚀的效益。

（3）监测频率

项目建设期的第 1 年、第 3 年、第 6 年，每年进行一次，每次在降雨后进行，每次监测时长为 5 天。

第 1 年，制订项目水源涵养和土壤侵蚀监测计划，在不同造林模型中选择固定标准样地进行水源涵养和土壤侵蚀测定、建立水源涵养和土壤侵蚀数据库，提交年度水源涵养和土壤侵蚀监测报告。

第 3 年，继续进行水源涵养和土壤侵蚀测定，水源涵养和土壤侵蚀模块数据库更新，提交年度水源涵养和土壤侵蚀监测报告，召开项目实施中期水源涵养和土壤侵蚀影响交流讨论会。

第 6 年，继续进行水源涵养和土壤侵蚀测定，水源涵养和土壤侵蚀模块数据库更新，提交年度水源涵养和土壤侵蚀监测报告，召开项目实施后期水源涵养和土壤侵蚀影响交流讨论总结会。

（4）监测执行者

山东农业大学、山东省林业科学研究院、县项目办、造林实体。

（5）监测活动产出

建立和更新水源涵养和土壤侵蚀数据库，提交前、中、后期水源涵养和土壤侵蚀监测报告。

### 6. 滨海盐碱地防护林防风效果监测

（1）监测指标

风速、风向、空气湿度、林分密度、冠幅、林分生长（附件 1：附表 8-1-8）。

（2）监测方法

在滨海盐碱地 5 种造林模型中各选择 1 处有代表性地段，每模型重复 3 次，分别在林内、距离林分或林带边缘树高 5 倍、10 倍和 15 倍和空旷地（对照）6 个地点，于夏季和冬季林木落叶后利用小型气象测定站分别测定 1 次，同时测量记录造林模型、树种、密度、林分结构、林龄、生长量、郁闭度或冠幅等。

（3）监测频率

项目建设期的第 1 年、第 3 年、第 6 年，每年进行 2 次，每次在夏季和冬季林木落叶后进行。

第 1 年，制订防风固沙监测计划。在不同造林模型中选取固定标地进行防风固沙效果测定，建立防风固沙监测数据库，完成前期防风固沙效果监测报告。

第 3 年，在不同造林模型中选取固定标地进行防风固沙效果测定，更新防风固沙监测数据库，完成中期防风固沙效果监测报告，召开中期防风固沙效果讨论会。

第 6 年，在不同造林模型中选取固定标地进行防风固沙效果测定，更新防风固沙效果数据库，完成后期防风固沙效果监测报告。

（4）监测执行者

山东省林业科学研究院、山东农业大学、县项目办。

（5）监测产出

防风固沙效果数据库建立更新，前、中、后期防风固沙效果监测报告。

### 7.森林病虫害监测

（1）监测指标

虫害种类、虫株率、病害种类、感病指数、农药种类、使用数量（附件 1：附表 8-1-9）。

（2）监测方法

采用抽样调查和固定标准样地的定点观测的调查与分析方法，每个造林模型分别选择标准地各 $0.1 \ hm^2$ 作为固定样地。

①病害的调查：种类主要有杨树溃疡病、毛白杨锈病、核桃黑斑病、核桃炭疽病、栗干枯病、杏疔病、枣疯病、枣锈病、梨黑星病、梨锈病、梨轮纹病、桃腐烂病、桃缩叶病、石榴干腐病等；时间主要根据病害的发生规律，一年调查 2～3 次，分别于每年发病高峰期和 9 月下旬进行调查，计算感病指数。

②食叶害虫的调查：应调查的害虫种类主要有美国白蛾、松毛虫、松干蚧、侧柏毒蛾、小卷蛾、杨扇舟蛾、杨尺蛾、杨小舟蛾、木橑尺蠖、枣尺蠖、枣粘虫、梨星毛虫、桃天蛾、石榴巾夜蛾、舟形毛虫、天幕毛虫等；时间是目标害虫在当地每世代幼虫的发生盛期进行。

③蛀干害虫的调查：主要种类有光肩星天牛、双条杉天牛、桑粒肩天牛、木蠹蛾、云斑白条天牛、白杨透翅蛾；时间是根据目标害虫幼虫期在当地取食盛期进行。

④发生面积统计：将每次不同种病虫调查获得的资料，依据危害程度分级按 Ⅰ～Ⅱ 级为轻，Ⅲ级为中，Ⅳ～Ⅴ级为重，分出轻、中、重，再分别统计本地的各虫发生面积，将每种病虫调查结果汇总。

病虫害监测数据的采集，见附件 2。

（3）监测频率

项目建设期每年进行一次，每次监测时长为 6～9 天，其中项目建设期的第 1 年、第 3 年、第 6 年形成森林病虫害监测报告。

第 1 年，制订病虫害监测计划。在不同造林模型中选取固定标地进行病虫害监测，建立病虫害监测数据库，完成前期病虫害监测报告，病虫害监测报告编写提纲见附件3。

第3年，继续进行不同造林模型病虫害监测，更新病虫害监测数据库，完成中期病虫害监测报告，召开中期病虫害监测讨论会。

第6年，继续进行不同造林模型病虫害监测，更新病虫害监测数据库，完成后期病虫害监测报告，召开病虫害监测总结讨论会。

（4）监测执行者

山东省林业科学研究院、山东农业大学林学院、省森防站、市级森防站、县级森防站共同承担。

（5）监测产出

森林病虫害监测数据库建立更新，前、中、后期森林病虫害监测报告。

## （六）社会经济影响监测

### 1. 监测内容

造林项目对社区社会经济的影响。

### 2. 监测指标

创造就业机会、参与项目单位数量、参与农户数量、农户对项目满意度、人均收入等（附件1：附表8-1-10）。

### 3. 监测方法

采用上门定点访问与问卷调查的形式，项目单位、项目县及省项目办分级进行数据统计，形成监测报告。

### 4. 监测频率

项目建设期第1年、第3年、第6年进行调查统计分析，具体时间在每年的最后一个季度（10—12月）进行。

第1年，制订项目社会经济影响监测计划，问卷调查或上门访问统计项目参与单位和人员（包括农户）的数量、监测他们的经济收入与生活水平情况、建立社会经济发展影响监测数据库和监测模块，提交项目前期社会经济发展影响监测报告。

第3年，统计项目参与单位和人员（包括农户）的数量、监测他们的经济收入与生活水平情况、更新社会经济发展影响监测数据库和监测模块，提交中期社会经济发展影响监测评估报告，召开项目实施中期社会经济影响分析交流讨论会。

第 6 年，统计项目参与单位和人员（包括农户）的数量、监测他们的经济收入与生活水平情况，终期社会经济发展影响模块数据库更新，提交终期社会经济发展影响监测评估报告，召开项目终期社会经济影响分析交流讨论总结会。

### 5. 监测执行者

省项目办、中国农业大学、山东农业大学林学院、市级和县级项目办、造林实体。

### 6. 监测活动产出

问卷和访谈调查统计，建立或更新数据库，前、中、后期社会经济影响分析报告。

## 三、项目评估

主要是项目实施期间或实施之后，项目对生态环境和社会经济效果产生影响的评估。

### (一) 项目生态环境影响评估

#### 1. 植物多样性的影响评价

项目实施后，对项目区植被种类分布和丰度的变化及其影响进行评估。

#### 2. 水源涵养和土壤侵蚀影响评估

水源涵养主要评估与地下水有关的内容，包括对项目实施后地下水储量、地下水径流量、径流溶解物中化学组成、地下水位变化情况及其影响进行评估。土壤侵蚀主要对水土侵蚀类型、面积及分布和侵蚀模数等的变化情况及其影响进行评价。

#### 3. 土壤肥力、水分和含盐量影响评估

项目实施后，土壤理化性状、化学性状及有机质、N、P、K、pH、微量元素、水分、盐分的变化监测及其影响评估。

#### 4. 森林病虫害发生和预防影响评估

项目实施后，对森林病虫害种类、发生频率、危害面积和危害程度、发生发展规律的影响进行评估。

### (二) 项目社会经济效果评估

主要是评估生态造林项目实施后，对项目区社会经济（项目区居民就业、收入、生活

水平和质量等）产生的影响以及效果，并对其进行客观评价。主要包括以下四个方面：

### 1．社会影响

主要通过入户调查，收集社区居民对项目的关注度、参与项目的积极性、满意度以及项目辐射带动作用等方面信息。

### 2．促进就业和经济收入

对所在地区居民就业情况、经济收入、生活水平和生活质量变化情况进行监测，并对其产生的影响和效果进行客观评价。

### 3．项目对当地经济的推动作用

对所在地区地方财政收入的变化情况进行监测，并对其产生的影响和效果进行客观评价。

### 4．生态环境意识的提高

对所在地区居民（主要是农户）和乡镇干部综合文化素质，尤其是林业和生态环境知识的变化情况进行监测，并对其产生的影响和效果进行客观评价。

## 四、项目监测与评估的技术方法和联系报告制度

### （一）技术方法

#### 1．专家论证技术监测方案

组织专家到现场进行调研和考察，检查各项监测内容和指标的监测方法是否科学规范，以了解项目监测技术问题，并提供监测建议和进行指导培训。

#### 2．建立各级监测台站

为了各子项目监测工作的顺利进行，尤其是野外监测工作，必须建立各级监测台站，以实时收集和反馈监测数据。

#### 3．监测数据收集与监测数据库的建立

各级项目办应该指定专人负责监测工作的进行，同时确定专人保管或兼管监测数据库的建立和更新，对监测资料进行登记造册、归档分类和预处理，规范监测数据。对监测资料建

立借阅制度，人员变动应办理交接手续。做到资料完整，分类准确，更新及时，查找方便。

## （二）联系报告制度

各级监测部门在每次监测任务完成之后，应于每年的 6 月 20 日前和 12 月 20 日前向省项目办提交监测数据和监测报告，省项目办负责分析处理数据，形成项目监测报告，并存入信息数据库中，各专业专家论证组对监测数据进行监测结果评价。定期向世界银行和各级有关行政管理部门提交项目监测评价报告，并及时向基层监测单位和项目实施单位反馈信息，提出建议。各级项目办在遇到突发情况（如重大疫情，火灾）时，要及时上报上一级项目办。

## 五、项目监测与评估的组织管理

### （一）省级项目监测评估组织与管理

省级项目办在山东省林业科学研究院建立了项目监测评价支持中心组，由省项目办有关成员和山东农业大学林学院、山东省林业科学研究院的专家组成，负责监测与评估计划的制订、监测体系的建立、监测任务总体安排、监测技术规程的落实，并向世界银行定期汇总提交监测评价报告。专业监测工作委托山东农业大学林学院完成，在山东省林业科学研究院成立专家论证组，对监测内容进行指导、培训和评估。

### （二）市级项目监测评估组织与管理

地市级建立了项目监测评价支持组，由市级项目办有关人员和相关领域的专家组成，负责编写县级项目监测与评估计划，并指导、培训县级项目监测人员编写监测评估实施计划，开展监测网点的布设与评价工作。

### （三）县级项目监测评估组织与管理

县级项目办建立项目监测评价支持小组，由县级项目办、县级环境监测管理站相关部门技术人员组成，其职责是：

（1）在省级监测评价支持中心组和市级监测评价支持组的指导下编写乡（镇、林场）级项目监测计划；

（2）在上级项目办和监测支持组的指导下，组织林场和乡镇技术人员进行项目监测培训，组织实施监测计划；

（3）负责监测数据库的及时更新，定期完成监测进展工作报告并上报上一级项目监测支持组织。

## 六、项目监测人员培训和技术交流

### （一）人员培训

#### 1．培训内容

主要内容包括：项目环境规程、项目社会评价、项目人工林病虫害综合管理计划、项目环境生态、社会经济、项目实施进度和质量、项目运行管理（包括财务、资金）等方面的监测与评估。

#### 2．培训方式

为全面有效地监测与评估项目实施的进度与质量以及产生对社会、经济、环境的影响，将采取多种方式对项目监测评估人员进行培训。一是举办技术讲座培训班，集中轮训省、市、县级项目监测人员；二是组织专家进行现场技术指导和咨询，通过深入基层林场或农户进行现场考察，了解生产存在的监测技术问题和薄弱环节，以便及时现场指导乡（镇或林场）监测人员提出的问题；三是组织监测人员出省或出国考察或培训，借鉴或学习先进的监测技术。

### （二）技术交流

为使项目监测评估人员熟练掌握项目监测评估方法，科学运用监测评估技巧，世界银行贷款山东生态造林项目确定，定期或不定期进行监测与评估技术交流。采取的方式有：一是在项目实施期间，利用世界银行年度现场检查的机会，省和有关市县项目监测人员与世界银行环境官员进行现场面对面的技术交流和座谈讨论；二是定期召开项目实施对社会、经济、环境影响分析年度交流讨论会；三是利用项目中期调整的机会，召开项目监测评估技术交流会或座谈会；四是利用项目竣工验收的机会，召开项目监测评估技术报告编写讲座和论证会。通过四种形式的技术交流，确保实现项目监测与评估目标。

## 七、项目监测与评估的经费预算

为做好项目的监测工作，依据每年的工作等情况，对省、市、县三级的监测费进行安排。根据本项目的监测内容和监测任务量，经测算，总费用为 600 万元，其中利用世界银行贷款 200 万元，利用市、县级提供的配套资金 400 万元。项目各年度安排为：2010 年、2011 年、2012 年、2013 年、2014 年和 2015 年分别为 210 万元、30 万元、150 万元、30

万元、30 万元和 150 万元。各项监测内容经费安排见表 8-1。

表 8-1　监测经费构成表

| 监测内容 | 经费安排 | |
|---|---|---|
| | 金额/万元 | 应用比例/% |
| 1. 项目发展目标监测 | 45 | 7.5 |
| 2. 防护林营建年度进展和造林质量监测 | 60 | 10.0 |
| 3. 技术服务和项目管理监测 | 45 | 7.5 |
| 4. 财务管理和资金运转监测 | 45 | 7.5 |
| 5. 生态环境影响监测 | 315 | 52.5 |
| 5.1 生物多样性调查 | 45 | 7.5 |
| 5.2 土壤理化性状和盐分测定 | 90 | 15.0 |
| 5.3 退化山地水源涵养和土壤侵蚀强度监测 | 60 | 10.0 |
| 5.4 滨海盐碱地防护林防风效果监测 | 60 | 10.0 |
| 5.5 森林病虫害监测 | 60 | 10.0 |
| 6 社会经济影响监测 | 30 | 5.0 |
| 7 生态环境影响评估 | 30 | 5.0 |
| 8 社会经济效果评估 | 30 | 5.0 |
| 合计 | 600 | 100.0 |

附件 1：各项监测内容指标表；

附件 2：病虫害监测数据的采集；

附件 3：病虫害监测报告编写提纲。

## 附件 1：各项监测内容指标表

### 附表 8-1-1　项目发展目标监测评估指标表

_____市（县、区）

| 内　容 | 项目区（项目县、市、区） | | | 非项目区（类似地区） | | |
|---|---|---|---|---|---|---|
| | 基准数据<br>（2010 年年底） | 中期数据<br>（2012 年年底） | 结束数据<br>（2015 年年底） | 基准数据<br>（2010 年年底） | 中期数据<br>（2012 年年底） | 结束数据<br>（2015 年年底） |
| 1 森林覆被率/% | | | | | | |
| 2 混交林面积/hm² | | | | | | |
| 2.1 退化山地 | | | | | | |
| 模型 1 面积 | | | | | | |
| 模型 2 面积 | | | | | | |
| 模型 3 面积 | | | | | | |
| 模型 4 面积 | | | | | | |
| 模型 5 面积 | | | | | | |
| 模型 6 面积 | | | | | | |
| 模型 7 面积 | | | | | | |
| 模型 8 面积 | | | | | | |
| 2.2 滨海盐碱地 | | | | | | |
| 模型 1 面积 | | | | | | |
| 模型 2 面积 | | | | | | |
| 模型 3 面积 | | | | | | |
| 模型 4 面积 | | | | | | |
| 模型 5 面积 | | | | | | |

### 附表 8-1-2　生态林营建监测指标表

_____市（县、区）

| 内　容 | 2010 年 | | 2011 年 | | 2012 年 | | 2013 年 | | 2014 年 | | 2015 年 | |
|---|---|---|---|---|---|---|---|---|---|---|---|---|
| | 计划 | 实际 | 计划 | 实际 | 计划 | 实际 | 计划 | 实际 | 计划 | 实际 | 计划 | 实际 |
| 1 造林面积/hm² | | | | | | | | | | | | |
| 1.1 退化山地/hm² | | | | | | | | | | | | |
| 青石山/hm² | | | | | | | | | | | | |
| 砂石山/hm² | | | | | | | | | | | | |
| 1.2 滨海盐碱地/hm² | | | | | | | | | | | | |
| 盐分含量<2‰ | | | | | | | | | | | | |
| 盐分含量 2‰～3‰ | | | | | | | | | | | | |
| 盐分含量>3‰ | | | | | | | | | | | | |
| 2 造林质量 | | | | | | | | | | | | |
| 2.1 造林穴合格率（按设计的标准施工）/% | | | | | | | | | | | | |
| 2.2 Ⅰ级苗使用率/% | | | | | | | | | | | | |
| 2.3 成活率/% | | | | | | | | | | | | |
| 2.4 幼林生长 | | | | | | | | | | | | |
| 生态林高生长量/m | | | | | | | | | | | | |
| 经济林产量/（kg/hm²） | | | | | | | | | | | | |
| 2.5 保存率/% | | | | | | | | | | | | |
| 3 火灾发生频率 | | | | | | | | | | | | |

附表 8-1-3　项目技术支持和项目管理监测指标表

_____ 市（县、区）

| 内　　容 | 2010 年 | | 2011 年 | | 2012 年 | | 2013 年 | | 2014 年 | | 2015 年 | |
|---|---|---|---|---|---|---|---|---|---|---|---|---|
| | 计划 | 实际 | 计划 | 实际 | 计划 | 实际 | 计划 | 实际 | 计划 | 实际 | 计划 | 实际 |
| 1 苗圃升级 | | | | | | | | | | | | |
| 1.1 苗圃数量/个 | | | | | | | | | | | | |
| 1.2 苗圃面积/hm$^2$ | | | | | | | | | | | | |
| 1.3 种苗供应能力/株 | | | | | | | | | | | | |
| 裸根苗/株 | | | | | | | | | | | | |
| 容器苗/株 | | | | | | | | | | | | |
| 1.4 苗圃中培育的乡土树种种类 | | | | | | | | | | | | |
| 2 培训和咨询/人次 | | | | | | | | | | | | |
| 2.1 出国培训 | | | | | | | | | | | | |
| 2.2 出国考察 | | | | | | | | | | | | |
| 2.3 省级培训 | | | | | | | | | | | | |
| 2.4 市级培训 | | | | | | | | | | | | |
| 2.5 县乡培训 | | | | | | | | | | | | |
| 2.6 国际咨询 | | | | | | | | | | | | |
| 2.7 国内咨询 | | | | | | | | | | | | |
| 3.设备采购 | | | | | | | | | | | | |
| 3.1 汽车 | | | | | | | | | | | | |
| 3.2 办公设备 | | | | | | | | | | | | |
| 3.3 其他 | | | | | | | | | | | | |

附表 8-1-4　财务管理和资金运转监测指标表

_____ 市（县、区）

| 内　　容 | 2010 年 | | 2011 年 | | 2012 年 | | 2013 年 | | 2014 年 | | 2015 年 | |
|---|---|---|---|---|---|---|---|---|---|---|---|---|
| | 计划 | 实际 | 计划 | 实际 | 计划 | 实际 | 计划 | 实际 | 计划 | 实际 | 计划 | 实际 |
| 1 世界银行贷款 | | | | | | | | | | | | |
| 1.1 投资额/USD | | | | | | | | | | | | |
| 1.2 到位率/% | | | | | | | | | | | | |
| 1.3 周转时间/天 | | | | | | | | | | | | |
| 2 配套资金 | | | | | | | | | | | | |
| 2.1 省级投资额/USD | | | | | | | | | | | | |
| 省级资金到位率（实际/计划）/% | | | | | | | | | | | | |
| 2.2 市级投资额/USD | | | | | | | | | | | | |
| 市级资金到位率（实际/计划）/% | | | | | | | | | | | | |
| 2.3 县级投资额/USD | | | | | | | | | | | | |
| 县级资金到位率（实际/计划）/% | | | | | | | | | | | | |
| 2.4 造林单位投资额/USD | | | | | | | | | | | | |
| 造林单位资金到位率（实际/计划）/% | | | | | | | | | | | | |
| 3 物资采购 | | | | | | | | | | | | |
| 数额/USD | | | | | | | | | | | | |

附表 8-1-5　生物多样性监测指标表

　　　　　市（县、区）

| 内　容 | 项目区（项目县） | | | 非项目区（类似地区） | | |
|---|---|---|---|---|---|---|
| | 基准数据<br>（2010 年年底） | 中期数据<br>（2012 年年底） | 项目结束数据<br>（2015 年年底） | 基准数据<br>（2010 年年底） | 中期数据<br>（2012 年年底） | 项目结束数据<br>（2015 年年底） |
| 1 乔木树种多样性 | | | | | | |
| 1.1 乔木树种种类 | | | | | | |
| 1.2 乔木树种数量 | | | | | | |
| 1.3 乔木树种生长 | | | | | | |
| 1.4 乔木郁闭度/% | | | | | | |
| 2 灌木树种多样性 | | | | | | |
| 2.1 灌木树种种类 | | | | | | |
| 2.2 灌木树种数量 | | | | | | |
| 2.3 灌木树种生长 | | | | | | |
| 2.4 灌木盖度/% | | | | | | |
| 3 草本植物多样性 | | | | | | |
| 3.1 草本植物种类 | | | | | | |
| 3.2 草本植物数量 | | | | | | |
| 3.3 草本盖度/% | | | | | | |
| 4 植物总盖度/% | | | | | | |
| 5 枯枝落叶盖度/% | | | | | | |
| 6 裸露地面比率/% | | | | | | |

附表 8-1-6　土壤物理结构、养分、水分和全盐监测指标表

　　　　　市（县、区）

| 内　容 | 项目区（项目县） | | | 非项目区（类似地区） | | |
|---|---|---|---|---|---|---|
| | 基准数据<br>（2010 年年底） | 中期数据<br>（2012 年年底） | 项目结束数据<br>（2015 年年底） | 基准数据<br>（2010 年年底） | 中期数据<br>（2012 年年底） | 项目结束数据<br>（2015 年年底） |
| 1 土壤容重/（$g/cm^3$） | | | | | | |
| 2 总孔隙度/% | | | | | | |
| 3 毛管孔隙度/% | | | | | | |
| 4 非毛管孔隙度/% | | | | | | |
| 5 毛管最大持水量 | | | | | | |
| 6 土壤饱和含水量/% | | | | | | |
| 7 土壤有机质/% | | | | | | |
| 8 全氮/% | | | | | | |
| 9 全磷/% | | | | | | |
| 10 全钾/% | | | | | | |
| 11 速效氮/% | | | | | | |
| 12 速效磷/% | | | | | | |
| 13 速效钾/% | | | | | | |
| 14 pH | | | | | | |
| 15 全盐含量/% | | | | | | |

附表 8-1-7 退化山地水源涵养和土壤侵蚀强度监测指标表

_____ 市（县、区）

| 内 容 | 项目区（项目县） | | | 非项目区（类似地区） | | |
|---|---|---|---|---|---|---|
| | 基准数据<br>（2010 年年底） | 中期数据<br>（2012 年年底） | 项目结束数据<br>（2015 年年底） | 基准数据<br>（2010 年年底） | 中期数据<br>（2012 年年底） | 项目结束数据<br>（2015 年年底） |
| 1 降雨量/mm | | | | | | |
| 2 土壤水分吸持储存量/t | | | | | | |
| 3 枝叶持水量/t | | | | | | |
| 4 枯落物持水量/t | | | | | | |
| 5 土壤侵蚀量/（t/hm²） | | | | | | |
| 6 地表径流量/（t/hm²） | | | | | | |

附表 8-1-8 滨海盐碱地防护林防风效果监测指标表

_____ 市（县、区）

| 内 容 | | 基准数据（2010 年年底） | 中期数据（2012 年年底） | 项目结束数据（2015 年年底） |
|---|---|---|---|---|
| 1 平均树高/m | | | | |
| 2 平均胸径/cm | | | | |
| 3 平均冠幅/m | | | | |
| 4 林分密度/（株/hm²） | | | | |
| 5 空气温度/℃ | | | | |
| 6 空气湿度/% | | | | |
| 7 土壤温度/℃ | | | | |
| 8 土壤湿度/% | | | | |
| 9 风向 | | | | |
| 10 风速/<br>（m/s） | 林内 0.5 m | | | |
| | 林内 2.0 m | | | |
| | 空旷地 0.5 m | | | |
| | 空旷地 2.0 m | | | |

### 附表 8-1-9　森林病虫害监测指标表

_____市（县、区）

| 内　　容 | 2010 年 | 2011 年 | 2012 年 | 2013 年 | 2014 年 | 2015 年 |
|---|---|---|---|---|---|---|
| 1 虫害 | | | | | | |
| 虫害 1 | | | | | | |
| 虫株率/% | | | | | | |
| 虫害 2 | | | | | | |
| 虫株率/% | | | | | | |
| …… | | | | | | |
| 2 病害 | | | | | | |
| 病害 1 | | | | | | |
| 病株率/% | | | | | | |
| 感病指数/% | | | | | | |
| 病害 2 | | | | | | |
| 病株率/% | | | | | | |
| 感病指数/% | | | | | | |
| …… | | | | | | |
| 3 农药使用 | | | | | | |
| 农药 1 | | | | | | |
| 使用数量/kg | | | | | | |
| 农药 1 | | | | | | |
| 使用数量/kg | | | | | | |
| …… | | | | | | |

### 附表 8 1 10　社会经济影响监测指标表

_____市（县、区）

| 内　　容 | 基准数据（2010 年年底） | 中期数据（2012 年年底） | 结束数据（2015 年年底） |
|---|---|---|---|
| 1 参与单位数量 | | | |
| 2 参与农户数量/户 | | | |
| 3 创造就业机会/（天·人） | | | |
| 4 农户对项目满意度/% | | | |
| 5 合同签订率/% | | | |
| 6 人均收入/元 | | | |

### 附件 2：病虫害监测数据的采集

#### 1．标准地和标准木的选择

标准地的设置应能代表所调查林地的基本情况，平原每 20.0～33.3 hm² 设一长条状标准地，横穿林地（林缘、林中都要有），选择标准木 20 株左右，机械抽样调查；山区 20.0 hm² 左右设一标准地，五点取样，每点选设标准木 3～5 株。

#### 2．主要病虫害的调查和观察方法

（1）主要病害的调查

① 调查的病害种类。

杨树溃疡病、毛白杨锈病、泡桐丛枝病、刺槐溃疡病、核桃黑斑病、核桃炭疽病、栗白粉病、栗干枯病、杏疗病、枣疯病、枣锈病、梨黑星病、梨锈病、梨轮纹病、桃腐烂病、桃缩叶病、石榴干腐病、苹果腐烂病、苹果轮纹病。

② 调查内容和方法。

Ⅰ．调查次数及时间

根据病害的发生规律，一年调查 2～3 次，分别于每年发病高峰期和 9 月下旬进行。

Ⅱ．调查方法

在有代表性的标准地内选择 20 株标准树，按照附表 8-2-1 的要求调查有关因子，记载发病等级。

Ⅲ．资料汇总

将所调查的原始数据使用公式：

$$\frac{\sum(\text{病级株数}\times\text{代表值})}{\text{株数总和}\times\text{发病最重一级代表值}}\times100\%$$

计算出感病指数；根据感病株数计算病株率，将有关数据汇总填入附表 8-2-2。

（2）主要食叶害虫的调查

① 调查食叶害虫的种类。

害虫种类主要有：美国白蛾、松毛虫、松干蚧、侧柏毒蛾、小皱蝽、杨扇舟蛾、杨尺蛾、杨小舟蛾、大袋蛾、无忧花茸毒蛾、木橑尺蠖、枣尺蠖、枣粘虫、梨星毛虫、梨象甲、桃天蛾、石榴巾夜蛾、舟形毛虫、天幕毛虫、苹果枯叶蛾。

② 危害等级的制定。

Ⅰ级：叶片损失率 0%～10%；Ⅱ级：叶片损失率 11%～30%；Ⅲ级：叶片损失率 31%～60%；Ⅳ级：叶损失率 61%～80%；Ⅴ级：叶片损失率＞81%。

③ 调查时间。

因虫种而异，于目标害虫在当地每世代幼虫的发生盛期进行。

④ 调查方法。

在每块标准地内，随机抽取 20 株标准树，按不同方位选取 3～4 个代表性的标准枝，每标准枝抽取 20 枚叶片结果计入附表 8-2-3。

⑤ 资料汇总。

据附表 8-2-3 所调查的数据，按附表 8-2-4 要求汇总填写。

（3）主要蛀干害虫的调查

① 调查的害虫种类。

光肩星天牛、双条衫天牛、桑粒肩天牛、木蠹蛾、云斑白条天牛、桃红颈天牛、白杨透翅蛾。

② 危害等级的制定。

Ⅰ级：主干受害率 0；Ⅱ级：主干受害率＜0.5%；Ⅲ级：主干受害率 0.6%～1.5%；Ⅳ级：主干受害率 1.6%～5%；Ⅴ级：主干受害率＞6%。

③ 调查时间。

根据目标害虫幼虫期在当地取食盛期进行。

④ 调查方法。

在每块标准地内随机抽取 20 株标准树，全株调查目标害虫蛀入孔数，有新鲜粪便（木屑）排出者，记为 1 头幼虫，结果计入附表 8-2-5。

⑤ 资料汇总。

根据附表 8-2-5 调查数据，按附表 8-2-6 要求汇总填写。

### 3. 发生面积统计

将每次不同种病虫调查获得的资料，依据危害程度分级按Ⅰ～Ⅱ级为轻，Ⅲ级为中，Ⅳ～Ⅴ级为重，分出轻、中、重，再分别统计本地的各病虫发生面积，将每种病虫调查结果汇总于附表 8-2-7 中。

附表 8-2-1　_____病发病情况统计表

县_____乡（林场）_____林地号：_____样地面积：_____代表面积_____树龄：_____

胸径：_____郁闭度：_____调查人：_____调查日期：_____

| 树号 | 被害等级 | | | | | 备注 |
|---|---|---|---|---|---|---|
| 1 | I | II | III | IV | V | |
| 2 | | | | | | |
| 3 | | | | | | |
| 4 | | | | | | |
| 5 | | | | | | |
| 6 | | | | | | |
| 7 | | | | | | |
| 8 | | | | | | |
| 9 | | | | | | |
| 10 | | | | | | |
| 11 | | | | | | |
| 12 | | | | | | |
| 13 | | | | | | |
| 14 | | | | | | |
| 15 | | | | | | |
| 16 | | | | | | |
| 17 | | | | | | |
| 18 | | | | | | |
| 19 | | | | | | |
| 20 | | | | | | |
| 病株率： | | | | 感病指数： | | |

附表 8-2-2　_____病发病情况汇总表

| 时间 | 地点 | 代表面积 | 郁闭度 | 年龄 | 胸径 | 株数 | 各级发病率 | | | | | 感病指数 | 病株率/% |
|---|---|---|---|---|---|---|---|---|---|---|---|---|---|
| | | | | | | | I | II | III | IV | V | | |
| | | | | | | | | | | | | | |
| | | | | | | | | | | | | | |
| | | | | | | | | | | | | | |
| 合计 | | | | | | | | | | | | | |
| 平均 | | | | | | | | | | | | | |

### 附表 8-2-3    食叶害虫虫口密度调查表

调查虫种：　　　　寄主：　　　　　发生世代：　　　　　_____县_____乡_____林地号
调查面积：　　　　代表面积：　　　　调查日期：　　　　　　　调查人：

| 株号 | 调查叶数 | 幼虫头数 | 虫口密度/（头/百叶） |
|---|---|---|---|
| 1 | | | |
| 2 | | | |
| 3 | | | |
| 4 | | | |
| 5 | | | |
| 6 | | | |
| 7 | | | |
| 8 | | | |
| 9 | | | |
| 10 | | | |
| 11 | | | |
| 12 | | | |
| 13 | | | |
| 14 | | | |
| 15 | | | |
| 16 | | | |
| 17 | | | |
| 18 | | | |
| 19 | | | |
| 20 | | | |
| 合计 | | | |

### 附表 8-2-4    食叶害虫发生危害情况调查汇总表

| 日期 | 调查地点 | 样地面积/hm² | 调查株数/叶片数 | 发生世代 | 幼虫（卵）总数 | 虫口密度/（头/百叶） | 虫株率/% | 代表面积/hm² |
|---|---|---|---|---|---|---|---|---|
| | | | | | | | | |
| | | | | | | | | |
| | | | | | | | | |
| | | | | | | | | |
| 合计 | | | | | | | | |
| 平均 | | | | | | | | |

### 附表 8-2-5 蛀干害虫虫口密度调查表

调查虫种: 寄主: _____县_____乡_____林地号

调查面积: 代表面积: 调查人: 调查日期:

| 株号 | | 幼虫数 | 株号 | | 幼虫数 |
|---|---|---|---|---|---|
| 1 | | | 11 | | |
| 2 | | | 12 | | |
| 3 | | | 13 | | |
| 4 | | | 14 | | |
| 5 | | | 15 | | |
| 6 | | | 16 | | |
| 7 | | | 17 | | |
| 8 | | | 18 | | |
| 9 | | | 19 | | |
| 10 | | | 20 | | |
| 合计 | | | | | |
| 平均 | | | | | |

### 附表 8-2-6 蛀干害虫危害情况调查汇总表

| 日期 | 调查地点 | 调查面积/hm² | 株数 | 活虫数量 | 虫口密度/（头/株） | 代表面积/hm² |
|---|---|---|---|---|---|---|
| | | | | | | |
| | | | | | | |
| | | | | | | |
| | | | | | | |
| | | | | | | |
| | | | | | | |
| | | | | | | |
| | | | | | | |

### 附表 8-2-7 _____病（虫）发生面积调查统计表

| 调查地点 | 调查面积/ hm² | | | | 代表面积/ hm² | | | | 寄主总面积/ hm² |
|---|---|---|---|---|---|---|---|---|---|
| | 无发生 | 轻 | 中 | 重 | 合计 | 轻 | 中 | 重 | |
| | | | | | | | | | |
| | | | | | | | | | |
| | | | | | | | | | |
| | | | | | | | | | |
| | | | | | | | | | |
| | | | | | | | | | |
| | | | | | | | | | |

## 附件 3：病虫害监测报告编写提纲

### 1. 监测点基本情况

监测点位置（坐标：纬度、经度）、名称、植被、主要树种、混交方式及比例、地形、地貌、年均降水量、极端温度、年均温度等。

### 2. 调查与监测方法

标准地的设置、踏查路线、不同病虫害的调查时间、不同虫态或不同发病时期的调查时间等数据的收集方法。

### 3. 病虫害发生及防治情况

（1）病虫害发生

分别汇总各个监测点主要病害、主要食叶害虫、主要蛀干害虫的实际发生情况，填写有关表格，同时还要记述偶发病虫害的发生危害情况。

（2）防治情况

针对灾情，采取了哪些防治措施。要分别详述化学防治的面积、农药的品种、数量，人工防治的具体方法和面积，生物防治的具体方法和面积。

### 4. 调查结果分析

病虫害发生的原因，特别是成灾的原因。同时还要说明造成偶发性害虫大发生的直接或间接原因。通过调查和观测对病虫害的发生成因有什么启发。

### 5. 建议

对调查和观测方法、防治措施的改进意见。

# 第二节　林业工程项目监测评估方案样例解析

项目监测与评估工作是国际金融组织贷款项目的主要内容，也是对项目产生的生态效果、环境效果、社会效果、技术效果、经济效果进行监控和管理的重要手段，开展项目监测与评估的目的是为了及时反馈项目执行中的信息，科学准确地反映项目治理的成就和成效，为项目管理人员提供决策依据，确保项目按既定的目标顺利进行，同时总结项目执行过程中的经验教训，推广先进经验，推动项目建设，并为同类项目的实施提供参考。

## 一、项目监测与评估方案的编制

国际金融组织贷款项目的共同特点是特别重视监测与评估工作。不同的贷款项目其监测与评估的内容不尽相同，但是都把项目的生态环境和社会经济监测与评估作为项目监测评估的首要任务。下面以世界银行贷款山东生态造林项目为例，着重探讨林业贷款项目的监测与评估的主要内容和编写框架，以期为不同贷款项目提供借鉴。

### 1. 项目监测与评估主要内容

世界银行贷款山东生态造林项目有两大生态区位组成：一是退化山地植被恢复区，其主要目标是通过造林保持水土涵养水源；二是滨海盐碱地改良区，其监测的主要目标是通过造林降低盐碱程度，改良土壤，降低风速。因此，项目的监测与评估的目标的侧重点与其他林业项目有所不同。

（1）项目监测内容

①项目发展目标监测。在项目的实施过程中，一般采用自查、复查、抽查的方法，监测生态造林模型的开发应用和示范，如项目区林木覆盖率提高情况、生态造林面积、造林模型示范推广情况等。

②防护林营建年度进展和造林质量监测。项目实施后，每年度采用全面检查验收、核查、复查的方法，监测年度造林计划和实际完成面积、造林质量，包括苗木的规格和质量、栽植质量、幼林抚育情况、森林防火情况、幼林生长达标情况等。

③技术服务与项目管理监测。世界银行贷款山东生态造林项目技术服务与项目管理监测主要监测苗圃升级、国内国外考察及培训、技术咨询、物资设备采购等方面内容。

④财务管理和资金运转监测。这部分内容的监测，主要是监测各级项目单位的资金管理、投放到位、资金使用情况，同时还要监测项目执行期间劳动力、生产资料、产品价格变动情况。

⑤生态环境监测。林业项目主要包括植物多样性、动物多样性以及植物盖度、土壤理化性状、地表径流、土壤侵蚀量、防护林防护效果、森林病虫害发生情况等的监测。

植物多样性以及植物盖度、森林覆盖率的监测，一般采用固定样地、固定样方定位监测的方法，对乔木、灌木和草本种类、数量、郁闭度（盖度）、分布和生长量进行监测。

土壤理化性状和盐分监测，采用固定样地、固定样方定位取样，室内分析测试监测的方法，对土壤容重、总孔隙度、毛管孔隙度、非毛管孔隙度、毛管最大持水量、饱和含水量、有机质、N、P、K、pH、含盐量进行监测。

退化山地地表径流量和土壤侵蚀量监测，采用径流小区观测方法，对降雨量、土壤侵蚀量、地表径流量进行监测。

滨海盐碱地防护林的防护效果监测，采用小气候自动观测的方法，对固定样地的风速、风向、空气温度、空气相对湿度进行监测。

森林病虫害监测，采用固定样地监测方法，对虫害种类、虫株率、病害种类、感病指数、农药种类及使用数量进行监测。

⑥社会经济影响监测。这部分监测内容包括：一是项目对社会产生的正面或负面的影响；二是项目的实施对当地或区域经济的影响。采用资料收集、入户调查、问卷调查的方法，对县级区域经济、参与效能单位数、参与农户数、农民对项目的满意度、创造就业机会数、人均收入等进行监测。

（2）项目评估内容

根据项目实施年度、中期和终期监测数据与结果，主要对世界银行贷款山东生态造林项目产生的生态环境影响、社会经济影响进行评估。

①项目生态环境影响评估。主要包括项目实施前后植物种类、动物种类的分布和多样性、减少地表径流和土壤侵蚀量、土壤肥力、土壤水分、土壤含盐量、生态林的防护效果、病虫害的发生和预防影响等。

②社会经济影响评估。主要包括项目的实施对项目区域经济、居民收入、劳动力就业、生活水平、生活质量、环保意识、农民参与项目的积极性、满意度、带来哪些理念或观念的更新、项目辐射带动以及示范推广效果等。

### 2. 项目监测与评估方案编写框架

编写出一个满意的项目监测与评估方案，是搞好国际金融组织贷款项目监测评价工作的前提，项目监测与评估方案的编写对项目监测评价工作至关重要。因此，只有掌握不同项目的实施特点，明确项目的实施目标，才能编写出比较满意的项目监测与评估方案。下面结合世界银行贷款山东生态造林项目监测与评估方案样例，探讨林业项目监测与评估方案编写的框架，供同行参考。

（1）概述

依据项目建设的主要目标，简要概述该项目监测与评估的目的意义、监测与评估实现的主要目标、编制依据、参照的主要法律法规等内容。

（2）项目监测的内容与方法

根据国际金融组织贷款项目的实施目标定位，确定项目的监测内容和方法。例如，世界银行贷款山东生态造林项目在其准备期间，根据生态区位和防护林营建的目标，拟订了项目的监测内容和方法。包括项目发展目标监测、防护林营建年度进展和造林质量监测、技术服务和项目管理监测、财务管理监测、资金运转监测、生态环境影响监测（生物多样性调查、土壤物理结构、土壤水分、水分运动规律、土壤全盐、水源涵养、地表径流、防护林防风效果、森林病虫害）、社会经济影响监测。

（3）项目评估的内容和方法

依据项目实施过程中的定位观测或调查，将收集到的相关数据或结果，对项目产生的生态效果、环境效果、社会效果、技术效果和经济效果进行影响评价，为项目管理者提供科学决策的依据。

（4）项目监测与评估实施的技术方法和联系报告制度

在编制《项目监测与评估实施方案》时，要组织专家到现场进行调研和考察，检查各项监测内容、指标、方法是否科学规范，提供监测建议和进行指导培训。

为了各子项目监测工作的顺利进行，在编制《项目监测与评估方案》时，尤其强调各级必须建立野外监测台（站、点）、监测报告制度和能随时更新的项目监测数据库，以实时收集和反馈监测数据。

（5）项目监测与评估实施的组织管理

项目监测与评估能否顺利开展，其实施的组织管理是保障。因此，在编写项目监测与评估实施方案时，要充分考虑其实施的组织管理体系是否健全。一般国际金融组织贷款项目的监测与评估组织管理体系，要涉及不同层次的项目管理机构，同时最好还有第三方参与，独立开展项目监测与评估工作，其对项目监测评价的结论，往往比较客观。

（6）项目监测与评估人员的培训与技术交流

为提高项目监测与评估人员的素质，确保其能准确无误地获取项目监测数据，在项目监测与评估方案中，应明确列出开展项目监测与评估人员的培训计划、培训方式、培训方法等内容。

（7）项目监测与评估实施的经费预算

项目监测与评估经费，是确保该项工作顺利开展的前提。因此，不管是世界银行、亚洲开发银行或者是欧洲投资银行等国际金融组织的贷款项目，都须从项目建设资金中列出专项经费用于项目的监测与评估工作。这部分费用，应列在项目总费用中，进行单独预算，并且预算要合理。

## 二、项目监测与评估的组织管理

世界银行、亚洲开发银行等国际金融组织，高度重视项目监测评价的组织管理与运行。在项目的立项阶段，世界银行组织环境保护、经济、林学等方面的专家，协助项目单位编制《项目监测与评估实施方案》。项目实施中期，世界银行组织专家依据项目监测检查结果，对项目进行中期评估。项目竣工后，项目经理组织项目检查验收团，依据获得的项目监测评价关键因子数据，组织专家或委托有关机构形成项目竣工报告，项目监测与评价报告作为项目竣工验收报告的重要附件材料，其中独立评估小组的独立监测评价报告，是项目最终竣工验收评级的重要参考依据。

在项目实施过程中，中方各级项目办都设有监测评价机构或配备有项目专职监测评估人员，对项目实施进度、实施质量、实施成效等方面开展监测与评估工作。有的项目还成立专门的项目监测评价组织机构，聘请有关专家组成项目评价小组对项目进展情况进行全面的检查与监督。例如，世界银行贷款山东生态造林项目设立了4级监测与评估组织，省级项目办在山东省林业科学研究院建立了项目监测评价支持中心组，由省项目办有关成员和山东农业大学林学院、山东省林业科学研究院的专家组成，负责监测与评估计划的制订、监测体系的建立、监测任务总体安排、监测技术规程的落实，并向世界银行定期汇总提交监测评价报告。地市级建立了项目监测评价支持组，由市级项目办有关人员和相关领域的专家组成，负责编写县级项目监测与评估计划，并指导、培训县级项目监测人员编写监测评估实施计划，开展监测网点的布设与评价工作。县级项目办建立项目监测评价支持小组，由县级项目办、县级环境监测管理站相关部门技术人员组成，其职责是：①在省级监测评价支持中心组和市级监测评价支持组的指导下编写乡（镇、林场）级项目监测计划；②在上级项目办和监测支持组的指导下，组织林场和乡镇技术人员进行项目监测培训，组织实施监测计划；③负责监测数据库的及时更新，定期完成监测进展工作报告并上报上一级项目监测支持组织。乡（镇、林场）级项目办建立项目监测点，负责监测数据的定期采集和数据汇总上报工作。各级监测评价机构根据《项目监测与评估实施方案》和监测评价整体规划，布设能满足项目监测评价要求的监测网点。经世界银行认可，省项目办还将山东农业大学林学院作为项目监测评估的第三方，并独立承担项目的监测、指导、培训和评估工作。

## 三、项目监测与评估方案的执行

世界银行在项目监测与评估方面，对所有项目均建立了一套监测与评估框架、程序、方法、组织、运行和管理机制，并根据不同类型的项目以及不同实施阶段的监测与评估，设计了针对性的监测评价内容框架，供在项目实施过程中执行。

### 1．监测与评估人员组成与职责划分

贷款方项目监测与评估的具体工作由世界银行项目经理负责联络，项目经理代表世界银行与借款方共同协商，制订监测与评估实施方案，协调并组织开展项目监督检查，审核借款方项目办提供的年度监测与评估报告等。

借款方项目监测与评估的具体工作由各级项目办固定专人负责。其职责是编制本辖区内项目监测与评估年度计划，并协调组织开展项目进度监测、质量监测以及成效监测等工

作。例如，世界银行贷款山东生态造林项目其监测评估人员由省级项目监测评估支持中心组、市级项目监测评估支持组、县级项目监测评估支持小组的相关人员以及山东省林业科学研究院和山东农业大学林学院专家组成。主要负责项目监测与评估实施方案的编制，年度监测计划的制订，协调并组织开展造林模型使用、环境保护、病虫害管理、化肥农药安全使用、人员培训、社会经济状况、农户参与等方面执行效果的监测评估工作，并定期形成项目监测与评估报告，提交世界银行。

### 2. 监测与评估的运行保障机制

世界银行在项目监测与评估方面，不仅确立了监测与评估在项目管理中的地位，明确了相应的责任主体，而且还规定了监测与评估的目的、内容和要求，已形成了一系列的监测与评估的运行保障机制。项目实施前的项目评估文件（PAD）作为项目谈判的技术内容之一，写入贷款协议中，作为项目实施监测与评估的依据和准则。在项目立项评估文件中，对项目监测与评估的范围、内容、关键指标和具体做法提出明确的要求，定期进行进度监测和质量监测，并要求借款国项目单位积极协助和密切配合，并在项目监测评估的人员、经费上予以保证。

为保障项目监测评价工作的顺利实施，不少项目的项目管理办法中有监测评价的章节，有的项目还制定了"项目监测评价办法"、编制了"项目监测评价技术规程"，制订了"项目监测评估实施方案"。例如，世界银行贷款山东生态造林项目制定了《项目管理办法》《项目环境保护规程》《项目监测与评估方案》《项目病虫害管理计划》，编制了有关项目监测技术标准、技术规定，印发了统一的监测评估指标、农户监测表，并从项目总投资中单列监测费用，确保了项目监测评估工作协调有序的运行。

### 3. 年度项目监测与评估计划的编制

项目监测与评估计划是项目监测评估工作的具体安排，监测与评估计划制订是以评估文件（PAD）为基础，由借贷双方共同商量确定，并确保借款方将监测评价工作安排纳入项目执行计划。

年度项目监测与评估计划是项目某一年度监测与评估工作的具体安排，监测与评估计划制订是以项目监测与评估实施方案为依据，并由项目办与监测评估支持组共同商定，并确保年度监测评估计划符合有关规定，并纳入当年项目建设中。

年度监测与评估实施计划的编制，应明确监测与评估的内容、方法、指标、频率等。具体内容包括：①监测与评估指标，监测与评估项目执行进展及是否实现目标；②要求各级项目办提供各种报告及其方法、内容和格式；③列出监测的重点，尤其是有关项目成败的风险点，并说明在项目执行过程中如何监测这些风险。

### 4. 监测评估的步骤与方法

（1）选择有代表性监测点

选好项目监测点是项目监测与评估工作的重要环节。选择的原则是，根据项目建设的目标和要求，选择有代表性的项目县的不同立地类型、不同社区、不同居民群体作为项目监测点。例如，世界银行贷款山东生态造林项目，在 9 个市 28 个县（市、区）开展项目发展目标、防护林年度进展与质量监测。选择退化山地植被恢复区的新泰、蒙阴、莒县、乳山、泗水、雪野 6 个县级项目单位和滨海盐碱地改良区的沾化、河口 2 个县级项目单位，开展生态环境影响监测与评估。在野外系统踏勘的基础上，共选择了 7 个砂石山监测点，4 个石灰岩山地监测点和 8 个滨海盐碱地监测点的造林模型作为生态环境影响评估监测点。

（2）明确年度监测计划任务

项目监测与评估年度计划任务，是根据项目建设目标设计的。从大的方向上讲，项目监测与评估年度计划任务包括：项目发展目标监测、项目进度监测、项目实施成效监测等。就具体项目而言，其年度监测任务有很大的差别。因此，在项目监测与评估方案的执行上首先要明确各年度监测计划任务，才能有针对性地开展监测与评估工作。如世界银行贷款山东生态造林项目，在项目实施的前一年，必须开展植物盖度和种类、土壤理化性质、土壤含盐量、风速等的本底调查，为后期监测评估工作打下基础，否则就不能完成项目监测评估任务。

（3）确定采用的监测方法

世界银行贷款项目是根据项目实施目标，设计项目监测方法。因此，不同的项目有不同的实施目标，其采用的监测方法不尽相同。如世界银行贷款山东生态造林项目，在选择的典型监测点上，开展生物多样性与植被盖度、土壤理化性质与盐分含量、地表径流量与土壤侵蚀量、森林病虫害发生、防护林防护效果等监测；在选择的典型社区，通过入户调查、发放问卷等形式监测项目实施区参与单位数、参与的群体（包括贫困户、中等户、富裕户以及妇女、社区干部等）、参与农户数量、创造就业机会、农户对项目满意度、人均收入等；项目进度效果监测是通过计划调控和造林实体自查、县级核查、市级复查、省级抽查获得。

### 5. 数据采集与整理

在野外调查工作的基础上，进行室内土壤样品预处理及物理化学性质的测试、病虫害种类鉴定等工作，并将数据按照监测要求进行分类汇总、整理，形成各监测指标报告表，建立监测数据库，上报监测数据。

# 第九章 林业工程项目病虫害防治与管理

"项目人工防护林病虫害防治管理计划"的很多内容是依据"项目环境保护规程"中关于树种搭配、病虫害防治、病虫害监测、农药采购、农药安全使用等方面的规定和要求编制的。因此,"环境保护规程"和"病虫害防治管理计划"两者是互为补充和不可分割的。

本章将分两节进行论述。首先以 2009 年组织编写的"世界银行贷款山东生态造林项目人工防护林病虫害防治管理计划"作为样例,然后就样例进行分析,提出编写、执行、总结和应用"项目人工防护林病虫害防治管理计划"应注意的事项,以期达到能熟练掌握编写、执行、总结和应用国际金融组织贷款"项目人工防护林病虫害防治管理计划"的目的。

## 第一节 林业工程项目病虫害防治与管理样例

（世界银行贷款山东生态造林项目人工防护林病虫害防治管理计划）

根据国务院 1989 年 12 月 18 日发布的《森林病虫害防治条例》和世界银行业务方针《病虫害综合管理》（4.09）的要求,为加强"山东生态造林项目"（以下简称 SEAP）人工防护林病虫害（文中病虫害是指害虫、害螨、植物线虫和病害）的监测与防治工作,特制订 SEAP 人工防护林病虫害防治管理计划。

### 一、山东的病虫害管理

#### 1. 病虫害防治的发展历程

（1）人工防治阶段

20 世纪 50 年代初,由政府组织广大群众分片划段,以山头、林片为单位,较大面积地进行人工防治,取得了一定效果。此间,山东省率先在国内较大规模地使用"滴滴涕"

"六六六"等有机氯化学农药防治林木害虫。1952 年林业部对林木害虫的防治方针是"治早、治小、治了",防治策略是"及时治、普遍治、连续治、彻底治"。企图依靠人海战术将病虫害全部消灭。

（2）化学农药防治阶段

20 世纪 50 年代末,化学农药已逐步推广应用于林木病虫害的防治。60 年代以后除有机氯农药外,有机磷农药开始大量使用,同时,开始使用飞机大面积防治森林害虫,取得了较好的防治效果。在"农药万能"思想的影响下,人们过分依赖农药,用药量逐步增加,化学防治面积逐年扩大,导致生态环境恶化,病、虫的抗药性明显增强。60 年代中期至70 年代末期,林业工作者逐步认识到单纯依靠化学防治并不能有效地控制林木病、虫的危害,开始探讨利用啄木鸟、灰喜鹊、赤眼蜂等天敌防治害虫,利用微生物制剂、昆虫激素等防治食叶害虫,取得较好的防治效果。随着内吸性农药投入市场,相应的防治技术逐步推广运用,人们开始采用局部施药的方法来防治害虫,这个时期对林木害虫的防治思想已有较大突破,在防治策略上采用"预防为主,积极消灭",但防治方针仍是"治早、治小、治了"。

（3）综合防治阶段

20 世纪 80 年代以来,人们已认识到无节制地滥用化学农药不仅不能有效地控制病虫害,反而对人类自身有危害。为此,1989 年在国务院颁布施行的《森林病虫害防治条例》中,明确规定了我国森林病虫害防治的方针是"预防为主,综合治理",提倡协调运用各种技术措施。如山东省林业外资与工程项目管理站和山东省林科院合作研制的针对杨树丰产林全部害虫的综合治理专家咨询系统,探讨杨树人工丰产林生态系统中害虫与杨树之间、害虫与天敌之间的相互关系。在防治策略上充分考虑系统内的自我调控能力,适时辅以必要的防治措施,对害虫进行综合治理。

2004 年 12 月,国家林业局在全国林业有害生物防治工作会议上重新确定了全国林业有害生物防治工作新方针:林业有害生物防治实行"预防为主,科学防控,依法治理,促进健康"的方针。其内涵是:贯彻预防为主方针,加强能力建设,提高有害生物防御水平;实行科学防控,推进工程治理,提高有害生物防治成效;健全法规体系,开展依法治理,全力推进法制化进程,适应林业产权制度改革形势,积极推进防治机制创新;强化治理措施,培育森林健康,把有害生物防治工作纳入林业生产的全过程。

### 2. 国家的植物保护政策

我国政府对森林病虫害防治工作很重视,强调"预防为主,综合防治"的治理策略,未来将逐步采用以生物防治为主的防治方法。我国农业部绿色食品发展中心曾对有机食品的生产发布了一个"农药使用规程",以指导"绿色"食品（A 级）和有机食品（AA 级）

的生产。

政府政策的目的旨在把病虫害的危害程度控制在较低水平，促进林业的质量和增进林业资源可持续利用。其目的也就是要保护林业资源和保护生态环境。

自 1975 年，我国政府也采用了格拉斯提出的病虫害综合管理（IMP）的定义——综合病害防治是一个系统，在与环境有关及病虫害种群变化的情况下，利用适当的技术和方法，在（生态的）尽可能兼容的情况下，把病虫害的种群维持在尽量低的经济损失水平。

经济损失水平（EIL）的定义是："需要进行病虫害防治，避免由于病虫害种群数量的增加而造成经济损失的病虫害种群密度。"

我国的政策是"谁的树，病虫害就由谁来防治"。经济林和用材林的病虫害的防治是谁种则由谁来负责，除非是灾害性的病虫害，如蝗虫。但国家级或省级的公益性防护林的病虫害防治费用，从每年的公益林补助费用中列支。

我国政府对食品安全给予了极大的关注。政府颁布的《农药管理条例》和农业部颁发的《农药安全使用标准》规定，任何农业化肥生产商生产农业化肥产品就必须遵循上述《规程》《条例》和《标准》。这些文件清楚说明了：

◆ 哪些农药适用于农业生产中病虫害的防治（非常危险的和重大毒性类的农药是禁止的）；

◆ 哪些高效的、低毒和低残留的农药，在非农药方法不能防治时，可推荐使用；

◆ 农药残留超标的农产品不得进入市场销售；

◆ 安全使用农药的方法包括：农药的形式，安全和合理使用的方法，一般的剂量和最大的剂量，在同一年内极限的使用次数，从最后一次使用到收获期的时间等。

农药管理条例鼓励使用高效、低毒和低残留农药及规定了销售农药的标准。《农药安全使用标准》《农药管理条例》中已经规定一些化学农药如对硫磷、久效磷、甲拌磷是被禁用的。

农业部的农药检验所和各省的农药检验所，是负责农产品、农药残留的监测机构（特别是蔬菜、水果和粮食作物）。

快速发展的"绿色食品"市场，通过价格的刺激已开始减少或不使用化学农药。

### 3. 国家的法制和法规

为了加强病虫害防治与检疫，中国政府颁布了《森林法》《森林病虫害防治条例》《森林植物检疫技术规程》《森林植物病虫害防治目标管理办法》和《农药管理条例》。

在《农药合理使用准则》和《农药管理条例》的实施下，病虫害综合管理（IMP）得到了推进。

关于农业化学农药的生产、销售和使用，任何一个公司要生产或复配一种农药，首先必须按照《农药管理条例》进行注册，并要符合安全、质量控制条件和对环境及对污染的控制条件。其次是任何农药销售商只有获得许可证后才能经营，而且只能销售经过注册的公司所生产的农药。剧毒和毒性大的农药不得生产、销售或用于食品生产。最后是对农药残留量超过农药残留标准（特别是蔬菜、水果和粮食作物）禁止在市场出售。

当病虫害发生严重而且使用其他的防治方法不能有效控制时，农民可以使用高效低毒的化学农药或其仿生制剂进行防治。对农民来讲，当一些病虫害严重流行时，应用化学农药进行防治是必不可少的防治方法。

国家、省、县和地方不同级别，由下列机构负责对条例的监督和实施：

①与森林病虫害有关的国家、省、县和乡镇林业主管部门；

②粮食作物和蔬菜由各级农业局（农业部、省、县和乡镇）负责；

③农业部农药检验所，各省的农药检验所负责监测农产品农药的残留（特别是蔬菜、水果和粮食作物）。

### 4．山东的病虫害管理组织机构

山东对林业病虫害防治有较完善的组织机构。山东省野生动植物保护站负责山东省林业有害生物防治的管理、指导和监测工作。

每个地级市以及县（市、区）林业局都设有病虫害防治组织，负责管理、指导和监督其辖区内的病虫害防治工作。各地级市和县（市、区）已建立了161个病虫害防治站和检疫站，人员有1 120人，其中970人是专业技术人员。全省还建立了国家级监测站（点）43个，省级监测站（点）25个，地市级监测站（点）82个，县级监测站（点）1 004个，并有737个专职和3 183个兼职技术人员从事林业有害生物的预测预报工作。

健全而完善的林业有害生物防控组织体系，确保了山东省林业有害生物防治工作的开展。

### 5．山东的病虫害科研体系及管理人才培养

山东省林业科学研究院森林保护研究所是山东省专门从事林业有害生物防治的研究机构，负责对全省林木主要病害、虫害的传播途径、危害特点、生物学特性、防治方法等方面的研究。17个地级市林业科学研究所，主要从事本辖区内的有害生物的防治研究。县级森保站和国营林场的森保人员，在进行防虫治虫的同时，也结合自己的本职工作，开展有针对性的防治方法研究。

病虫害管理人才的培养，主要依托山东农业大学植保学院和青岛农业大学植物医学学院，每年为生产一线培养大批本科毕业生，从事林木保护工作。每年全省各级保护站还通

过在职培训、轮训、现场培训等方式培训森保人员达 10 万人次，为全省森保工作的开展奠定基础。

### 6．山东的病虫害管理经验和做法

（1）病虫害综合管理（IPM）是林业部门优先推荐的防治方法

IPM 根据害虫不同的生物特点和习性，首先考虑采用检疫法、物理和机械法、营林技术以及生物法防治害虫。只有在上述方法不能成功地防治病虫害的情况下，才可采用高效低毒的化学杀虫剂。

在 IPM 方法中，特别是在生物防治方面取得了一些成功的经验。饲养赤眼蜂，然后成功地放飞用以防治害虫。利用昆虫病原体线虫可防治经济林和森林中的多种苹果小食心虫和蛀干性害虫。研究和生产出了一些生物杀虫剂如：齐墩螨素爱福丁（7051 杀虫素）和氟虫脲（卡死克）。无毒高脂膜防止病菌侵染，进而达到预防病害发生。使用有毒膜的原理是对害虫造成病原窒息。目前由于技术方面的限制，农民还不能利用生物方法防治所有的害虫。当项目地区爆发了较大面积的病虫害时，如果农民采用其他方法不能有效地控制害虫，则应使用低毒高效的化学杀虫剂。在这种情况下，化学方法是必不可少的。农药的喷洒次数随昆虫种类、树种、造林地区和林木状况的不同而变化。防治某些害虫，农民可不使用农药。例如，针对杏疗病和杏仁蜂，农民就不必使用化学农药，有效的控制方法是采用摘病枝和摘捡虫果。对苹果黄蚜这类害虫，如果苹果幼树受到严重感染，就只能使用化学杀虫剂。一般情况下，杀虫剂是用来控制梨、桃、苹果和葡萄园中的蛀果害虫。用于防护林的杀虫剂通常根据不同的地区状况、季节条件、树龄、病虫害的种群数量而定，并应尽量减少杀虫剂的使用次数。

为了有效地控制病虫害，降低病虫害对项目林的危害，建议采取以下措施：

①落实国务院有关森林病虫害防治条例、世界银行病虫害管理的业务政策和山东生态造林项目的病虫害管理计划；

②充分利用 IPM 方法中有效控制病虫害的技术，而不仅仅是化学的方法防治害虫；

③营造抗病虫害的树种，严禁采用带有病虫害的树苗造林，提倡营造混交林，反对单一树种造林，清理造林地以降低病虫害的发生；

④加强对农药采购和使用的管理；

⑤加强对农药管理的培训。

（2）项目县目前的做法

采用什么样的防治方法要根据害虫的种类和损害程度来决定。目前，化学法仍为主要的防治方法，同时也利用检疫法、物理和机械法、营林技术法、生物法防治。以哪种防治方法为主应根据病虫害的类型而定，如防治杏疗病和杏仁蜂就不需要化学农药，采用摘病枝和摘捡虫果就可有效控制。但目前在我国，控制桃蚜仍采用化学方法。

农民了解 IPM 和使用农药的新知识主要是通过观看有关农业知识的电视节目（如山东电视台的乡村季风节目）或阅读农药使用技术书籍和农药手册。政府部门开办了一些培训班，县或乡一级的技术人员通常提供一些咨询服务。一些林木保护的技术手册和教材提供有关 IPM 的方法，但这些书籍材料不能通俗易懂、简明扼要地提供所有项目林木的有关信息。

为保护健康，一些农民在喷洒农药时，穿防护衣、戴防护帽及防护面具和手套。大多数农民购买了手动喷药器，个别农民还购置了自动喷药器。农民们相互借用农药喷洒器，喷洒农药时，有些农民穿特殊的工作服。

农民在选用防治方法时主要考虑哪种方法会给他们带来最大的收益。化学方法一般见效快，效果好。但如果采用非化学方法也能给他们带来较好的净收入，农民也会放弃使用化学方法。农民根据需要购买，一般随买随用，剩下的农药存放在农民自己的储藏室中。为了使农民对其选择有充分的了解，重要的工作是让农民充分认识可供选用的各种方法及每种方法的优缺点。

病虫害防治单位应改进培训工作，加强管理、指导和监督力度，这对推动 IPM 方法的采用是十分必要的。为了使农民充分了解如何安全、有效地处理和使用农药，应进一步加强培训工作。

乡镇医院可以处理农民因使用农药造成的中毒事件。中毒严重的农民可送到县级医院。县、乡两级的医护人员都接受过治疗化学中毒的培训。

## 二、项目的病虫害管理

### 1. 病虫害的主要防治方法

（1）植物检疫

植物检疫是国家采用的防御林木或作物受到病虫害的破坏以及杂草对农作物生产区的侵害和蔓延的一种方法。我国检疫始于 20 世纪 30 年代。1991 年我国实施了《进出口植物检疫法》。在全国海关、内陆和航空港建立了 300 多个检疫机构，以防止来自国外的病虫害的进入、传播和蔓延。这些机构在防止病虫害方面起了非常重要的作用。多年来，检疫出了很多害虫，诸如地中海实蝇、美国白蛾。我国检疫的功能分为两个部分：农业检疫（由农业部国家植物保护总站）和林业检疫（由国家林业局国有林场和种苗管理总站管理）。

山东省现有各类森林植物检疫站（点）161 处，木材检疫站（点）51 处，有专职检疫员 669 人，兼职检疫员 970 人。其中隶属于省林业局的山东省森林植物检疫站负责省与省之间的植物材料运输的内部检疫；隶属于县林业局的县森林植物检疫站负责省内县与县之间植物材料运输的内部检疫。

（2）营林技术

主要措施：营造混交林或隔离带、加强抚育管理、配置诱饵树、选用抗病虫树种和采用生物工程技术培育抗病、虫树种。研究表明：混交林可改变生物群落结构，有利于天敌的生存和繁殖，可提高天敌对害虫的控制效果。合理修枝、施肥、浇水、松土除草等措施能提高林分的抵抗病虫害能力。不同的树种或品种对不同病虫害种群有不同的抗性，因此，采用生物工程技术或常规的方法选育或培育抗病虫树种是防控森林病虫害最有效的途径之一。

（3）物理和机械方法

森林病虫害防治普遍使用这一方法，原因是：①便宜——农民不需要购买农药，中国劳动力也便宜；②有效——物理的和机械的方法对防治一些病虫害非常有效（例如，在树干上包上一层带黏性的塑料纸可以防止枣尺蠖和草履蚧成虫爬上树）；③安全——无污染，环境安全和天敌安全。

物理和机械的方法可减少大量虫害的种群，避免增加其抗药性。其主要的局限性是时间长，有时需要一些专门的工具。这种方法只对某些害虫有效，是一种补充的方法。

（4）生物方法

生物防治方法对人类和牲畜、植物及环境都很安全。可多年把害虫种群控制在较低的种群。生物防治剂是一种很丰富的资源，然而生物防治的效果并不像化学农药的效果来得快，通常费用要比化学农药高，为此，经营者宁愿用化学农药而不愿用生物防治方法。

（5）化学方法

化学防治有其显著的优点：一是种类繁多，可供选用的农药达上千种；二是化学农药在任何时候都可买到，没有季节限制；三是快速高效，这是化学方法最显著的优势。但是，化学农药造成的极为严重的污染却威胁着人类和家畜的健康。杀虫剂杀死了目标害虫的许多天敌，同时也使众多害虫对化学农药产生了抗药性。

## 2．建议的病虫害防治方法

在项目地区，应认真落实"预防为主，科学防控，依法治理，促进健康"的方针，在林木病虫害防治上，应采取检疫法、物理和机械法、营林技术法、生物控制法和化学防治方法。防治病虫害时，应强调采用生物控制法，特别是生物杀虫剂。同时，应特别注意提高项目地区人工防护林的质量，减少污染，保护环境。

应通过下列措施，认真执行项目的方针：

◆　落实针对项目人工防护林树种提出的采用 IPM 方法的各项建议；

◆　编写 IPM 和安全使用农药的培训材料和计划；

◆　在 IPM 方法和安全使用农药方面，对县、乡级的项目管理人员和参加项目的农户进行培训；

◆　对项目人工防护林的病虫害进行有效的预测预报；

◆　只选用、购买那些经过批准的农药，分配给项目地区营林农户使用。

本文是省项目办为项目地区人工防护林提出的 IPM 总的原则和方法及针对项目各树种的意见。这些总的指导性文件将由市项目办进行完善，以保证这些建议适合每个项目市的实际情况。

在项目中，将对每个造林地营造树种应采用的防治方法，向县、乡技术人员和参加项目的农民进行培训。培训内容将强调非化学防治方法的重要性和潜在优势，并说明在何种情况下可利用化学方法作为非化学方法的补充。

对病虫害进行监测和预报是各级野生动植物保护站的责任，他们在有效利用 IPM 方法中起着至关重要的作用。与世界银行的政策相似，我国政府的政策同样是强调采取营林技术法、生物法和其他非化学方法防治，并配合以病虫害监测；只有在其他的防治方法无效，且病虫害监测结果显示病虫害的程度超过了经济阀值时，才可使用农药。

### 3. 造林树种的主要病虫害及农药使用种类

试验证明，当树木叶片损失低于 20% 时，树木生长几乎不受到影响。因此，当林业有害生物种群数量在低水平时不需要防治，这就是人们常说的有虫不成灾，森林维持生态平衡，森林处于健康状态。当林业有害生物打破这种平衡，但还没有爆发成灾时，IPM 是病虫害最好的治理方法。但是，当某一种有害生物种群数量增值太快，对森林造成严重危害时，农药防治是最有效的方法。

在采用化学方法防治有害生物时，人们普遍关注的是农药种类、使用方法、使用数量和用药时间以及农药残效期（主要对经济型防护林树种）。为指导造林实体安全用药，并满足世界银行对环保管理计划的要求，我们根据山东生态造林项目树种类别及主要林业有害生物的种类，制定了 SEAP 项目林树种、主要病虫害和农药使用种类（见表 9-1）以及造林树种主要病虫害名录（见附录 1），供造林实体在生产中参照执行。

表 9-1　SEAP 项目县防护林树种主要的病虫害及所使用的农药

| 树种 | 病虫害种类 | 使用的农药种类 |
|---|---|---|
| 黑松 *Pinus thunbegrii* | 赤松毛虫、日本松干蚧、松梢螟、松材线虫病、松枝枯病 | 阿维菌素、灭幼脲*、苯氧威、除虫脲、伏虫隆、阿维·除虫脲、Bt.、苦参碱、甲基托布津、百菌清 |
| 栎类 *Quercus* spp. | 黄掌舟蛾、栎褐舟蛾、舞毒蛾、栎粉舟蛾、红双线尺蠖、麻栎褐斑病、栎类白粉病 | 阿维菌素、辛硫磷、白僵菌、甲基托布津、代森锰锌、武夷菌素、抗菌霉素 120 |
| 侧柏 *Platycladus orientalis* | 侧柏松毛虫、柏毒蛾、柏大蚜、柏小爪螨、双条杉天牛、瘤胸材小蠹 | 阿维菌素、灭幼脲*、马拉硫磷、啶虫脒、白僵菌、Bt.、浏阳霉素、绿色威雷（8%氯氰菊酯微胶囊剂） |
| 黄栌 *Cotinus coggygria* var.*cinerea* | 缀叶丛螟、黄栌丽木虱、黄栌蚜、黄斑直缘跳甲、黄栌白粉病 | 阿维菌素、啶虫脒、吡虫啉、苗蒿素、抗菌霉素 120、甲基托布津、晶体石硫合剂 |
| 楸树 *Sorbus pohuashanensis* | 楸蠹野螟、霜天蛾、根结线虫病 | 阿维菌素、灭幼脲、吡虫啉、淡紫拟青霉*、棉隆、二氯异丙醚 |
| 毛白杨 *Populus tomentosa* | 白杨透翅蛾、杨扇舟蛾、春尺蛾、桑天牛、青杨天牛、毛白杨瘿螨、白杨毛蚜 | 白僵菌*、吡虫啉、灭幼脲*、绿色威雷（8%氯氰菊酯微胶囊剂）、青虫菌（苏云金杆菌）*、四螨嗪、昆虫病原线虫* |
| 意杨 *Populus × canadensis* | 光肩星天牛、桑天牛、青杨天牛、白杨透翅蛾、杨扇舟蛾、杨小舟蛾、春尺蛾、烂皮病、溃疡病 | 绿色威雷（8%氯氰菊酯微胶囊剂）、灭幼脲*、吡虫啉、白僵菌*、青虫菌（苏云金杆菌）*、昆虫病原线虫*、多菌灵、甲基托布津、内疗素、波尔多液 |
| 香椿 *Toona sinensis* | 黄刺蛾、黄缘绿刺蛾、扁刺蛾、香椿蛀斑螟、白粉病、叶锈病 | 阿维菌素、灭幼脲*、抑太保*、百菌清、抗菌霉素 120、三唑酮 |
| 白蜡 *Fraxinus velutina* | 云斑天牛、美国白蛾、小木蠹蛾、咖啡豹蠹蛾、东方胎球蚧、白蜡蚧、黄刺蛾、黄缘绿刺蛾、白蜡梢距甲 | 阿维菌素、绿色威雷（8%氯氰菊酯微胶囊剂）、灭幼脲*、松脂合剂、辛硫磷、啶虫脒、斯氏线虫、Bt.*、白僵菌*、绿僵菌* |
| 白榆 *Ulmus pumila* | 榆蓝叶甲、光肩星天牛、桑天牛、大红蛱蝶、榆绿天蛾 | 阿维菌素、绿色威雷（8%氯氰菊酯微胶囊剂）、灭幼脲*、辛硫磷、啶虫脒、斯氏线虫*、Bt.、白僵菌*、绿僵菌* |
| 刺槐 *Robinia pseudoacacia* | 折带黄毒蛾、褐纹大尺蛾、刺槐蓑蛾、豆天蛾、刺槐蚜、大球坚蚧、刺槐溃疡病 | 阿维菌素、灭幼脲*、辛硫磷、啶虫脒、辛硫磷、白僵菌、甲基托布津、多菌灵、代森锰锌、波尔多液、石硫合剂、百菌清 |
| 旱柳 *Salix matsudana* | 光肩星天牛、刺角天牛、杨柳光叶甲、杨雪毒蛾、古毒蛾、杨柳小卷蛾、黄刺蛾、黄缘绿刺蛾、柳蚜、柳窄吉丁、柳树腐烂病 | 阿维菌素、绿色威雷（8%氯氰菊酯微胶囊剂）、灭幼脲*、辛硫磷、啶虫脒、斯氏线虫、Bt.、白僵菌*、绿僵菌*、甲基托布津、百菌清、腐必清、菌毒清 |
| 苦楝 *Melia azedarach* | 片糠蚧、栎粉蠹、苦楝小卷蛾、星天牛、霜天蛾、褐斑病、丛枝病 | 阿维菌素、川楝素、绿色威雷（8%氯氰菊酯微胶囊剂）、辛硫磷、甲基托布津、多氧霉素、百菌清、四环素 |
| 国槐 *Sophora japonica* | 锈色粒肩天牛、槐尺蠖、双齿长蠹、槐羽舟蛾、国槐潜蛾、短翅芫菁、小木蠹蛾、槐树枝枯病、槐树白粉病 | 阿维菌素、辛硫磷、丙硫磷、啶虫脒、斯氏线虫、Bt.、白僵菌、绿僵菌、甲基托布津、百菌清、代森锰锌、三唑酮 |

| 树种 | 病虫害种类 | 使用的农药种类 |
|---|---|---|
| 核桃<br>*Juglans regia* | 核桃毒蛾、木寮尺蠖、核桃举肢蛾、云斑天牛、草履蚧、绿尾大蚕蛾、核桃美舟蛾、核桃细菌性黑斑病、核桃枝枯病、核桃腐烂病、核桃炭疽病 | 丙硫磷、灭幼脲*、绿色威雷（8%氯氰菊酯微胶囊剂）、氰戊菊酯氰戊菊酯、白僵菌、甲基托布津、代森锌、石硫合剂、波尔多液、土霉素、腐必清、菌毒清、福美双•福美锌、田安水剂 |
| 板栗<br>*Castanca mollissima* | 栗瘿蜂、栗大蚜、桃蛀野螟、椴始叶螨、板栗兴透翅蛾、长角凿点天牛、大圆筒象、中国绿刺蛾、板栗枝枯病、板栗腐烂病 | 吡虫啉、灭幼脲*、绿色威雷（8%氯氰菊酯微胶囊剂）、敌百虫、氰戊菊酯、甲基托布津、百菌清、腐必清、843 康复剂（腐植酸铜）、菌毒清 |
| 杏<br>*Prunus armeniaca* | 桃仁蜂、梨小食心虫、桃红颈天牛、桃粉大尾蚜、朝鲜毛球蚧、杏虎象、桑白蚧、杏疔病、杏炭疽病、杏褐腐病 | 辛硫磷、氰戊菊酯、马拉硫磷、性引诱剂、昆虫病原线虫、石硫合剂、波尔多液、福美双•福美锌、田安水剂 |
| 银杏<br>*Ginkgo biloba* | 小木蠹蛾、桑白盾蚧、大袋蛾、茶褐金龟子、银杏茎腐病、银杏苗木立枯病、银杏叶枯病 | 马拉硫磷、灭幼脲*、川楝素、波尔多液、甲基托布津 |
| 枣<br>*Ziziphus jujuba* | 桃小食心虫、枣飞象、枣尺蠖、枣瘿蚊、桃蛀果蛾、枣奕刺蛾、枣桃六点天蛾、枣星粉蚧、枣枝蜡天牛、枣镰翅小卷蛾、枣疯病、枣锈病 | 辛硫磷、灭幼脲*、氰戊菊酯、马拉硫磷、三唑酮、四环素、石硫合剂、波尔多液 |
| 梨<br>*Pyrus* spp. | 桃小食心虫、梨小食心虫、茶翅蝽、梨实蜂、中国梨喀木虱、梨花象、梨眼天牛、梨黄粉蚜、梨剑纹夜蛾、梨卷蛾、梨金缘吉丁、梨黑星病、轮纹病、梨锈病、干腐病、梨褐斑病 | 敌百虫、辛硫磷、吡虫啉、氰戊菊酯、马拉硫磷、啶虫脒*、甲基托布津、退菌特、多菌灵、亚胺唑、多抗霉素、烯唑醇、石硫合剂 |
| 柿树<br>*Diospyros kaki* | 柿绒蚧、柿蒂虫、柿梢鹰夜蛾、舞毒蛾、桃红颈天牛、无斑丽金龟、木寮尺蠖、柿垫棉蚧、柿细须螨、柿角斑病、柿炭疽病、柿白粉病 | 阿维菌素、辛硫磷、绿色威雷（8%氯氰菊酯微胶囊剂）、啶虫脒、斯氏线虫、Bt.、白僵菌、绿僵菌、甲基托布津、百菌清、代森锰锌 |
| 花椒<br>*Zanthoxylum bungeanum* | 棉蚜、二斑黑绒天牛、樗蚕、玉带凤蝶、核桃咪小蠹、马氏粉虱、流胶病、锈病、枯枝病 | 吡虫啉、退菌特、代森锌、石硫合剂、波尔多液、三唑酮 |
| 君迁子<br>*Diospyros lotus* | 柿绒蚧、柿蒂虫、柿梢鹰夜蛾、舞毒蛾、桃红颈天牛、无斑丽金龟、木寮尺蠖、角斑病、炭疽病、白粉病 | 阿维菌素、辛硫磷、啶虫脒、斯氏线虫、Bt.、白僵菌、绿僵菌、甲基托布津、百菌清、代森锰锌 |
| 茶树<br>*Camellia sinensis* | 茶用克尺蛾、茶白毒蛾、茶蓑蛾、卵形短须螨、小斑红蝽、茶丽纹象、茶炭疽病、茶轮斑病、茶云纹叶枯病 | 辛硫磷、氰戊菊酯、马拉硫磷、灭幼脲*、啶虫脒*、抑太保*、多菌灵、百菌清、甲基托布津、退菌特 |
| 桃<br>*Prunus persica* | 桃红颈天牛、桃斑蛾、桃一点斑叶蝉、桃白小卷蛾、桃剑纹夜蛾、桃小食心虫、桃蛀螟、梨小食心虫、桃蚜、透翅蛾、桑白蚧、桃缩叶病、桃褐斑穿孔病 | 白僵菌、马拉硫磷、Bt.、石硫合剂、甲氰菊酯、甲基托布津、退菌特、石硫合剂、波尔多液 |

| 树种 | 病虫害种类 | 使用的农药种类 |
|---|---|---|
| 石榴<br>*Punica granatum* | 咖啡豹蠹蛾、棉蚜、康氏粉蚧、斑须蝽、桃蛀螟、桃小食心虫、龟甲蜡蚧、紫薇绒蚧、石榴干腐病、石榴褐斑病 | 马拉硫磷、吡虫啉、灭幼脲*、川楝素、多菌灵、代森锰锌、代森锌、石硫合剂、多氧霉素 |
| 酸枣 *Ziziphus jujuba*<br>var. *spinosa* | 棉尖象、酸枣隐头叶甲、酸枣虎天牛、枣镰翅小卷蛾、黄刺蛾、黄缘绿刺蛾、扁刺蛾、酸枣疯病 | 阿维菌素、绿色威雷（8%氯氰菊酯微胶囊剂）、灭幼脲*、辛硫磷、啶虫脒、敌百虫、Bt.、白僵菌 |
| 木槿<br>*Hibiscus syriacus* | 人纹污灯蛾、棉铃实夜蛾、鼎点钻夜蛾、小造桥虫、瓜绢野螟、咖啡豹蠹蛾、棉蚜、中华糠蚧、白粉病、炭疽病 | 阿维菌素、辛硫磷、灭幼脲*、啶虫脒、敌百虫、Bt.、甲基托布津、百菌清 |
| 柽柳<br>*Tamarix. chinensis* | 柳红叶甲、蚜虫、斜带吉丁 | 阿维菌素、苦参碱、辛硫磷、吡虫啉、啶虫脒 |
| 皂角<br>*Gleaitsia sinensis* | 皂角幽木虱、日本长白蚧、蚜虫、红蜘蛛 | 阿维菌素、辛硫磷、吡虫啉 |
| 白刺<br>*Nitraria sibirica* | 灰斑古毒蛾、潜叶蛾、苗立枯病 | 阿维菌素、辛硫磷、啶虫脒、五氯硝基苯、代森锌、多菌灵 |
| 沙柳<br>*Salix cheilophila* | 柳毒蛾 | 阿维菌素、灭幼脲*、辛硫磷 |
| 杞柳<br>*Salix integra* | 东方金龟子、苹毛金龟子、柳蚜 | 阿维菌素、噻嗪酮、辛硫磷、吡虫啉 |
| 紫穗槐<br>*Amorpha fruticosa* | 紫穗槐豆象、黑瘤胸叶甲、中国豆芫菁、平肩棘缘蝽、华北大黑鳃金龟、咖啡豹蠹蛾、波翅青尺蛾、叶斑病 | 阿维菌素、灭幼脲*、辛硫磷、啶虫脒、敌百虫、Bt.、甲基托布津、百菌清、多氧霉素 |
| 沙枣<br>*Elaeagnus*<br>*angustifolia* | 土栖吉丁、沙枣尺蠖、杨十斑吉丁、八字白眉天蛾、黄褐天幕毛虫、蚧壳虫、红蜘蛛 | 阿维菌素、辛硫磷、川楝素、啶虫脒、敌百虫、Bt.、白僵菌、绿僵菌 |
| 黄荆<br>*Vitex negundo* | 重突天牛、黄带蓝天牛、黄荆眼天牛、瘤胸材小蠹、短翅大粒象、绿金叶甲、棉蚜 | 阿维菌素、辛硫磷、绿色威雷（8%氯氰菊酯微胶囊剂）、啶虫脒、白僵菌、绿僵菌、吡虫啉 |
| 郁李<br>*Prunus japonica* | 蚜虫、红蜘蛛 | 阿维菌素、啶虫脒、川楝素 |
| 胡枝子<br>*Lespedeza bicolor* | 桑褐刺蛾、短胸长足象、黑胸隐头叶甲、斑肩负泥虫、小皱蝽、吹绵蚧 | 阿维菌素、辛硫磷、敌百虫 |
| 连翘<br>*Forsythia suspensa* | 矢尖盾蚧、茶蓑蛾 | 阿维菌素、川楝素、灭幼脲* |
| 小花扁担杆<br>*Grewia biloba*<br>var.*parviflora* | 蚜虫、红蜘蛛 | 阿维菌素、啶虫脒、四螨嗪、苦蒿素、川楝素 |
| 金银花<br>*Lonicera japonica* | 咖啡虎脊天牛、金银花尺蛾、金银花白粉病 | 阿维菌素、绿色威雷（8%氯氰菊酯微胶囊剂）、灭幼脲*、辛硫磷、甲基托布津、三唑酮 |

注：带星号"*"者为生物农药；资料来源：根据各项目市、县的统计结果。

### 4．推荐的农药清单

根据上述 IPM 的方法及世界银行农药采购指南（业务政策 4.09），经过筛选，建议使用下列（详见表 9-2）农药。其他农药将在项目实施期间进行确定，在将其列入农药采购清单之前，应向世界银行提供相同的详细资料。

表 9-2　推荐使用的农药清单

| 树种 | 病虫害种类 | 使用的农药种类 | 农药分级（WHO） |
|---|---|---|---|
| 黑松<br>*Pinus thunberii* Parl. | 松材线虫病<br>松枝枯病 | 苦参碱 | III |
| | | 甲基托布津 | III |
| | | 百菌清 | III |
| | 赤松毛虫<br>日本松干蚧<br>松梢螟 | 阿维菌素 | III |
| | | 伏虫隆 | III |
| | | 苯氧威 | III |
| | | 除虫脲 | III |
| | | 阿维·除虫脲 | III |
| | | Bt* | III |
| | | 苦参碱 | IV |
| | | 灭幼脲* | III |
| 栎类<br>*Quercus* spp. | 麻栎褐斑病<br>栎类白粉病 | 甲基托布津 | III |
| | | 武夷菌素* | IV |
| | | 抗菌霉素 120* | IV |
| | | 代森锰锌 | III |
| | 黄掌舟蛾<br>栎褐舟蛾<br>舞毒蛾<br>栎粉舟蛾<br>红双线尺蠖 | 阿维菌素 | III |
| | | 辛硫磷 | III |
| | | 火幼脲* | III |
| | | 白僵菌* | IV |
| 侧柏<br>*Platycladusorientalis* Franco. | 侧柏松毛虫<br>柏毒蛾<br>柏大蚜<br>柏小爪螨<br>双条杉天牛<br>瘤胸材小蠹 | 阿维菌素 | III |
| | | 灭幼脲* | III |
| | | 马拉硫磷 | III |
| | | 啶虫脒 | III |
| | | 白僵菌* | IV |
| | | Bt* | III |
| | | 绿色威雷（8%氯氰菊酯微胶囊剂） | III |
| | | 浏阳霉素* | IV |
| 黄栌<br>*Cotinus coggygria* var.*cinerea* Engl | 白粉病<br>黄栌黄萎病 | 甲基托布津 | III |
| | | 抗菌霉素 120* | IV |
| | | 晶体石硫合剂 | III |
| | 缀叶丛螟<br>黄栌丽木虱<br>黄斑直缘跳甲<br>黄栌蚜 | 阿维菌素 | III |
| | | 吡虫啉 | III |
| | | 啶虫脒 | III |
| | | 茴蒿素 | III |

| 树种 | 病虫害种类 | 使用的农药种类 | 农药分级（WHO） |
|---|---|---|---|
| 楸树 Sorbus pohuashanensis（Hance）Heal. | 根结线虫病 | 淡紫拟青霉* | IV |
| | | 棉隆 | III |
| | 楸蠹野螟 霜天蛾 | 阿维菌素 | III |
| | | 灭幼脲* | III |
| | | 吡虫啉 | III |
| | | 二氯异丙醚 | III |
| 毛白杨 Populus tomentosa carr. | 白杨翅蛾 杨扇舟蛾 春尺蛾 桑天牛 青杨天牛 毛白杨瘿螨 | 白僵菌* | IV |
| | | 辛硫磷 | III |
| | | 四螨嗪 | III |
| | | 吡虫啉 | III |
| | | 灭幼脲* | III |
| | | 绿色威雷（8%氯氰菊酯微胶囊剂） | III |
| | | 青虫菌（苏云金杆菌）* | IV |
| | | 昆虫病原线虫* | IV |
| | 溃疡病 烂皮病 | 甲基托布津 | III |
| | | 多菌灵 | III |
| | | 代森锰锌 | III |
| | | 波尔多液 | III |
| | | 石硫合剂 | III |
| | | 三唑锡 | III |
| 意杨 Populus × canadensis Moench subsp. | 光肩星天牛 桑天牛 青杨天牛 黄斑天牛 白杨翅蛾 杨扇舟蛾 杨小舟蛾 春尺蛾 | 绿色威雷（8%氯氰菊酯微胶囊剂） | III |
| | | 灭幼脲* | III |
| | | 吡虫啉 | III |
| | | 白僵菌* | III |
| | | 青虫菌（苏云金杆菌）* | IV |
| | | 昆虫病原线虫* | IV |
| | | | IV |
| | 烂皮病 溃疡病 | 多菌灵 | III |
| | | 甲基托布津 | III |
| | | 内疗素 | IV |
| | | 波尔多液 | III |
| 香椿 Toona sinensis（A.Juss.）Roem. | 白粉病 叶锈病 | 百菌清 | III |
| | | 抗菌霉素 120 | IV |
| | | 三唑酮 | III |
| | 黄刺蛾 褐边绿刺蛾 扁刺蛾 香椿蛀斑螟 | 阿维菌素 | III |
| | | 灭幼脲* | III |
| | | 抑太保* | III |

| 树种 | 病虫害种类 | 使用的农药种类 | 农药分级（WHO） |
|---|---|---|---|
| 白蜡<br>*Fraxinus velutina* Torr. | 云斑天牛<br>美国白蛾<br>小木蠹蛾<br>咖啡豹蠹蛾<br>东方胎球蚧<br>白蜡蚧<br>黄刺蛾<br>褐边绿刺蛾<br>白蜡梢距甲 | 阿维菌素 | III |
| | | 绿色威雷（8%氯氰菊酯微胶囊剂） | III |
| | | 灭幼脲* | III |
| | | 松脂合剂 | III |
| | | 辛硫磷 | III |
| | | 啶虫脒 | III |
| | | 斯氏线虫 | IV |
| | | Bt* | IV |
| | | 白僵菌* | IV |
| | | 绿僵菌* | IV |
| 白榆<br>*Ulmus pumila* Linn. | 榆蓝叶甲<br>光肩星天牛<br>桑天牛<br>榆凤蝶<br>榆绿天蛾 | 阿维菌素 | III |
| | | 绿色威雷（8%氯氰菊酯微胶囊剂） | III |
| | | 灭幼脲* | III |
| | | 辛硫磷 | III |
| | | 啶虫脒 | III |
| | | 斯氏线虫 | IV |
| | | Bt* | IV |
| | | 白僵菌* | IV |
| | | 绿僵菌* | IV |
| 刺槐<br>*Robinia pseudoacacia* Linn. | 溃疡病 | 甲基托布津 | III |
| | | 多菌灵 | III |
| | | 代森锰锌 | III |
| | | 波尔多液 | III |
| | | 石硫合剂 | III |
| | | 百菌清 | III |
| | 黄毒蛾<br>尺蛾<br>大袋蛾 | 阿维菌素 | III |
| | | 灭幼脲* | III |
| | | 辛硫磷 | III |
| | | 啶虫脒 | III |
| | | 辛硫磷 | III |
| | | 白僵菌* | IV |
| 旱柳<br>*Salix matsudana* Koidz. | 柳树腐烂病 | 百菌清 | III |
| | | 腐必清 | III |
| | | 菌毒清 | III |
| | 光肩星天牛<br>刺角天牛<br>杨柳光叶甲<br>杨雪毒蛾<br>古毒蛾<br>杨柳小卷蛾<br>黄刺蛾<br>黄缘绿刺蛾<br>柳蚜<br>柳窄吉丁 | 阿维菌素 | III |
| | | 绿色威雷（8%氯氰菊酯微胶囊剂） | III |
| | | 灭幼脲* | III |
| | | 辛硫磷 | III |
| | | 啶虫脒 | III |
| | | 斯氏线虫 | IV |
| | | Bt* | IV |
| | | 白僵菌* | IV |
| | | 绿僵菌* | |

| 树种 | 病虫害种类 | 使用的农药种类 | 农药分级（WHO） |
|---|---|---|---|
| 苦楝 *Melia azedarach* Linn. | 褐斑病<br>丛枝病 | 甲基托布津 | III |
| | | 百菌清 | III |
| | | 多氧霉素 | IV |
| | | 四环素 | IV |
| | 片糠蚧<br>栎粉蠹<br>苦楝小卷蛾 | 阿维菌素 | III |
| | | 川楝素 | III |
| | | 绿色威雷（8%氯氰菊酯微胶囊剂） | III |
| | | 辛硫磷 | III |
| 国槐 *Sophora japonica* Linn. | 槐树枝枯病<br>槐树白粉病 | 甲基托布津 | III |
| | | 百菌清 | III |
| | | 代森锰锌 | III |
| | | 三唑酮 | III |
| | 锈色粒肩天牛<br>槐尺蠖<br>双棘长蠹<br>槐羽舟蛾<br>国槐潜蛾<br>短翅芫菁 | 阿维菌素 | III |
| | | 辛硫磷 | III |
| | | 丙硫磷 | III |
| | | 啶虫脒 | III |
| | | 斯氏线虫 | IV |
| | | Bt* | IV |
| | | 白僵菌* | IV |
| | | 绿僵菌* | IV |
| 核桃 *Juglans regia* Linn. | 黑斑病<br>枝枯病<br>腐烂病<br>炭疽病 | 甲基托布津 | III |
| | | 代森锌 | III |
| | | 石硫合剂 | III |
| | | 波尔多液 | III |
| | | 土霉素 | IV |
| | | 腐必清 | III |
| | | 菌毒清 | III |
| | | 福美双·福美锌 | III |
| | | 田安水剂 | III |
| | 举肢蛾<br>云斑天牛<br>草履蚧 | 丙硫磷 | III |
| | | 灭幼脲* | III |
| | | 绿色威雷（8%氯氰菊酯微胶囊剂） | III |
| | | 氰戊菊酯 | III |
| | | 白僵菌* | IV |
| 板栗 *Castanca mollissima* Carr. | 板栗枝枯病<br>板栗腐烂病 | 甲基托布津 | III |
| | | 百菌清 | III |
| | | 腐必清 | III |
| | | 843康复剂（腐植酸铜） | III |
| | | 菌毒清 | III |
| | 栗瘿蜂<br>栗大蚜<br>桃蛀螟<br>栗红蜘蛛<br>透翅蛾 | 灭幼脲* | III |
| | | 绿色威雷（8%氯氰菊酯微胶囊剂） | III |
| | | 敌百虫 | III |
| | | 氰戊菊酯 | III |
| | | 吡虫啉 | III |

| 树种 | 病虫害种类 | 使用的农药种类 | 农药分级（WHO） |
|---|---|---|---|
| 杏<br>*Prunus armeniaca* Linn. | 杏疔病<br>杏炭疽病<br>杏褐腐病 | 石硫合剂<br>波尔多液<br>福美双·福美锌<br>田安水剂 | III<br>III<br>III<br>III |
| | 桃仁蜂<br>梨小食心虫<br>桃红颈天牛<br>桃粉大尾蚜<br>朝鲜毛球蚧<br>杏虎象<br>桑白蚧 | 辛硫磷<br>氰戊菊酯<br>马拉硫磷<br>性引诱剂<br>昆虫病原线 | III<br>III<br>III<br>IV<br>IV |
| 银杏<br>*Ginkgo biloba* Linn. | 根茎腐病<br>银杏苗木立枯病<br>银杏叶枯病 | 波尔多液<br>甲基托布津 | III<br>III |
| | 小木蠹蛾<br>桑白盾蚧<br>大袋蛾<br>茶褐金龟子 | 马拉硫磷<br>灭幼脲*<br>川楝素 | III<br>III<br>III |
| 枣<br>*Ziziphus jujuba* Mill. | 枣疯病<br>枣锈病 | 三唑酮<br>石硫合剂<br>波尔多液<br>盐酸四环素 | III<br>III<br>III<br>IV |
| | 桃小食心虫<br>食芽象甲<br>龟甲蜡蚧<br>枣瘿蚊 | 辛硫磷<br>灭幼脲*<br>氰戊菊酯<br>马拉硫磷<br>青虫菌（苏云金杆菌） | III<br>III<br>III<br>III<br>IV |
| 梨<br>*Pyrus* spp. | 黑星病<br>轮纹病<br>梨锈病<br>干腐病<br>梨褐斑病 | 甲基托布津<br>退菌特<br>多菌灵<br>亚胺唑<br>多抗霉素*<br>烯唑醇<br>石硫合剂 | III<br>III<br>III<br>IV<br>III<br>III<br>III |
| | 桃小食心虫<br>梨小食心虫<br>茶翅蝽<br>梨实蜂<br>梨木虱<br>梨象甲 | 敌百虫<br>辛硫磷<br>吡虫啉<br>氰戊菊酯<br>马拉硫磷<br>啶虫脒* | III<br>III<br>III<br>III<br>III<br>III |

| 树种 | 病虫害种类 | 使用的农药种类 | 农药分级（WHO） |
|---|---|---|---|
| | 木寮尺蠖角斑病 | 甲基托布津 | III |
| | 炭疽病 | 百菌清 | III |
| | 白粉病 | 代森锰锌 | III |
| 柿子 | | 阿维菌素 | III |
| Diospyros | 柿绒蚧 | 辛硫磷 | III |
| kaki Linn. | 柿蒂虫 | 绿色威雷（8%氯氰菊酯微胶囊剂） | III |
| | 柿梢鹰夜蛾 | 啶虫脒 | III |
| | 舞毒蛾 | 斯氏线虫 | IV |
| | 桃红颈天牛 | Bt* | IV |
| | 无斑丽金龟 | 白僵菌* | IV |
| | | 绿僵菌* | IV |
| 花椒 | 流胶病 | 退菌特 | III |
| Zanthoxylum | | 多菌灵 | III |
| bungeanum | 锈病 | 三唑酮 | III |
| Maxim. | 枯枝病 | 石硫合剂 | III |
| | | 波尔多液 | III |
| | 蚜虫 | 吡虫啉 | III |
| | 木寮尺蠖角斑病 | 甲基托布津 | III |
| | 炭疽病 | 百菌清 | III |
| | 白粉病 | 代森锰锌 | III |
| 君迁子 | 柿绒蚧 | 阿维菌素 | III |
| Diospyros lotus Linn. | 柿滴虫 | 辛硫磷 | III |
| | 柿梢鹰夜蛾 | 啶虫脒 | III |
| | 舞毒蛾 | 斯氏线虫 | IV |
| | 桃红颈天牛 | Bt* | IV |
| | 无斑丽金龟 | 白僵菌* | IV |
| | | 绿僵菌* | IV |
| | 炭疽病 | 多菌灵 | III |
| | 白星病 | 百菌清 | III |
| | 茶饼病 | 甲基托布津 | III |
| | | 退菌特 | III |
| 茶树 | | 代森锰锌 | III |
| Camellia sinensis Linn. | 尺蛾 | 辛硫磷 | III |
| | 茶毒蛾 | 氰戊菊酯 | III |
| | | 马拉硫磷 | III |
| | | 灭幼脲* | III |
| | | 啶虫脒* | III |
| | | 抑太保* | IV |

| 树种 | 病虫害种类 | 使用的农药种类 | 农药分级（WHO） |
|---|---|---|---|
| 桃<br>*Prunus persica*（Linn.）<br>Batsch | 桃缩叶<br>穿孔病 | 甲基托布津 | III |
| | | 退菌特 | III |
| | | 石硫合剂 | III |
| | | 波尔多液 | III |
| | 桃小食心虫<br>桃蛀螟<br>李小食心虫<br>桃蚜<br>透翅蛾<br>桑白蚧 | 马拉硫磷 | III |
| | | 甲氰菊酯 | III |
| | | 苏云金杆菌* | IV |
| | | 灭幼脲* | III |
| | | 机油乳剂 | III |
| | | 白僵菌* | IV |
| 石榴<br>*Punica granatum* Linn. | 干腐病<br>褐斑病 | 多菌灵 | III |
| | | 代森锰锌 | III |
| | | 代森锌 | III |
| | | 石硫合剂 | III |
| | | 多氧霉素* | IV |
| | 桃蛀螟<br>桃小食心虫<br>龟甲蜡蚧<br>紫薇绒蚧 | 马拉硫磷 | III |
| | | 吡虫啉 | III |
| | | 灭幼脲* | III |
| | | 川楝素 | III |
| 酸枣<br>*Ziziphus jujuba* Mill.<br>var. *spinosa*（Bunge）<br>Hu ex H. F. Chow | 酸枣疯病 | 四环素 | |
| | 棉尖象<br>隐头叶甲<br>虎天牛<br>镰翅小卷蛾<br>黄刺蛾<br>黄缘绿刺蛾<br>扁刺蛾 | 阿维菌素 | III |
| | | 绿色威雷（8%氯氰菊酯微胶囊剂） | III |
| | | 灭幼脲* | III |
| | | 辛硫磷 | III |
| | | 啶虫脒 | III |
| | | 敌百虫 | III |
| | | Bt* | IV |
| | | 白僵菌* | IV |
| 木槿<br>*Hibiscus syriacus* Linn. | 白粉病<br>炭疽病 | 甲基托布津 | III |
| | | 百菌清 | III |
| | | 福美双·福美锌 | III |
| | 人纹污灯蛾<br>棉铃突夜蛾<br>鼎点钻夜蛾<br>小造桥虫<br>瓜绢野螟<br>咖啡豹蠹蛾<br>棉蚜<br>中华糠蚧 | 阿维菌素 | III |
| | | 辛硫磷 | III |
| | | 灭幼脲* | III |
| | | 啶虫脒 | III |
| | | 敌百虫 | III |
| | | Bt* | IV |

| 树种 | 病虫害种类 | 使用的农药种类 | 农药分级（WHO） |
|---|---|---|---|
| 柽柳<br>*Tamarix chinensis* Lour. | 红柳条叶甲<br>蚜虫<br>斜带吉丁 | 阿维菌素<br>苦参碱<br>辛硫磷<br>吡虫啉<br>啶虫脒 | III<br>III<br>III<br>III<br>III |
| 皂角 *Gleaitsia sinensis*Lam. | 皂角幽木虱<br>蚜虫<br>红蜘蛛 | 阿维菌素<br>辛硫磷<br>吡虫啉 | III<br>III<br>III |
| 白刺 *Nitraria sibirica* Pall. | 苗立枯病<br><br>灰斑古毒蛾<br>潜叶蛾 | 五氯硝基苯<br>代森锌<br>多菌灵<br>阿维菌素<br>辛硫磷<br>啶虫脒 | III<br>III<br>III<br>III<br>III<br>III |
| 沙柳 *Salix cheilophila* Schneid. | 柳毒蛾 | 阿维菌素<br>灭幼脲*<br>辛硫磷 | III<br>III<br>III |
| 杞柳 *Salix integra* Thynb. | 东方金龟子<br>苹毛金龟子 | 阿维菌素<br>噻嗪酮<br>辛硫磷<br>吡虫啉 | III<br>III<br>III<br>III |
| 紫穗槐<br>*Amorpha fruticosa* Linn. | 叶斑病<br><br><br>紫穗槐豆象<br>黑瘤胸叶甲<br>中国豆芫菁<br>屏间棘缘蝽<br>华北大黑鳃金龟<br>咖啡豹蠹蛾<br>波翅青尺蛾 | 甲基托布津<br>百菌清<br>多氧霉素*<br>阿维菌素<br>灭幼脲*<br>辛硫磷<br>啶虫脒<br>敌百虫<br>Bt* | III<br>III<br>IV<br>III<br>III<br>III<br>III<br>III<br>IV |
| 沙枣<br>*Elaeagnus angustifolia* Linn. | 土栖吉丁<br>沙枣尺蠖<br>杨十斑吉丁<br>八字百眉天蛾<br>黄褐天幕毛虫<br>蚧壳虫<br>红蜘蛛 | 阿维菌素<br>辛硫磷<br>川楝素<br>啶虫脒<br>敌百虫<br>Bt*<br>白僵菌*<br>绿僵菌* | III<br>III<br>III<br>III<br>III<br>IV<br>IV<br>IV |

| 树种 | 病虫害种类 | 使用的农药种类 | 农药分级（WHO） |
|---|---|---|---|
| 黄荆<br>*Vitex negundo* Linn. | 重突天牛 | 阿维菌素 | III |
| | 黄带蓝天牛 | 辛硫磷 | III |
| | 黄荆眼天牛 | 绿色威雷（8%氯氰菊酯微胶囊剂） | III |
| | 瘤胸材小蠹 | 啶虫脒 | III |
| | 短翅大粒象 | 吡虫啉 | III |
| | 绿金叶甲 | 白僵菌* | IV |
| | 棉蚜 | 绿僵菌* | IV |
| 郁李<br>*Prunus japonica* Thunb. | 蚜虫 | 阿维菌素 | III |
| | 红蜘蛛 | 啶虫脒 | III |
| | | 川楝素 | III |
| 胡枝子<br>*Lespedeza bicolor*<br>Turcz. | 桑褐刺蛾 | 阿维菌素 | III |
| | 短胸长足象 | | |
| | 黑胸隐头叶甲 | 辛硫磷 | III |
| | 斑肩负泥虫 | 敌百虫 | III |
| | 小皱蝽 | | |
| | 吹绵蚧 | | |
| 连翘 *Forsythia suspensa*<br>（Thunb.）Vahl. | 矢尖盾蚧 | 阿维菌素 | III |
| | | 川楝素 | III |
| | | 灭幼脲* | III |
| 小花扁担杆 *Grewia*<br>*biloba* G.Donvar.<br>*parviflora*（Bunge）<br>Hand.-Mazz. | 蚜虫<br>红蜘蛛 | 阿维菌素 | III |
| | | 啶虫脒 | III |
| | | 四螨嗪 | III |
| | | 苦蒿素* | III |
| | | 川楝素 | III |
| 金银花 *Lonicera*<br>*japonica* Thunb. | 金银花白粉病 | 甲基托布津 | III |
| | | 三唑酮 | III |
| | 咖啡虎脊天牛<br>金银花尺蛾 | 阿维菌素 | III |
| | | 绿色威雷（8%氯氰菊酯微胶囊剂） | III |
| | | 灭幼脲* | III |
| | | 辛硫磷 | III |

注：（1）带星号"*"者为生物农药；（2）如果发生表 9-2 中以外的新种类病虫害，当选用表 9-2 中农药不能有效防治时，还可以增加使用表 9-2 以外的农药种类；但是，所有被使用的农药必须符合和遵照要求和中国的政策法规。

### 5. 病虫害管理的监测

（1）病虫害管理计划监测的注重点

为了认真贯彻落实"预防为主，科学防控，依法治理，促进健康"的林业有害生物防治的方针，指导"山东生态造林项目"人工防护林病虫害的综合治理，确保在 SEAP 项目的实施中进一步增强生态环境效益，将可能产生的对自然环境造成的负面影响减至最小或消除，以确保全面实现项目预期的各项生态环境效益目标。

为此，病虫害管理计划监测要求注重以下方面：

①为 IPM 和农药安全使用编制培训教材和计划；

②在 IPM 方法和农药安全使用方法方面，培训县级和乡级的项目工作人员及项目区农民；

③有效监测和预报项目造林树种的主要病虫害发生期和危害程度；

④为项目区筛选、购买、分配和使用被批准的最合适的农药；

⑤监测"人工防护林病虫害防治管理计划"的执行效果等。

（2）监测点的布设

根据项目布局，应在营造的防护林分中设立省级、市级、县级三级监测样点。省级监测样点每个市至少布设 1 处；市级监测样点每个市不少于 2 处；县级监测样点每个县不少于 3 处。通过三级监测样点的布设，确保随时获得病虫害发生数据，同时追踪监测培训、农药采购、农药安全使用等方面信息。监测样点的病虫害监测任务应纳入同级野生动植物保护站的日常工作中。

（3）监测指标及数据的采集和应用

病虫害管理监测是本项目"监测实施方案"中的内容之一，项目防护林食叶害虫、蛀干害虫、感病指数、危害面积等病虫害危害等级指标可详细参照项目"监测实施方案"；培训、农药安全使用等方面的监测指标列入表 9-3 中，由县级项目办在项目实施过程中进行监测和填报。

表 9-3　病虫害管理监测指标表

| 危害程度/ hm² | | | | | | 培训 | | | 农药安全使用 | | |
|---|---|---|---|---|---|---|---|---|---|---|---|
| Ⅰ级 | Ⅱ级 | Ⅲ级 | Ⅳ级 | Ⅴ级 | 合计 | 发放材料/份 | 乡镇级人员/人次 | 造林实体/人次 | 使用推荐的农药占/% | 施药数量/kg | 防治措施中 IPM 占/% |
| | | | | | | | | | | | |
| | | | | | | | | | | | |

注：依据危害程度分级按Ⅰ～Ⅱ级为轻，Ⅲ级为中，Ⅳ～Ⅴ级为重；其中 Ⅳ～Ⅴ级需要防治。

省、市、县和乡镇（包括林场）级病虫害监测点的病虫害发生情况，统一由县林业局项目办和野生动植物保护站进行观察或调查，其数据由县林业局项目办汇总上报至所辖区市林业局项目办和省项目办。省项目办据此信息发布病虫害发生发展程度和趋势预报。

IPM 的使用、农药的使用种类、安全使用知识、农药采购名录等相关信息的采集，统一由县林业局项目办负责。在病虫害发生季节和农药使用、采购时，进行随机调查，抽样比不少于总项目实施单位的 5%。调查结果作为项目县评价自身 IPM 和安全使用农药情况的依据，其评价结论于每年的 6 月 30 日和 12 月 31 日上报所辖区市林业局项目办和省项目办。

## 三、项目的组织和管理

### 1. 机构安排

省、市、县项目办负责实施病虫害管理计划。职责包括指导各项目单位实施病虫害管理计划，培训各级林业技术人员和农民，监测培训和病虫害综合管理方法的应用。

通过与世界银行磋商，省项目办将批准规定的农药清单，项目资金仅能购买清单上的农药。各级项目办要详细地保存记录，以便对采购进行监测。

省项目办将根据省内出售农药的名称，修改规定的农药清单。该清单将作为各级项目办为县、乡技术人员和农户举办培训班的依据。省、市项目办将监测县项目办的培训，以及对病虫害综合管理方法的应用。

县项目办将负责对林业人员（县和乡）和农户的培训，以及病虫害综合管理方法的应用。

省项目办制定的本项目的 IMP 总的原则和方法，以及对各项目树种的具体建议；市项目办要对这些总则进行细化，以保证这些建议更符合有关条件，并适用于低水平技术员和农民的培训。

### 2. 农药管理

省项目办制定农药检验政策并批准项目采购。市项目办根据项目政策委托县项目办采购农药。

每个造林实体应根据病虫害的预测拟定需要的农药名称、剂量等，向县级项目办汇报。县级项目办向市级项目办汇报，市级项目办与省项目办一起，根据项目规程来安排批量的采购名录。

应委派技术人员押送农药，以保证农药及时安全地运送到目的地。一旦装盛农药的容器损坏，必须采取有效的补救方法，以防止污染环境。县级项目办将保留运输和交货的原始记录。

根据规定，项目县林业局应用其设施储存项目农药。为造林实体提供服务的单位和零售商店应维护其储存设施。

县林业局和乡林业站技术人员将对病虫害进行诊断，并为林农提供采用规定的农药进行病虫害管理的建议。根据需要，技术人员将依次与有关省级专家或机构进行磋商。这些机构应包括省森林病虫害防治检疫站、有关农业大学或林业大学的植保学院。

### 3．农药的安全使用

建议遵循以下步骤：

（1）建议林农根据每块造林地的树种、县林业局项目办和野生动植物保护站的病虫害监测报告，在用药前进行科学用药培训。

（2）林农如需要较大量的农药，可以直接从县项目办获得；少量的农药可以直接从乡（镇）农药店购买，该农药店提供的农药必须是县级项目办批准的农药。

（3）为了有效防治病虫害，根据不同种类病虫害的生物学特性、损失面积和危害程度采用不同的喷洒方法。县级野生动植物保护站的人员，针对发生病虫害的树种提出使用正确的农药和喷洒路线。

（4）市级项目办将保证与有关专家磋商，以形成适合当地情况的具体建议。专家将包括省野生动植物保护站、农业大学的植保学院、省经济林站和省林科院森保所的有关人员。

（5）要考虑农药的正常周期，以减轻病害虫的抗药性，降低农药对植物的损害。市级项目办确保与有关专家进行磋商，制定合适的建议。这些建议将被纳入培训计划、各点的技术建议和农药采购规程。

（6）各项目点的农民或林农将参加该项目执行过程中有关安全使用农药和农药使用方法的培训。

（7）培训班将重点强调使用农药时穿防护衣的重要性，包括使用合适的工作服、防护帽、面罩、手套和鞋，剩余的农药应合理储存或安全处理。

（8）培训班需要强调严格遵守农药使用规程，以避免污染居民区、水源和牧场。

（9）每个造林实体剩余的农药应退回到指定的农药储存仓库。根据有关法律和规定，空的农药容器需要退回到指定的仓库以便重复使用或处理（深埋）。

（10）县级项目办和乡（镇）有关技术人员，将强调农药管理有效程序的重要性。

### 4．农药采购

每个造林实体要根据病虫害的预测以及所需农药的名称、数量、剂量，向县级项目办汇报。县级项目办向市级项目办汇报，由市级和省级项目办汇总，根据项目的规程安排是否需要批量采购。

采购的农药应该遵循《世界银行项目物资和设备采购办法》，并使用配套资金进行采购。如果一个乡镇的采购量小，造林实体可按批准的农药采购名录到乡镇农药供销点采购；如果一个乡镇的采购量比较大，则由县级项目办负责组织采购。省级项目办制定项目农药采购审批政策，以确保项目资金仅采购规定农药清单上的农药。

### 5. 人员培训

该项目将为项目县和项目乡的技术人员举办培训班，林农将参加各地点有关树种的培训。项目市根据病虫害综合管理办法和各树种安全使用农药的建议，举办培训班。培训要基于推荐的 IMP 的方法和各市各树种农药安全使用措施进行。

省项目办将根据项目实施情况与各市的实际，修改本管理计划。市级项目办将基于本管理计划对市级项目培训计划做出安排，并吸收省、县主要技术人员的建议，准备培训材料和培训计划。市项目办还要对为项目县、项目乡级技术人员准备的培训材料和培训计划做出安排。项目县负责对林农的培训和准备示范使用的培训材料。

（1）培训内容

法律和法规的培训：包括《森林法》《环境保护法》《森林病虫害防治条例》《病虫害综合管理计划》《世界银行行业政策》，并根据培训人员水平进行调整。

技术知识培训：病虫害的识别、生活史、生物学特性、防治技术、病虫害的基本知识、农药管理和安全使用。培训深度将根据参加培训人员的水平进行调整。

实地操作：为林农进行正确和安全的使用农药的实地示范。

（2）培训组织方式

一般的培训以如下方法进行组织：

◆ 省项目办负责对市级或部分县级技术人员进行培训。

◆ 各市项目办负责举办市级培训班，主要培训对象是县级技术人员；省项目办对市级培训班进行跟踪检查。

◆ 县林业局野生动植物保护站的人员负责举办对乡镇或林场技术人员的培训；市项目办对县级培训班进行跟踪检查。

◆ 乡镇级技术员采用基础教育资料，进行实地操作示范，为农民和林农举办现场培训，向农民和林农讲解农药的毒性、残效期、使用方法以及防护知识等。对农民和技术人员进行的培训课程应主要在实地和苗圃进行；县项目办对乡镇级培训班进行跟踪检查。

市、县项目办应根据 IPM 的要求和项目建设地点的实际，有计划地安排培训，每年进行一次。各级的培训安排记录应提供给上一级项目办，以便监测。

（3）培训计划和预算

项目实施期间，每个市应制订总的培训计划和预算，包括每年培训班的次数、参加人数、培训地点、培训计划和培训资料的详细情况。省项目办应事先批准详细的年度培训计划。预算应说明准备培训资料和培训的单位成本（每人每天）。培训活动支付的依据是：①编制的培训资料；②可监测的举办培训班证据（参加人数、教员和期限的记录）。

省项目办将根据市项目办准备的详细年度预算和总体培训计划，修改表 9-4 中的预算。

表 9-4　培训预算估计表

| 培训内容 | 培训对象 | 培训课程数量/个 | 参加培训人员数量/人次 | 估计费用/万元 |
|---|---|---|---|---|
| 合计 | | 654 | 99 912 | 79.18 |
| 1. 省级 | | 4 | 72 | 6.48 |
| （1）法律和法规 | | | | |
| （2）农药安全使用和管理 | 市级林业局项目办环保人员 | 4 | 72 | 6.48 |
| （3）林业技术和林木病虫害控制 | | | | |
| 2. 市级 | | 40 | 240 | 12.00 |
| （1）防治技术和农药安全使用 | 县级林业局项目办环保人员 | 20 | 120 | 6.00 |
| （2）病虫害的识别、生活史、生物学特性、病虫害的基本知识等 | 县级林业局项目办环保人员 | 20 | 120 | 6.00 |
| 3. 县级 | | 150 | 4 600 | 32.20 |
| 每个县级项目办一年举办一次培训课程（病虫害控制和农药安全使用的实地示范操作） | 乡镇、林场林业技术人员 | 150 | 4 600 | 32.20 |
| 4. 乡镇级 | | 460 | 95 000 | 28.50 |
| 每个项目区一年举办一次培训课程（病虫害控制和农药安全使用的实地示范操作） | 造林实体或农户 | 460 | 95 000 | 28.50 |

说明：每个市项目办将准备一个总的培训计划和详细的年度培训计划和预算。

## 附录：造林树种主要病虫害名录

1.赤松毛虫 *Dendrolimus spectabilis* Butler

2.日本松干蚧 *Matsucoccus matsumurae* Kuwana

3.松梢螟 *Dioryctria rubella* Hampson

4.松材线虫病 *Bursaphelenchus xylophilus*（Steiner et Buhrer）Nickle

5.松枝枯病 *Cenangium ferruginosum* Fr.

6.黄掌舟蛾 *Phalera assimlis* Brener et Grey

7.栎褐舟蛾 *Phalerodonta albibasis*（Chiang）

8.舞毒蛾 *Lymantria dispar* Linnaeus

9.栎粉舟蛾 *Fentonia ocypete* Brener

10.麻栎褐斑病 *Pestalotiopsis* sp.

11.栎类百粉病　*Uncinula septata* Salm

12.侧柏松毛虫　*Dendrolinus suffscus* Lajonquiere

13.柏毒蛾　*Parocneria furva*（Leech）

14.柏大蚜　*Cinara tujafilina*（del Guercio）

15.柏小爪螨　*Oligony chus perditus* Prichard et Baker

16.双条杉天牛　*Semanotus bifasciatus*（Motschulsky）

17.瘤胸材小蠹　*Xyleborus rubicollis* Eichhoff

18.缀叶丛螟　*Locastra muscosalis* Walker

19.黄栌白粉病　*Uncinula verniciferae* Phenn

20.黄栌丽木虱　*Calophya rhois*（Low）

21.黄栌黄萎病　*Verticillium dahliae* Kleb

22.黄斑直缘跳甲　*Ophrida xanthospilota*（Baly）

23.楸蠹野螟　*Sinomphisa plagialis*（Wileman）

24.霜天蛾　*Psilogramma menephron*（Cramer）

25.根结线虫病　*Meloidogyne arenarie*（Neal）chitwood

26.黄刺蛾　*Cnidocampa flavescens* Walker

27.褐边绿刺蛾　*Latoia consocia* Walker

28.扁刺蛾　*THosea sinensin* Walker

29.香椿蛀斑螟　*Hypsipyla* sp.

30.香椿白粉病　*Phyllactinia toonae* Yuet Lai

31.香椿叶锈病　*Nyssopora cedrelae*（Hori）Franz.

32.云斑天牛　*Batocerahorsfieldi*（Hope）

33.美国白蛾　*Hyphantria cunea*（Drury）

34.小木蠹蛾　*Hlococerus insularis* Staudinger

35.咖啡豹蠹蛾　*Zeuzera coffeae* Nietner

36.东方胎球蚧　*Parthenolecanium orientalis* Borchsenius

37.白蜡蚧　*Eeicerus pe-la* Chavannes

38.黄刺蛾　*Cnidocampa flavescens*（Walker）

39.黄缘绿刺蛾　*Latoia hilarata* Walker

40.白蜡梢距甲　*Temnaspis nankinea*（Pic）

41.榆蓝叶甲　*Pyrrhalta aenescens*（Fairmaire）

42.光肩星天牛　*Anoplophora glabripennis*（Motsch.）

43.桑天牛　*Apriona germari*（Hope）

44.大红蛱蝶 *Vanessa indica* Linnaeus

45.榆绿天蛾 *Callambulyx tatarinovii*（Bremer et Grey）

46.折带黄毒蛾 *Euproctis fiava*（Bremer）

47.褐纹大尺蛾 *Biston robustum* Butler

48.刺槐蓑蛾 *Acanthopsyche nigraplaga* Wileman

49.豆天蛾 *Clanis bilineata tsingtauica* Mell

50.大球坚蚧 *Eulecanium kuwanai*（Kanda）

51.刺槐绿虎天牛 *Chlorophorus diadema*（Motsch.）

52.刺槐溃疡病 *Fusarium oxysporum*（Schlecht.）

53.刺角天牛 *Trirachys oriertalis* Hope

54.杨柳光叶甲 *Smaragdina aurita hammarstraemi*（Jacobson）

55.杨雪毒蛾 *Stilpnotia candida* Staudinger

56.古毒蛾 *Orgyia antique*（Linnaeus）

57.杨柳小卷蛾 *Gypsonoma minutana* Hubner

58.柳蚜 *Aphis farinosa* Gmelin

59.柳窄吉丁 *Agrilus nipponigena* Obenberger

60.柳树腐烂病 *Valsa sordida* Nits.

61.片糠蚧 *Parlatoria pergandii* Comstock

62.栎粉蠹 *Lyctus linearis* Goeze

63.苦楝小卷蛾 *Enarmonia koenigana* Fabricius

64.星天牛 *Anoplophora chinensis*（Forster）

65.苦楝褐斑病 *Cercospora meliae* Ell. et Ev.

66.苦楝丛枝病 MLO

67.锈色粒肩天牛 *Apriona swainsoni*（Hope）

68.槐尺蠖 *Semiothisa cinerearia* Bremer et Grey

69.双齿长蠹 *Sinoxylon japonicum* Lesne

70.槐羽舟蛾 *Pterostoma sinicum* Moore

71.国槐潜蛾 *Cydia trasias*（Meyrick）

72.短翅芫菁 *Meloe corvinus* Marseul

73.槐树枝枯病 *Dothiorella ribis* Gross. Et Dugg.

74.槐树白粉病 *Microsphaera robiniae* Tai

75.核桃举肢蛾 *Atriuglans hetaohei* Yang

76.草履蚧 *Drosicha corpulenta*（Kuwana）

77.木獠尺蠖　*Culcula panterinaria* Bremer et Grey

78.绿尾大蚕蛾　*Actias selene ningpoana* Felder

79.核桃美舟蛾　*Uropyia meticulodina*（Oberthur）

80.核桃毒蛾　*Lymantria juglandis* Chao

81.核桃细菌性黑斑病　*Xanthomonas campestris* pv. *juglandis*（Pierce）Dye

82.核桃枝枯病　*Melanconium oblongum* Berk.

83.核桃腐烂病　*Cytospora juglandicola* Ell. et Barth.

84.核桃炭疽病　*Colletotrichum gloeosporioides* Penz.

85.栗瘿蜂　*Dryocosmus kuriphilus* Yasumatsu

86.栗大蚜　*Lachnus tropicalis*（van der Goot）

87.桃蛀野螟　*Conogethes punctiferalis*（Guenee）

88.板栗兴透翅蛾　*Synanthedon castanovora* Yang et Wang

89.椴始叶螨　*Eotetranychus tiliarium*（Hermann）

90.长角凿点天牛　*Stromatium longicorne*（Newman）

91.大圆筒象　*Macrocorynus psittacinus* Redtenbacher

92.中国绿刺蛾　*Latoia sinica* Moore

93.板栗腐烂病　*Cytospora* sp.

94.板栗枝枯病　*Coryneum kunzei Carda* var. *castaneae* Sacc. Et Roum

95.桃仁蜂　*Eurytoma maslovskii* Nikolskaya

96.梨小食心虫　*Grapholitha molesta* Busck

97.桃红颈天牛　*Aromia bungii*（Faldermann）

98.桃粉大尾蚜　*Hyaloptera amygdale* Blanchard

99.朝鲜毛球蚧　*Didesmococcus koreanus* Borchsenius

100.杏虎象　*Rhynchites faldermanni* Schoenherr

101.杏炭疽病　*Colletotrichum gloeosporioides* Penz.

102.杏褐腐病　*Monilinia laxa*（Aderh. Et Ruhl.）

103.桑白盾蚧　*Pseudaulacaspis pentagona*（Targioni-Tozzetti）

104.银杏茎腐病　*Macrophomina phaseolina*（Tassi）

105.银杏叶枯病　*Alternaria alternate*（Fr.）　Keissl

106.银杏苗木立枯病　*Rhizoctonia solani* Kuhn

107.桃小食心虫　*Carposina niponensis* Walsingham

108.枣飞象　*Scythropus yasumatsui* Kono et Morimoto

109.枣尺蠖　*Sucra jujuba* Chu

110.枣球蜡蚧　*Eulecanium gigantean*（Shinji）

111.桃蛀果蛾　*Carposina niponensis* Walsingham

112.枣奕刺蛾　*Iragoides conjuncta*（Walker）

113.枣星粉蚧　*Heliococcus zizyphi* Borchsenius

114.枣枝蜡天牛　*Ceresium sculpticolle* Gressitt

115.枣桃六点天蛾　*Marumba gaschkewitschi* Bremer et Grey

116.枣镰翅小卷蛾　*Ancylis*（*Anchylopera*）　*sativa* Liu

117.枣疯病　　Phytoplasma

118.枣锈病　*Ziziphus* sp.

119.茶翅蝽　*Halyomorpha halys*（Stal）

120.梨实蜂　*Hoplocampa pyricola* Rohwer

121.中国梨喀木虱　*Cacopsylla chinensis*（Yang et Li）

122.梨眼天牛　*Bacchisa fortunri*（Thomson）

123.梨黄粉蚜　*Aphanostigma jakusuiensis*（Kishida）

124.梨剑纹夜蛾　*Acronicta Hercules* Felder

125.梨黄卷蛾　*Archips breviplicana* Walsingham

126.梨花象　*Anthonomus pomorus* Linnaeus

127.梨金缘吉丁　*Scintillatrix limbata*（Gebler）

128.梨黑斑病　*Alternaria kikuchiana* Tanaka

129.梨锈病　*Gymnosporangium haraeanum* Syd.

130.梨黑星病　*Venturia pyrina* Aderh

131.柿绒蚧　*Eriococcus kaki* Kuwana

132.柿梢鹰夜蛾　*Hypocala moorei* Butler

133.无斑丽金龟　*Popillia mutans* Newman

134.柿举肢蛾　*Stathmopoda massinissa* Meyrick

135.柿垫绵蚧　*Eupulvinaria peregrine* Borchsenius

136.柿细须螨　*Tenuipalpus zhizhilashviliae* Reck

137.二斑黑绒天牛　*Embrik-Strandia bimaculata*（White）

138.棉蚜　*Aphis gossypii* Glover

139.樗蚕 *Philosamia cynthia* Walker et Felder

140.核桃咪小蠹　*Hypothenemus eruditus* Westwood

141.玉带凤蝶　*Papilio polytes* Linnaeus

142.花椒褐斑病　*Marssonina zanthoxyla* Lu et Li

143.花椒锈病 *Coleosporium zanthoxyli* Diet. et Syd.

144.马氏粉虱 *Aleurolobus marlatti* Quaintance

145.茶用克尺蛾 *Junkowskia athlete* Oberthur

146.茶白毒蛾 *Arcornis alba*（Bremer）

147.茶蓑蛾 *Clania minuscule* Butler

148.卵形短须螨 *Breipalpus obovatus* Donnadieu

149.小班红蝽 *Physopelte cincticollis* Stal

150.茶丽纹象 *Myllocerinus aurolineatus* Voss

151.茶云纹叶枯病 *Colletotrichum gloeosporioides* Penz.

152.茶轮斑病 *Pestalotiopsis theae*（Sawada）Stey.

153.桃斑蛾 *Illiberris nigra* Leech

154.桃一点斑叶蝉 *Erythroneura sudra*（Distant）

155.桃白小卷蛾 *Spilonota albicana*（Motsch.）

156.桃剑纹夜蛾 *Acronicta incretata* Hampson

157.桃缩叶病 *Taphrina deformans*（Berk.）Tul.

158.桃褐斑穿孔病 *Cercospora cirumscissa* Sacc.

159.紫薇绒蚧 *Eriococcus lagerstroemiae* Kuwana

160.斑须蝽 *Dolycoris baccarum*（Linnaeus）

161.棉尖象 *Phytoscaphus gossypii* Chao

162.酸枣隐头叶甲 *Cocephalus japanus* Baly

163.人纹污灯蛾 *Spilarctia subcarnea*（Walker）

164.棉铃实夜蛾 *Heliothis armigera* Hubner

165.瓜绢野螟 *Diaphania indica*（Saunder）

166.吹绵蚧 *Icerya purchase* Maskell

167.斜带吉丁 *Cyphosoma tataricum*（Pall.）

168.皂角幽木虱 *Euphlerus robinae* Shinji

169.日本长白蚧 *Lopholeucaspis jsponica*（Cockerell）

170.苹毛丽金龟 *Proagopertha lucidula* Faldermann

171.紫穗槐豆象 *Acanthoscelides plagiatus* Reiche et Saulcy

172.黑瘤胸叶甲 *Zeugophora nigricollis*（Jacobi）

173.中国豆芫菁 *Epicauta chinensis* Laporte

174.平肩棘缘蝽 *Cletus tenuis* Kiritshenko

175.华北大黑鳃金龟 *Holotrichia oblita* Faldermann

176.波翅青尺蛾 *Thalera chlorosaria* Graeser

177.沙枣尺蠖 *Apocheima cinerarius* Erschoff

178.八字白眉天蛾 *Celerio lineate livornica*（Esper）

179.黄褐天幕毛虫 *Malacosoma Neustria* testacea Motsch.

180.黄荆眼天牛 *Astathes episcopalism* Chevrolat

181.短翅大粒象 *Adosomus granulosus* Mannerhein

182.绿金叶甲 *Chrysolina virgata*（Motschulsky）

183.桑褐刺蛾 *Setora postorrnata*（Hampson）

184.短胸长足象 *Alcidodes trifidus*（Pascoe）

185.斑肩负泥虫 *Lilioceris scapularis*（Baly）

186.金银花尺蛾 *Heterolocha jinyinhuaphaga* Chu

187.金银花白粉病 *Microsphaera lonicerae*（DC.）Wint.

188.雪毒蛾 *Stilpnotia salicis*（Linneaus）

189.杨扇舟蛾 *Clostera annachoreta*（Erschoff）

# 第二节　林业工程项目病虫害防治与管理样例解析

《病虫害防治与管理计划》是林业造林工程项目的重要内容之一，也是林业项目环境保护规程的重要组成部分，同时又是国际金融组织项目监测的重点工作。因此，项目执行单位在《病虫害防治与管理计划》的编制、执行、总结和监测结果的应用方面，要高度重视，严格执行各种标准和规定。

## 一、《病虫害防治与管理计划》编写注意的事项

### 1. 明确《病虫害防治与管理计划》撰写思路

森林病虫害是"不冒烟的森林火灾"，病虫害防治与管理是保护森林资源，促进森林可持续经营的重要措施，也是 SEAP 能够顺利实施的重要保障。《病虫害防治与管理计划》的编写，既要符合国际金融组织关于病虫害管理及农药安全使用的规定，还要以受贷方国家林业有害生物防治原则为最高目标，这对 SEAP 项目的顺利实施具有重要意义。

《病虫害防治与管理计划》编写之初，领导和专家对山东省林木病虫害的发展历史、趋势、动态演变等进行了多次探讨和论证，根据 SEAP 的要求和目标，结合山东省的实际情况，提出了"历史回顾、摸底调查、借鉴参考、自我创新、实用有效"的编写思路。

◆ 历史回顾。组织专家对山东省林业近年来病虫害的发展史，特别是 SEAP 涉及的树种易发生的病虫害进行了全面梳理与分析；

◆ 摸底调查。组织调查队对全省、特别是项目区内有可能发生的病虫害进行了全面的摸底调查（详见附录造林树种主要病虫害名录），并与项目区的林业管理和技术人员进行了深入探讨；

◆ 借鉴参考。积极学习和探讨国内外的相关病虫害防治经验，吸收融汇适用于 SEAP 的经验和做法；

◆ 自我创新。提出 SEAP 独特的做法和理念，包括农药使用、监测制度、组织管理等；

◆ 实用有效。《病虫害防治与管理计划》所有内容都是针对 SEAP 提出和实施的，能保障和促进项目的顺利实施。

### 2. 确定《病虫害防治与管理计划》撰写框架

在对数据和信息进行全面综合分析、专家论证的基础上，形成了《病虫害防治与管理计划》的撰写框架，内容包括 3 个部分。

（1）山东的病虫害管理

这部分主要包括病虫害防治的发展历程、国家的植物保护政策、国家法律和法规、山东的病虫害管理组织机构、山东的病虫害科研体系及管理人才培养、山东的病虫害管理经验和做法 6 个方面，全面回顾和总结了山东省近年来在病虫害管理方面取得的成绩、成功的经验做法，为 SEAP 提供参考和借鉴。

（2）项目的病虫害管理

包括涉及项目病虫害的主要防治方法、建议的病虫害防治方法、造林树种的主要病虫害及农药使用种类、推荐的农药清单、病虫害管理的监测 5 个方面内容。主要以服务于 SEAP 的顺利实施为目的，具有很强的技术指导性。特别列出了 22 个树种可能发生的病虫害 100 余种，根据世界银行及国内对农药使用的相关管理规定，分别列出了对应的、符合规定的可使用的农药种类。同时还在项目中设置省、市、县 3 级监测样点，通过对监测样点数量、位置的控制，达到全面对项目林进行监测与重点监测相结合的目的。

（3）项目的组织和管理

包括机构安排、农药管理、农药的使用安全、农药采购、培训 5 个方面内容。强调了《病虫害防治与管理计划》实施的组织和管理的严密性、衔接性、技术性和安全性。特别是针对农药的使用，设置了管理、使用安全和采购等内容，全方位监测和保障农药使用的合规性。《病虫害防治与管理计划》首次将培训纳入编写框架，并制订了详细的培训计划，配置了相应的培训经费，保障《病虫害防治与管理计划》的顺利执行。

## 二、《病虫害防治与管理计划》执行中应注意的问题

### 1. 合理布设监测点

根据《病虫害防治与管理计划》要求，在省级、市级、县级3级设置监测样点。省级监测样点每个项目市至少布设1处；市级监测样点每个项目市不少于2处；县级监测样点每个项目县不少于3处。监测点布设不仅要充分考虑区域的典型性、代表性和重要性，还要充分考虑项目区不同的造林模型、不同树种的病虫害发生概率、病虫害发生的历史等因素，完成监测点的布设。

### 2. 严格执行监测任务

《病虫害防治与管理计划》将病虫害管理监测作为一项重要内容，制定了"病虫害管理监测指标表"（表9-3），并制定了病虫害监测数据的采集方案（见第八章附录2），规定每年的6月和12月，按照县、市、省的流程集中上报，由山东省林业科学研究院和山东农业大学的专家对数据进行整理分析，撰写半年度及年度《病虫害防治与管理监测报告》；如发现病虫害，及时组织专家对病虫害发生情况进行会诊，提出具体的解决方案。

### 3. 保障农药使用安全

《病虫害防治与管理计划》对项目区可能发生的病虫害的种类及可以使用的农药种类都进行了明确界定，列出了允许采购的农药清单，制定了严格的农药采购、发放和使用流程。省项目办定期或不定期组织专家和相关技术人员对各项目区的农药使用情况进行抽查，包括农药种类、使用范围、使用剂量、使用频率、药瓶回收等环节，确保农药使用和环境安全。

### 4. 加强培训力度

《病虫害防治与管理计划》将技术培训作为项目实施的一项重要内容，并制定了省、市、县三位一体的培训体系。技术培训涉及病虫害监测内容、监测方法、监测结果分析、农药使用安全以及病虫害的发生、危害、预测及预防等内容。技术培训既有面上的理论培训，又有现场的观摩培训，针对性比较强。通过培训班、研讨会、明白纸、技术读物等方式，确保了项目管理人员和造林实体都能熟练掌握防护林病虫害综合防治技术和农药安全使用知识。

### 5. 完善组织管理模式

《病虫害防治与管理计划》中详细规定了病虫害防治的组织和管理，明确了各级机构

的职责和任务，特别是在农药采购、使用等方面，制订了严格、详细的计划；要求专人押运农药；针对农药使用中可能出现的问题，提出了具体的解决方案；农药采购方面，采取每个造林实体要根据病虫害的预测，将所需农药的名称、数量、剂量，向县级项目办汇报，县级项目办向市级项目办汇报，由市级和省级项目办确定项目农药批量采购方案，从源头上杜绝了乱用农药现象的发生。

### 6. 建立农户参与和专家指导相结合的监测报告制度

在 SEAP 执行过程中，建立了农户参与和专家指导相结合的人工防护林病虫害监测报告制度。《病虫害防治与管理计划》规定，县级项目办会同农户随时监测项目区林木生长情况、病虫害种类、病虫害发生情况、病虫害危害情况、农药使用情况，并向市级项目办汇报病虫害监测情况，由专家组织鉴定病虫害种类，确定危害等级，并给出预防或防治措施。农户的参与式监测汇报制度，既提高了项目人工林病虫害的动态实时监测的时效性，又确保了虫情预测预报效果。

## 三、《病虫害防治与管理计划》总结报告编写应把握的问题

### （一）总结报告的形成

年度《病虫害防治与管理计划》总结报告是以县级病虫害监测点、市级病虫害监测点、省级病虫害监测点的监测数据和第三方（如山东农业大学林学院）病虫害专题监测研究为基础，并且利用县级项目办、市级项目办以及省级项目办对项目林病虫害防治与管理执行的结果和年度世界银行检查团确定的项目林病虫害监测结果，汇总形成年度《病虫害防治与管理计划》总结报告；项目终期《病虫害防治与管理计划》总结报告，是汇总了各年度《病虫害防治与管理计划》总结报告与第三方病虫害监测专题报告以及年度世界银行项目检查备忘录，形成项目终期《病虫害防治与管理计划》总结报告。

### （二）总结报告的编写框架

按照世界银行、欧洲投资银行等国际金融组织的要求，林业贷款项目病虫害防治与管理计划总结报告的编写框架，一般分为五个部分：

### 1. 引言

主要阐述国际金融组织、受贷国及项目单位对林业项目病虫害防治与管理的要求以及项目实施涉及的有关病虫害防治问题。

## 2．病虫害防治与管理的主要内容

主要描述《病虫害防治管理计划》中规定的项目主要病虫害管理目标、主要病虫害防治内容等。

## 3．病虫害防治与管理计划的实施

组织和管理计划、监测计划的实施、农药使用计划、培训计划的实施等。

## 4．病虫害防治管理实施效果

监测效果、农药使用安全情况、病虫害发生原因分析、病虫害发生发展趋势等。

其中，分析病虫害发生原因及趋势时，要针对调查和观测到的项目林内和项目林外发生危害的病虫害情况，分析其发生的原因和危害的特点，尤其要全面分析项目林中偶发性的病虫害造成大面积发生的直接或间接原因、发生发展趋势以及得到什么启发等。

## 5．经验与建议

主要阐述计划执行过程中的主要经验、教训以及意见与建议。

## （三）总结报告各部分的编写内容

根据世界银行、欧洲投资银行等国际金融组织的要求，林业造林工程贷款项目实施期间，都要定期对项目林分中病虫害的发生、危害、防治等情况进行客观、全面、系统和有针对性的总结，并对"项目病虫害防治与管理"出现的问题提出解决方案。下面以世界银行贷款"山东生态造林项目"为例，提出病虫害防治与管理总结报告的编写内容，供同行参考。

## 1．引言

林木病虫害是影响和妨碍林业工程项目顺利实施的重要因素，也是"山东生态造林项目（SEAP）"特别关注的问题之一。为确保 SEAP 的顺利实施，降低甚至消除病虫害对项目林产生的危害，省项目办编写制定了《病虫害防治与管理计划》。各级项目单位，在项目实施过程中，严格执行《病虫害防治与管理计划》中所确定的技术标准和要求，确保项目的实施效果。

## 2．病虫害防治的主要内容

为解决 SEAP 实施过程中的病虫害问题，依据项目《病虫害防治与管理计划》，病虫害防治实施主要包括以下几个方面：

◆ 病虫害主要防治方法。包括植物检疫、营林技术、物理和机械的方法、生物方法和化学方法等。

◆ 造林树种的主要病虫害及农药使用。包括主要造林树种可能发生的主要病虫害，使用符合国际和国家规定的对应的农药种类。

◆ 农药的管理与采购。《计划》中明确了农药的采购规定、运输程序、保管储存、包装处理、推荐农药清单等内容。

◆ 病虫害管理与监测。规定了监测重点、监测点布设、监测指标及数据的采集和应用等内容。

◆ 病虫害管理与技术培训。包括法律和法规的培训、技术知识培训、实地操作、现场观摩等。

### 3. 病虫害防治计划的实施

（1）病虫害防治计划实施的组织管理机构

在项目实施前，省、市、县三级均成立了由财政、发改委、审计、林业、环保等部门参加的项目领导小组；配备了林业、森保、环境保护等业务熟练的专业技术人员组成病虫害防治技术支撑小组；省项目办邀请山东农业大学、山东省林业科学研究院的4位专家作为项目林病虫害防治指导专家，采取"事前培训、事中指导、事后检查"的项目林病虫害管理模式。事前培训即在项目实施前进行病虫害防治基本理论、基本技能培训；事中指导即在项目实施过程中现场进行病虫害综合防治与管理技术指导；事后检查即在项目实施完成后进行病虫害防治检查验收。这种模式在项目实施中的应用，确保了世界银行贷款山东生态造林项目人工防护林病虫害防治与管理计划的顺利实施。

（2）病虫害防治措施

项目林的建设采用了针阔混交、阔阔混交，实现了多树种、多林种、多层次的混交模式，构建了时空配置合理的林分，病虫害发生较少，达到了有虫有病不成灾的效果。

在病虫害管理方面重点抓了以下几项工作：一是搞好病虫害的种类调查摸底；二是建立健全了病虫害监测点，在全省布设了9个省级监测点，18个市级监测点，85个县级监测点，各项目乡镇和林场均设立了多个监测点，构建了完善的病虫害监测体系；三是严格执行了农药使用规定，采用符合"世界卫生组织"规定的三类以上农药，造林实体均严格按照农药清单进行了采购和安全使用；四是一旦发现虫源点，立即采取IPM综合防治措施，生物防治采用释放周氏啮小蜂、花绒寄甲、肿腿蜂、白僵菌等，有效控制了病虫害的发生和发展。

（3）病虫害防治培训

项目实施中，为县和乡的技术人员举办培训班，林农将参加各项目点有关树种的培训。

项目市根据病虫害综合管理办法和各树种安全使用农药的建议，举办培训班。培训是基于推荐的 IMP 的方法和各市各树种农药安全使用措施进行。

省项目办将根据项目实施情况与各市的实际，修改本管理计划。市项目办将基于本管理计划对市级项目培训计划做出安排，并吸收省、县主要技术人员的建议，准备培训材料和培训计划。市项目办还要对项目县、项目乡的技术人员准备的培训材料和培训计划做出安排。项目县负责对林农的培训，并编写培训材料，现场指导培训造林实体，开展项目林的病虫害防治和监测工作。

（4）病虫害监测

监测点基本情况包括：监测点位置（坐标：纬度、经度）、名称、植被、主要树种、混交方式及比例、地形、地貌、年均降水量、极端温度、年均温度等。

调查与监测方法包括：标准地的设置、踏查路线、不同病虫害的调查时间、不同虫态或不同发病时期的调查时间等数据的收集方法。

病虫害发生及防治情况：一是病虫害发生。分别汇总各个监测点主要病害、主要食叶害虫、主要蛀干害虫的实际发生情况，填写有关表格，同时还要记述偶发病虫害的发生危害情况。二是防治情况。针对灾情，采取了哪些防治措施。要分别详述化学防治的面积、农药的品种、数量，人工防治的具体方法和面积，生物防治的具体方法和面积等。

**4. 病虫害防治效果**

（1）病虫害防治措施在项目造林中得到严格贯彻执行

项目实施的 6 年间，《病虫害防治与管理计划》等各项规章制度得到严格贯彻执行。特别是监测计划和农药使用计划的顺利实施，极大地降低了林木病虫害的发生频率，保障了 SEAP 实施的效果。《病虫害防治与管理计划》涉及的各项措施，得到项目区内及项目区外广大林农的认可，并被省内林业多个项目工程借鉴、参考和运用。

（2）病虫害防治管理效果显著

通过实施《病虫害防治与管理计划》，强化了"病虫害预测预报队伍、病虫害防治队伍、病虫害防控监理队伍"的建设，培训并普及了病虫害防治、农药安全使用知识，推荐的病虫害农药使用清单得到了严格的执行，IPM 综合防治措施得到了贯彻落实，项目林达到了有病有虫不成灾的效果。

（3）生物防治降低了病虫害的发生

项目实施中，病虫害的防治重点采用 IPM 综合防治措施，其中首推的是生物防治方法。2012 年 5 月 25 日和 2013 年 6 月 2 日，在新泰、蒙阴和莒县项目区周边的杨树林分别释放了花绒寄甲卵卡 42 000 个和 20 000 个；2015 年 8 月 6 日，调查得出投放前后树体上的天牛虫口数量，其结果见表9-5。

表 9-5　不同年份、不同项目区花绒寄甲的投放数量和防治效果

| 投放时间 | 投放地点 | 投放花绒寄甲数量 | 投放前虫口 | 投放后虫口 | 2013年防效/% | 2014年虫口数 | 2014年防效/% | 2015年虫口数 | 2015年防效/% |
|---|---|---|---|---|---|---|---|---|---|
| 2012 | 新泰 | 12 000 | 233 | 45 | 81 | 0 | 100 | 0 | 100 |
| | 蒙阴 | 12 000 | 290 | 48 | 83 | 3 | 99.9 | 0 | 100 |
| | 莒县 | 18 000 | 27 | 8 | 70 | 2 | 92.5 | 0 | 100 |
| 2013 | 新泰 | 8 000 | 118 | 22 | 81.3 | 0 | 100 | 0 | 100 |
| | 蒙阴 | 5 000 | 55 | 30 | 45.5 | 3 | 99.9 | 0 | 100 |
| | 莒县 | 7 000 | 96 | 22 | 77 | 2 | 92.5 | 0 | 100 |

由表 9-5 可知，两年连续释放花绒寄甲后，2015 年调查显示，项目林分及项目区周边林分未发现天牛危害，并且 2012—2014 年出现的天牛蛀干虫道口已经完全愈合，树体生长健壮，防治效果达 100%。

莒县释放花绒寄甲卵

新泰释放花绒寄甲卵

图 9-1　生物防治示意图

（4）保障了农药使用安全

项目实施中，农药的使用形成了采购、运输、使用、回收的完整工作链，每一个环节都有专人负责，严格执行《病虫害防治与管理计划》的相关要求，同时及时汇总并分析工作中发现的问题，提出相应的解决方案。使农药使用合格率达 100%，农药使用安全合格率达 100%，保障了项目的顺利实施。

（5）病虫害发生原因及趋势

表 9-6 是山东生态造林项目 106 个病虫害监测点 2010—2015 年汇总数据，由此表可以得知：截至目前，项目区周边林病虫发生较轻，种群维持在较低水平，不对项目林构成危害，达到有虫不成灾的效果，并且今明两年也不会爆发成灾。其主要原因：一是项目采用

多树种、多层次混交造林；二是在项目区内、外林间定期释放天敌，形成了自然种群，防效持久；三是在项目区周边进行了木霉菌涂抹防治杨树溃疡病，用白僵菌、多角体病毒防治食叶害虫，项目林内有益病菌增多，抑制了病虫害种群的增值；四是随着项目林树龄的增大，林分物种多样性增加，稳定性增强，抵御病虫侵害的能力增加。

表9-6　各级项目林监测点主要病虫害监测数据汇总表

| 害虫或病害名称 | 2010 年 | | 2011 年 | | 2012 年 | | 2013 年 | | 2014 年 | | 2015 年 | |
|---|---|---|---|---|---|---|---|---|---|---|---|---|
| | 虫株率或病株率/% | 虫口密度/（头/株）或感病指数 | 虫株率或病株率/% | 虫口密度/（头/株）或感病指数 | 虫株率或病株率/% | 虫口密度/（头/株）或感病指数 | 虫株率或病株率/% | 虫口密度/（头/株）或感病指数 | 虫株率或病株率/% | 虫口密度/（头/株）或感病指数 | 虫株率或病株率/% | 虫口密度/（头/株）或感病指数 |
| 美国白蛾 | | | 0.2 | 1.2 | 0.3 | 1.5 | 0.1 | 0.8 | — | — | — | — |
| 杨叶锈病 | | | 0.5 | 7.5 | 0.6 | 8.7 | 0.4 | 4.9 | 0.1 | 2.5 | | |
| 枣树黑斑病 | | | — | — | — | — | — | — | — | — | 0.1 | 1.7 |
| 核桃枝枯病 | | | 0.8 | 16 | 0.6 | 12 | 0.6 | 9 | 0.5 | 8 | 0.3 | 2 |
| 桑白盾蚧 | | | | | | 2.0 | 3.2 | 1.8 | 2.5 | 1.5 | | — |
| 其他食叶害虫 | | | 0.5 | 5 | 0.4 | 3 | 0.1 | 1 | — | — | — | — |
| 光肩星天牛 | | | 0.8 | 0.2 | 0.5 | 0.2 | 0.3 | 0.1 | 0.2 | 0.1 | — | — |
| 云斑天牛 | | | | | | | | | — | — | 2 | 0.04 |
| 松梢螟 | | | — | — | — | — | — | — | 1.0 | 0.05 | 1.5 | 0.1 |
| 柽柳红缘亚天牛 | | | | | | | | | | | 0.05 | 0.01 |
| 杨树溃疡病 | | | 0.7 | 1.5 | 0.8 | 1.7 | 0.6 | 1.4 | 0.5 | 1.1 | — | — |
| 杨树腐烂病 | | | 0.3 | 0.8 | 0.2 | 0.5 | | | | | | |
| 冬枣黑斑病 | | | | | | | | | — | — | 0.02 | 1.8 |
| 小线角木蠹蛾 | | | 0.2 | 0.2 | | | | | | | | |
| 球坚蚧 | | | — | — | — | — | — | — | 0.1 | 0.1 | — | — |

### 5．经验与建议

根据 SEAP 病虫害防治计划的制定及实施，《病虫害防治与管理计划》在 SEAP 实施中得到了全面的贯彻和实施，取得了显著效果。实践证明，《病虫害防治与管理计划》具有可行性、可操作性，符合 SEAP 的要求。

（1）主要经验

①《病虫害防治与管理计划》要在实地调查和分析的基础上制定，确保各项技术措施符合项目区的实际。

②《病虫害防治与管理计划》在实施中，要建立完善的组织管理模式，从管理和技术

层面保障项目的顺利实施。

③建立农户参与的监测报告制度，既培养了病虫害监测队伍，又提高了项目林病虫害预测预报的时效性。

（2）几点建议

①扩大项目监测点的数量。监测点的设置是保障《病虫害防治与管理计划》顺利实施的重要环节，建议扩大监测点设置范围，增加监测点数量，实现项目区与项目外同步监测，典型区域与普通区域同步监测，进一步保障监测数据的广泛性、针对性。

②项目技术培训的形式应灵活多样。在病虫害防治管理技术培训方面，要以现场观摩、现场指导、现场讲授为主，同时省级举办的培训班要吸收乡镇级技术人员或造林农户参加，在技术培训的形式上应灵活多样。

## 四、《病虫害防治与管理计划》监测数据采集、汇总、上报以及结果使用需把握的问题

根据世界银行和国内森林病虫害预测预报方面的有关要求，确定项目病虫害监测数据采集汇总与监测结果的使用（见图9-2）。

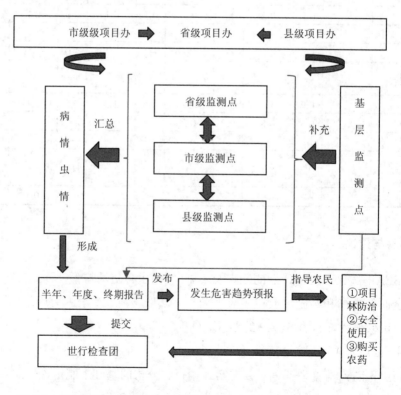

图9-2　世界银行贷款山东生态造林项目病虫害监测及其结果使用框图

一是在项目病虫害监测数据采集、汇总、上报方面：主要体现在监测数据的采集应由县级森林保护技术人员负责，林场、村镇技术人员配合；监测数据的运用以省级、市级、县级监测点观测数据为基础，林场、村镇监测点观测数据为补充；联系报告制度则采用逐级汇总上报的方式；上报的时间节点为半年报和年度报，有偶发性病虫灾害时，随时上报。

二是项目病虫害监测结果的使用主要体现在：半年度报告结果的使用、年度报告结果的使用以及最终项目报告结果的使用三种情况。根据病虫害监测报告由省、市县分别发布所辖区项目林的近期、中期、长期病虫害发生、危害及消长趋势预报，指导造林实体开展项目林病虫害的防治、农药的安全使用以及农药的采购。同时还要把监测结果汇总提交世界银行检查团，指导项目建设工作。

# 第十章    林业工程项目生态环境影响监测评价报告

世界银行、欧洲投资银行等国际金融组织，高度重视林业工程项目生态环境监测评估工作。在项目准备、启动、实施、中期调整以及完工验收等环节中，世界银行都组织环境保护方面的专家，依据确定的项目监测评价关键因子，全程跟踪监控项目对生态环境产生正反方面的影响，并且还委托第三方，依据《项目监测与评估方案》，形成年度、中期以及终期项目环境影响监测评价报告。项目竣工验收时，项目监测与评价报告是最终项目竣工验收评级的重要依据之一。

本章将以"世界银行贷款山东生态造林项目生态环境影响监测报告"为样例，并就生态环境影响评价报告的形成过程、编制框架内容以及结果使用等方面进行解析，供同行参考。

## 第一节    林业工程项目生态环境影响监测评价报告样例
（世界银行贷款山东生态造林项目生态环境影响监测评价报告）

### 一、前言

世界银行贷款山东生态造林项目（以下简称 SEAP）是在山东生态脆弱的退化山地和沿海盐碱地营造人工防护林，突出森林生态效益，兼顾社会效益和经济效益，以提供社会公共产品为目的的社会公益活动的营造林项目。为了对项目涉及的因素和产生的效果与影响进行全面分析评估，保证项目建设质量和进度，确保项目预期目标顺利实现，并尽可能避免或减少项目的技术、生态、环境等风险，在项目开始实施过程中，即开展了项目的生态效益监测，并按照规定每年向世界银行提供生态效益监测评价年度报告，同时于项目中期与终期分别向世界银行提供生态效益监测评价的中期报告与终期报告，以便及时总结经验、教训，查找问题，指导项目的顺利进行。

## 二、项目生态环境影响监测的主要内容

生态环境影响监测主要对项目建设期的一些活动，如林地清理、整地、挖穴、栽植、浇水和营林期间的一些活动，如幼林松土、除草、防治病虫害、防火、间伐等可能对环境产生一定影响的行为进行监测。监测内容主要包括：生物多样性，土壤理化特性（物理结构、养分、水分、盐碱地盐分），退化山地水源涵养、土壤侵蚀，滨海盐碱地防风固沙效果，各造林模型的病虫害种类、危害程度和特点以及农药的使用情况等。

生物多样性主要监测乔木树种种类、数量、郁闭度、分布和生长；灌木树种种类、数量、盖度、分布和生长；草本植物种类、数量、盖度、分布和生长等指标，反映项目实施对项目区生物多样性的影响。

土壤理化特性与盐碱地全盐含量监测主要对土壤容重、总孔隙度、毛管孔隙度、非毛管孔隙度、毛管最大持水量、土壤饱和含水量、土壤有机物、全氮、全磷、全钾、速效氮、速效磷、速效钾、pH 和全盐开展监测，反映项目实施对项目区土壤理化特性的影响。特别需要加强对盐碱地土壤含盐量的监测。

退化山地水源涵养和土壤侵蚀强度主要监测项目区降雨量、土壤侵蚀量和地表径流量，反映项目实施对地表径流、泥沙含量的影响，表征其土壤侵蚀强度与水源涵养量。

滨海盐碱地防护林防风效果主要监测风速、风向、空气湿度等指标的变化，反映项目实施对小气候环境的影响。

森林病虫害则通过对虫害种类、虫株率、病害种类、感病指数、农药种类、使用数量的监测，反映项目实施对项目区病虫害、农药应用及其防效的影响。

## 三、监测的组织实施

### （一）编制年度计划

根据项目监测与评估方案，编制各年度的监测与评估实施计划，明确监测与评估的内容、方法、指标、频率等。

### （二）监测点选择与确定

选择退化山地植被恢复区的新泰、蒙阴、莒县、乳山、泗水、雪野 6 个县级项目单位和滨海盐碱地改良区的沾化、河口 2 个县级项目单位，开展生态环境影响监测与评估。在野外系统踏勘的基础上，共选择了 7 个砂石山监测点，4 个石灰岩山地监测点和 8 个滨海盐碱地监测点的造林模型作为生态环境影响评估监测点。

## （三）监测方法

在确定的典型监测点上，采用定位监测、定点监测、样方调查与室内分析、测试、鉴定等相结合的方法，在每个造林模型选择 3 个监测点，每个监测点重复 3 次，设 1 个对照，分别开展植物多样性与植被盖度、土壤理化性质与盐分含量、地表径流量与土壤侵蚀量、森林病虫害发生、滨海盐碱地防护林的防护效果等监测。在野外调查工作的基础上，进行室内土壤样品预处理及物理化学性质的测试、病虫害种类鉴定等工作，并将数据分类型按照监测要求进行汇总、整理，形成各监测指标报告表，建立监测数据库，上报监测数据。通过野外调查与室内分析测试获取数据，经统计分析后获得项目实施对生态环境影响的效果。

## 四、监测结果与分析

### （一）植物多样性和盖度

从监测数据来看，造林对各项目区植物多样性的影响增大，由于引进了新的树种，乔灌木种类及数量有所增加，草本种类及数量也有所变化（附表 10-1、附表 10-2）。

由表 10-1 可知，砂石山退化山地植被恢复项目区 2015 年的物种丰富度为 26～41 种，非项目区的丰富度为 15～23 种，项目区较非项目区多 11～18 种。与 2010 年本底相比，项目区物种数平均增加 24 种，而非项目区仅增加 10 种。2015 年项目区植被盖度为 85%～95%，平均为 89.4%；对照区的植被盖度为 45%～70%，平均为 56.4%；前者的盖度是后者的 1.6 倍。

表 10-1　项目区植物多样性动态变化

| 监测点 | 2010 年 | | 2015 年 | | 增加量 | |
|---|---|---|---|---|---|---|
| | 丰富度/种 | 盖度/% | 丰富度/种 | 盖度/% | 丰富度/种 | 盖度/% |
| 新泰汶南镇崖庄 | 10 | 13 | 50 | 91 | 40 | 78 |
| 新泰龙廷宝泉 | 9 | 14 | 36 | 90 | 27 | 76 |
| 蒙阴镇召子官庄 | 9 | 10 | 30 | 86 | 21 | 76 |
| 莒县龙山镇北上涧 | 7 | 16 | 31 | 92 | 24 | 76 |
| 莒县浮来山 | 8 | 15 | 37 | 87 | 29 | 72 |
| 乳山许家凤凰山 | 7 | 14 | 27 | 85 | 20 | 71 |
| 乳山杜家岛 | 8 | 15 | 41 | 95 | 33 | 80 |
| 夏村镇阜西庄 | 7 | 16 | 26 | 85 | 19 | 69 |
| 泗水金庄镇二旗山 | 7 | 12 | 38 | 85 | 31 | 73 |
| 莱芜雪野西峪 | 9 | 15 | 31 | 87 | 22 | 72 |

| 监测点 | 2010 年 | | 2015 年 | | 增加量 | |
|---|---|---|---|---|---|---|
| | 丰富度/种 | 盖度/% | 丰富度/种 | 盖度/% | 丰富度/种 | 盖度/% |
| 河口区新户镇 | 5 | 5 | 12 | 67 | 7 | 62 |
| 河口区义和镇 | 5 | 2 | 10 | 65 | 5 | 63 |
| 沾化区大高镇 | 6 | 10 | 12 | 66 | 6 | 56 |
| 沾化区下洼镇 | 6 | 3 | 18 | 68 | 12 | 65 |
| 沾化区冯家镇 | 5 | 8 | 12 | 65 | 7 | 57 |
| 沾化区富国镇 | 5 | 2 | 14 | 66 | 9 | 64 |

石灰岩退化山地植被恢复项目区 2015 年的物种丰富度为 30～50 种，非项目区的物种丰富度为 17～21 种，项目区较非项目区多 13～31 种；与 2010 年本底相比，项目区 2015 年物种丰富度平均增加 30 种，而非项目区的丰富度仅增加 10 种。2015 年项目区植被盖度为 86%～91%，平均为 88.0%；非项目区的植被盖度为 48%～51%，平均为 49.0%。2015 年项目区盖度为非项目区的 1.8 倍。

滨海盐碱地改良项目区 2015 年监测项目区物种总丰富度为 12～18 种，非项目区为 9～11 种，项目区较非项目区增加 3～7 种。与 2010 年本底相比，2015 年项目区的丰富度增加了 8～12 种，非项目区的丰富度增加了 3～5 种。2015 年项目区植被盖度为 65%～68%，平均为 66.2%；非项目区的植被盖度为 43%～45%，平均为 44.5%；2015 年项目区盖度为非项目区的 1.48 倍。

综上所述，2010—2015 年，通过对各项目区植物多样性在 2010—2015 年的动态变化可知，退化山地植被恢复区砂石山物种丰富度平均增加 24 种，石灰岩山地物种丰富度平均增加 30 种，滨海盐碱地改良区物种丰富度平均增加 3～7 种。退化山地植被恢复区植被盖度由 2010 年的 10%～16%提高到 85%～95%；滨海盐碱地改良区植被盖度由 2010 年的 2%～10%增加到现在的 65%～68%。

## （二）土壤理化性状

### 1. 退化山地植被恢复区土壤理化性状变化

退化山地不同监测点的土壤物理性状见表 10-2。由监测数据可得，生态造林项目的实施，使得土壤孔隙度有所增加，土壤结构改善，蓄水功能增强。2015 年砂石山地总孔隙度、毛管孔隙度和非毛管孔隙度平均值为 49.75%、40.13%和 9.62%，较 2010 年基准值分别增大 17.38%、18.48%和 13.21%；石灰岩山地总孔隙度、毛管孔隙度和非毛管孔隙度平均值为 50.34%、41.85%和 8.49%，较 2010 年基准值分别增大 13.21%、11.06%和 25.14%。2015 年砂石山土壤毛管最大持水量和饱和含水量平均为 33.62%和 41.72%，较 2010 年基准值分别增加 31.13%和 30.10%；石灰岩山地的毛管最大持水量和饱和含水量平均为 34.45%和 41.45%，分别较 2010 年基准值增大 19.56%和 21.89%。

表 10-2　2015 年退化山地植被恢复区土壤物理性状监测数据

| 序号 | 监测点 | 土壤含水量/% | 容重/(g/cm³) | 总孔隙度/% | 毛管孔隙度/% | 非毛管孔隙度/% | 毛管最大持水量/% | 土壤饱和含水量/% |
|---|---|---|---|---|---|---|---|---|
| 1 | 新泰龙廷宝泉 | 5.65 | 1.22 | 50.20 | 41.72 | 8.48 | 34.20 | 41.15 |
| 2 | 新泰汶南镇崖庄 | 5.94 | 1.19 | 50.86 | 42.48 | 8.38 | 35.70 | 42.74 |
| 3 | 蒙阴镇召子官庄 | 6.12 | 1.15 | 51.66 | 42.38 | 9.28 | 36.85 | 44.92 |
| 4 | 莒县龙山镇 | 5.96 | 1.14 | 51.68 | 41.19 | 10.49 | 36.13 | 45.33 |
| 5 | 莒县浮来山 | 5.36 | 1.28 | 48.75 | 40.38 | 8.37 | 31.55 | 38.09 |
| 6 | 乳山许家凤凰山 | 7.85 | 1.28 | 47.78 | 39.86 | 7.92 | 31.14 | 37.33 |
| 7 | 乳山杜家岛 | 10.63 | 1.10 | 51.88 | 41.52 | 10.36 | 37.75 | 47.16 |
| 8 | 夏村镇阜西庄下 | 7.48 | 1.24 | 47.38 | 37.25 | 10.13 | 30.04 | 38.21 |
| 9 | 夏村镇阜西庄上 | 7.86 | 1.13 | 50.59 | 39.18 | 11.41 | 34.67 | 44.77 |
| 10 | 泗水金庄镇二旗山 | 7.56 | 1.25 | 50.07 | 42.15 | 7.92 | 33.72 | 40.06 |
| 11 | 莱芜雪野西峪 | 6.39 | 1.28 | 48.75 | 40.18 | 8.57 | 31.39 | 38.09 |
|  | 2015 年砂石山平均 | 7.40 | 1.20 | 49.75 | 40.13 | 9.62 | 33.62 | 41.72 |
|  | 2015 年石灰岩平均 | 6.25 | 1.22 | 50.34 | 41.85 | 8.49 | 34.45 | 41.45 |

注：1，4，6，7，8，9，11 为砂石山地，2，3，5，10 为石灰岩山地。

由表 10-3 可知，砂石山植被恢复区土壤为酸性，其 pH 平均为 6.8，较 2010 年 6.5 略有增加；有机质含量为 0.68%~0.82%，平均为 0.75%，较 2010 年增大 2.77 倍；土壤速效氮、速效磷和速效钾的范围分别为 38.65~63.74 mg/kg、12.68~30.76 mg/kg 和 55.88~68.32 mg/kg，平均为 55.14 mg/kg、22.54 mg/kg 和 64.21 mg/kg，较 2010 年增大 2.37 倍、6.26 倍和 1.93 倍。石灰岩山地植被恢复区土壤为碱性，其 pH 为 7.6，与 2010 年的 7.5 略有增大，有机质含量为 0.55%~0.88%，平均值为 0.79%，较 2010 年增大 2.60 倍；土壤速效氮、速效磷和速效钾的范围分别为 38.65~69.63 mg/kg、12.68~39.68 mg/kg 和 58.59~79.01 mg/kg，平均为 59.71 倍、22.10 倍和 71.40 倍，较 2010 年增大 2.10 倍、6.96 倍和 1.65 倍。

表 10-3　2015 年退化山地植被恢复区土壤化学性状监测数据

| 序号 | 监测点 | pH | 有机质/% | 速效氮/<br>（mg/kg） | 速效磷/<br>（mg/kg） | 速效钾/<br>（mg/kg） |
|---|---|---|---|---|---|---|
| 1 | 新泰龙廷宝泉 | 6.8 | 0.82 | 60.09 | 17.82 | 66.72 |
| 2 | 新泰汶南镇崖庄 | 7.8 | 0.87 | 69.63 | 21.24 | 74.47 |
| 3 | 蒙阴镇召子官庄 | 7.7 | 0.88 | 62.11 | 16.73 | 73.15 |
| 4 | 莒县龙山镇 | 6.9 | 0.71 | 38.65 | 30.76 | 66.85 |
| 5 | 莒县浮来山 | 7.2 | 0.55 | 53.59 | 28.26 | 79.01 |
| 6 | 乳山许家凤凰山 | 7.0 | 0.81 | 55.87 | 39.68 | 55.88 |
| 7 | 乳山杜家岛 | 6.8 | 0.77 | 63.74 | 14.30 | 70.84 |
| 8 | 夏村镇阜西庄下 | 7.1 | 0.68 | 55.12 | 12.68 | 68.32 |
| 9 | 夏村镇阜西庄上 | 6.7 | 0.74 | 56.25 | 13.26 | 62.24 |
| 10 | 泗水金庄镇二旗山 | 7.5 | 0.84 | 53.53 | 22.18 | 58.98 |
| 11 | 莱芜雪野西峪 | 6.4 | 0.72 | 56.28 | 29.28 | 58.59 |
| | 2015 年砂石山平均 | 6.8 | 0.75 | 55.14 | 22.54 | 64.21 |
| | 2015 年石灰岩平均 | 7.6 | 0.79 | 59.71 | 22.10 | 71.40 |

注：1，4，6，7，8，9，11 为砂石山地；2，3，5，10 为石灰岩山地。

经过生态造林项目，林木根系的生长形成的根网，不仅改善了土壤的结构，而且根系分泌物增加，土壤中的微生物活动增强，对土壤理化性状的改良具有良好的促进作用。同时，随着林地植物多样性的提高，林地的有效覆盖增加，秋季的枯枝落叶层也明显增加。而枯落物的分解增加了土壤的腐殖质层和有机质，也为土壤养分的改善提供了物质基础。监测也表明，不同的造林模型其改善土壤理化性状的效果也各不相同。

**2. 滨海盐碱地改良区土壤理化性状变化**

滨海盐碱地的土壤物理性状如表 10-4 所示。2015 年其土壤含水量为 7.2%～10.42%；土壤总孔隙度在 43.53%～50.72%，较造林前本底值增大 10.1%；其毛管孔隙发达，其范围为 36.76%～43.28%，较造林前增大 1.3%；非毛管孔隙值范围为 5.77%～10.01%，较造林前增大 141.5%。这一方面反映了人工造林后，植物的生长特别是根系的生长使得盐碱土结构发生改变，总孔隙度、毛管孔隙度和非毛管孔隙度均有所增大，另一方面也反映了挖穴和抚育使得土壤结构有所变化，非毛管孔隙增大，有助于降水淋洗土壤盐分。土壤最大毛管持水量为 25.0%～35.5%，土壤饱和含水量为 29.6%～42.3%。

表 10-4　2015 年滨海盐碱地改良区土壤物理性状监测数据

| 监测点编号 | 土层厚度/cm | 土壤含水量/% | 容重/(g/cm³) | 总孔隙度/% | 毛管孔隙度/% | 非毛管孔隙度/% | 毛管最大持水量/% | 土壤饱和含水量/% |
|---|---|---|---|---|---|---|---|---|
| 沾化区大高镇马家村 | 0～20 | 7.57 | 1.21 | 50.34 | 42.28 | 8.06 | 34.94 | 41.60 |
| | 20～40 | 9.04 | 1.32 | 49.19 | 42.35 | 6.84 | 32.08 | 37.26 |
| | 40～60 | 9.35 | 1.38 | 45.45 | 39.68 | 5.77 | 28.75 | 32.94 |
| 沾化区下洼镇杨营村 | 0～20 | 7.86 | 1.20 | 50.72 | 42.65 | 8.07 | 35.54 | 42.26 |
| | 20～40 | 9.12 | 1.31 | 49.57 | 43.28 | 6.29 | 33.04 | 37.84 |
| | 40～60 | 10.15 | 1.39 | 45.55 | 38.68 | 6.87 | 27.83 | 32.77 |
| 沾化区下洼镇杨营村白蜡 | 0～20 | 7.85 | 1.29 | 48.32 | 40.69 | 7.63 | 31.54 | 37.46 |
| | 20～40 | 9.41 | 1.38 | 45.25 | 38.46 | 6.79 | 27.87 | 32.79 |
| | 40～60 | 9.56 | 1.47 | 43.53 | 36.76 | 6.77 | 25.01 | 29.61 |
| 沾化区下洼镇杨营村 | 0～20 | 10.24 | 1.32 | 46.89 | 39.86 | 7.03 | 30.20 | 35.52 |
| | 20～40 | 8.29 | 1.37 | 45.19 | 38.12 | 7.07 | 27.82 | 32.98 |
| | 40～60 | 9.68 | 1.39 | 44.72 | 37.52 | 7.20 | 26.99 | 32.17 |
| 沾化区冯家镇票家村 | 0～20 | 10.42 | 1.20 | 50.72 | 41.86 | 8.86 | 34.88 | 42.26 |
| | 20～40 | 7.43 | 1.22 | 50.23 | 41.92 | 8.31 | 34.36 | 41.17 |
| | 40～60 | 8.15 | 1.22 | 50.26 | 42.16 | 8.10 | 34.56 | 41.20 |
| 河口区新户镇义新路 | 0～20 | 9.68 | 1.39 | 45.17 | 38.86 | 7.05 | 27.96 | 32.50 |
| | 20～40 | 7.86 | 1.38 | 44.79 | 38.86 | 6.20 | 28.16 | 32.46 |
| | 40～60 | 9.26 | 1.43 | 43.77 | 36.86 | 6.91 | 25.78 | 30.61 |
| 河口区新户镇义大路 | 0～20 | 9.92 | 1.36 | 45.92 | 39.17 | 6.75 | 28.80 | 33.77 |
| | 20～40 | 7.36 | 1.32 | 48.89 | 41.38 | 7.51 | 31.35 | 37.04 |
| | 40～60 | 8.42 | 1.33 | 48.11 | 39.16 | 8.95 | 29.44 | 36.18 |
| 河口区义和镇新四路 | 0～20 | 7.82 | 1.30 | 49.43 | 39.42 | 10.01 | 30.32 | 38.03 |
| | 20～40 | 8.24 | 130 | 48.94 | 38.94 | 10.00 | 29.95 | 37.65 |
| | 40～60 | 9.38 | 1.34 | 47.43 | 39.52 | 7.91 | 29.49 | 35.40 |
| 河口区六和海宁路 | 0～20 | 7.2 | 1.29 | 48.32 | 38.76 | 9.56 | 30.05 | 37.46 |
| | 20～40 | 8.33 | 1.40 | 46.17 | 38.61 | 7.56 | 27.58 | 32.98 |
| | 40～60 | 9.21 | 1.36 | 48.68 | 40.18 | 8.50 | 29.54 | 35.79 |

　　盐碱地 0～60 cm 土壤层均呈碱性，pH 为 7.2～8.0，较 2010 年的 pH 为 7.6～8.3 有所降低；有机质含量为 0.45%～0.80%，平均为 0.63%，较 2010 年的有机质含量（0.22%～0.39%，平均为 0.32%）有明显的提高，前者较后者增大了 1.98 倍；土壤速效氮、速效磷和速效钾的范围分别为 44.01～81.04 mg/kg、3.91～6.36 mg/kg 和 80.33～131.73 mg/kg，平均值为 57.46 mg/kg、5.26 mg/kg 和 100.36 mg/kg，较 2010 年平均含量分别增大 2.07 倍、1.64 倍和 1.34 倍（见表 10-5）。

表 10-5 滨海盐碱地监测点土壤化学性质监测结果

| 监测点编号 | 土层厚度/cm | pH | 有机质/% | 速效氮/(mg/kg) | 速效磷/(mg/kg) | 速效钾/(mg/kg) |
|---|---|---|---|---|---|---|
| 沾化区大高镇马家村 | 0~20 | 7.5 | 0.66 | 68.65 | 5.26 | 131.73 |
| | 20~40 | 7.7 | 0.62 | 59.04 | 4.63 | 91.56 |
| | 40~60 | 7.8 | 0.55 | 47.27 | 4.12 | 82.64 |
| 沾化区下洼镇杨营村 | 0~20 | 7.2 | 0.63 | 81.04 | 4.72 | 105.33 |
| | 20~40 | 7.1 | 0.61 | 62.98 | 4.84 | 89.42 |
| | 40~60 | 7.5 | 0.45 | 47.50 | 3.91 | 80.33 |
| 沾化区下洼镇杨营村白蜡 | 0~20 | 6.8 | 0.72 | 73.07 | 5.89 | 112.36 |
| | 20~40 | 6.7 | 0.66 | 63.56 | 5.79 | 89.99 |
| | 40~60 | 7.2 | 0.55 | 48.10 | 5.26 | 99.31 |
| 沾化区下洼镇杨营村 | 0~20 | 7.2 | 0.76 | 67.83 | 5.79 | 125.42 |
| | 20~40 | 7.4 | 0.64 | 54.56 | 5.28 | 107.72 |
| | 40~60 | 7.6 | 0.57 | 45.10 | 4.64 | 101.57 |
| 沾化区冯家镇票家村 | 0~20 | 7.2 | 0.80 | 69.74 | 6.28 | 102.14 |
| | 20~40 | 7.3 | 0.66 | 59.86 | 5.37 | 97.23 |
| | 40~60 | 7.5 | 0.53 | 54.89 | 4.85 | 81.09 |
| 河口区新户镇义新路 | 0~20 | 6.7 | 0.74 | 65.93 | 6.24 | 108.78 |
| | 20~40 | 6.9 | 0.65 | 54.43 | 5.73 | 94.28 |
| | 40~60 | 7.4 | 0.56 | 46.91 | 4.55 | 89.01 |
| 河口区新户镇义大路 | 0~20 | 7.2 | 0.72 | 67.39 | 5.89 | 128.19 |
| | 20~40 | 7.2 | 0.62 | 58.97 | 5.68 | 108.74 |
| | 40~60 | 7.6 | 0.51 | 44.01 | 4.86 | 102.19 |
| 河口区义和镇新四路 | 0~20 | 6.7 | 0.73 | 60.67 | 5.63 | 107.00 |
| | 20~40 | 6.9 | 0.65 | 52.57 | 5.15 | 81.88 |
| | 40~60 | 7.4 | 0.46 | 45.99 | 4.82 | 84.33 |
| 河口区六和海宁路 | 0~20 | 8 | 0.79 | 56.36 | 6.36 | 125.35 |
| | 20~40 | 7.2 | 0.66 | 51.31 | 5.64 | 96.33 |
| | 40~60 | 7.4 | 0.54 | 43.69 | 4.95 | 85.75 |

综上所述，滨海盐碱地改良区通过生态造林，不仅有效地改善了土壤的理化性状，使得土壤容重降低，孔隙度增大，特别是非毛管孔隙度有所增大，抑制了土壤的蒸发作用。同时，因林木的生长与根系的生长及枯落物的积累，有效地改善了土壤的养分状况。

### 3. 滨海盐碱地土壤含盐量变化

造林 5 年来对滨海盐碱地土壤盐分的影响较大，2015 年 4 月各造林模型盐分含量较对照荒地相比含盐量下降了 60.0%~77.5%，7 月各造林模型盐分含量较对照荒地相比含盐量下降了 67.6%~83.8%。整体上呈现 4 月盐分含量高于 7 月盐分含量，4 月各模型盐分平均含量为 0.11%；对照盐分含量为 0.45%；7 月平均盐分含量为 0.08%，对照含量为 0.36%。各模型的全盐含量由高到低为 Y4>Y5>Y1>Y3-2>Y2-2>Y3-1>Y2-1（图 10-1）。

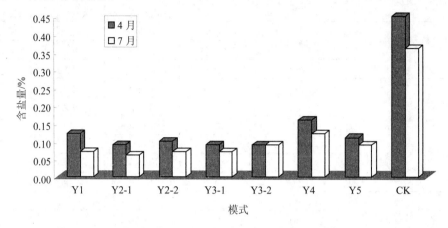

图 10-1    不同造林模型生长季 0～60 cm 土层土壤含盐量月动态变化

通过生态造林项目，使得植物多样性与地表覆盖度增强，有效地减少了土壤蒸发，抑制了土壤盐分随水分向地表的运动，有效地抑制了土壤返盐。另外，不同造林模型的树种，林木通过蒸腾作用增加了对地下水的散失，具有降低盐碱地地下水的作用，从而降低土壤盐害，也避免了土壤返盐。因此，生态造林项目充分发挥了降低盐碱、改良盐碱土的作用。

## （三）退化山地植被恢复区土壤侵蚀

由表 10-6 可知，监测期间，石灰岩山地（新泰汶南镇项目区）2015 年各观测径流小区径流量较 2010 年同部位径流量减少 70.86%～73.41%，土壤侵蚀量减少 62.92%～63.69%；砂石山区（莒县北上涧项目区）2015 年各径流小区径流量较 2010 年同部位径流量减少 71.21%～72.03%，土壤侵蚀量减少 72.10%～74.80%。

表 10-6    项目区径流小区径流与泥沙监测

| 项目区 | 部位 | 项目区径流量/（m³/hm²） | | | 项目区土壤侵蚀量/（t/hm²） | | |
|---|---|---|---|---|---|---|---|
| | | 2010 年 | 2015 年 | 较 2010 年变化量/% | 2010 年 | 2015 年 | 较 2010 年变化量/% |
| 新泰汶南（石灰岩山地） | 上部 | 2 636 | 768.0 | 70.86 | 25.38 | 9.41 | 62.92 |
| | 中上部 | 2 341 | 628.5 | 73.15 | 20.91 | 7.74 | 62.98 |
| | 中部 | 2 062 | 548.2 | 73.41 | 15.12 | 5.49 | 63.69 |
| | 下部 | 1 892 | 518.7 | 72.58 | 11.55 | 4.18 | 63.81 |
| 莒县北上涧（砂石山山地） | 上部 | 1 896 | 545.8 | 71.21 | 34.69 | 8.89 | 74.37 |
| | 中部 | 1 497 | 418.7 | 72.03 | 28.14 | 7.85 | 72.10 |
| | 下部 | 1 052 | 296.4 | 71.83 | 25.52 | 6.43 | 74.80 |

显然，通过生态造林，增加了植物的多样性与植被盖度，土壤孔隙度增加，渗透性增强，使得地表径流就地入渗的机率增加，加之整地工程带来的拦截径流的效应与枯落物层的就地蓄渗作用，使得地表径流量明显减少。径流量的减少，使得径流对地表的冲刷明显降低，因而土壤侵蚀量减少。综上所述，通过在退化山地进行生态造林与恢复植被，使得项目区与项目林发挥了重要的水源涵养与减少土壤侵蚀的功能。

### （四）滨海盐碱地改良区防护效果

由图 10-2、图 10-3 可知，2015 年 5 月两地的风速变化趋势一致，呈早上风速低，中午 14：00 达到最大，而后逐渐下降，至傍晚降至 2 m/s 左右，整天的变化趋势呈单峰曲线。林内、林外 5H 处、10H 处、15H 处的变化趋势一致。

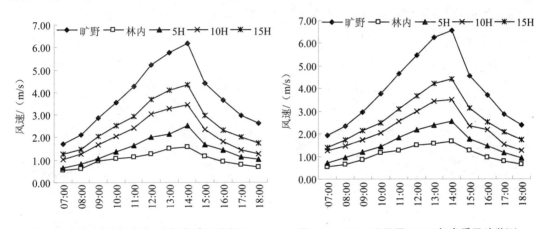

图 10-2　沾化项目区 2015 年春季风速监测　　图 10-3　河口项目区 2015 年春季风速监测

从两个项目区风速的变化特征来看，2015 年，与林外旷野风速相比，河口项目区林内 2 m 处的风速较林外同高度处平均降低 72.6%，即防风效能为 72.6%；林外 5H、10H 和 15H 处风速较对照平均降低了 61.6%、44.7% 和 30.9%。沾化项目区林内 2 m 高处风速较林外旷野同一高度处风速下降了 72.7%，林外 5H、10H 和 15H 处风速较对照平均降低了 60.9%、43.9% 和 30.3%。整体上看，各项目区树木生长良好，林带郁闭度增大，因而能够较大程度地削弱风速，使风速明显下降；而林外随着距林带距离的延伸，风速逐渐恢复，到 15H 时，风速基本恢复到旷野风速的 70% 左右。

由图 10-4、图 10-5 可知，2015 年，滨海盐碱地生态造林使春季（4 月）白蜡林内气温较裸地低 0.5～5.7℃，相对湿度较裸地提高 6.0%～15.4%；柽柳林内气温较裸地低 0.6～4.7℃，相对湿度较裸地提高 3.3%～7.4%。夏季（7 月），白蜡林、柽柳林内气温从 3:00—17:00 较裸地分别低 2.0～5.2℃、0.7～4.5℃，18:00—3:00 林内较裸地高 0.1～3.1℃、0.2～4.6℃，大气相对湿度分别较裸地高 4.8%～19.8%、0.4%～14.6%。秋季（10 月）从

7:00—14:00 白蜡、柽柳林内气温分别低于裸地 1.4～3.4℃和 0.3～2.2℃，从 15:00 至次日
8:00 林内气温高于裸地 0.1～2.1℃和 0.5～2.0℃；白蜡、柽柳林内相对湿度较裸地分别提
高 2.8%～15.6%和 0.7%～12.4%（图 10-4）。整体上看，春季白蜡林内气温平均降低 3.4℃，
相对湿度增大 9.6%；柽柳林平均降低气温 2.8℃，相对湿度增大 5.2%。夏季白蜡林内气温
平均降低 1.2℃，相对湿度增大 10.7%；柽柳林平均降低气温 0.5℃，相对湿度增大 7.4%，
但白天降低气温的效果更为明显，白蜡林与柽柳林分别较裸地下降 3.2℃和 1.9℃。秋季白
蜡林、柽柳林内气温与裸地基本相同，即白天的降温与晚上的增温效果接近，相对湿度平
均较裸地提高 7.2%和 5.6%。

　　项目区白蜡、柽柳林与裸地 5 cm 地温的变化表明，春季 5 cm 地温低于裸地 0.6～3.6℃，
夏季地温低于裸地 4.9～13.0℃，秋季则变化复杂，23:00—10:00 较裸地高 0.2～2.0℃、
11:00—23:00 较裸地低 0.3～4.4℃的变化趋势（图 10-5）。

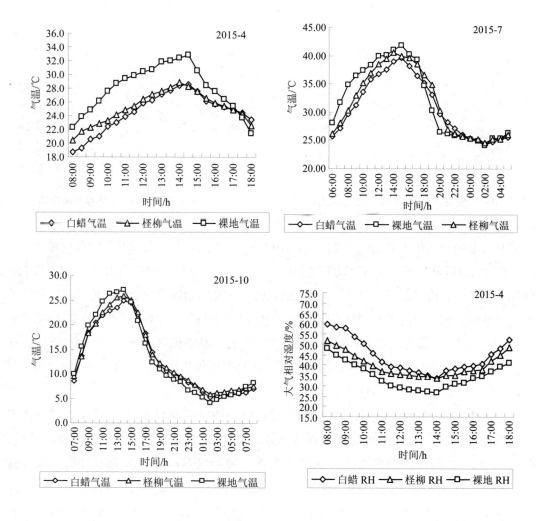

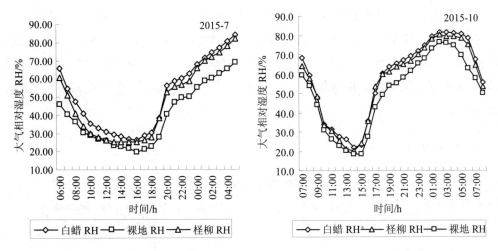

图 10-4 沾化项目区 2015 年 4 月、7 月、10 月气温与大气相对湿度变化

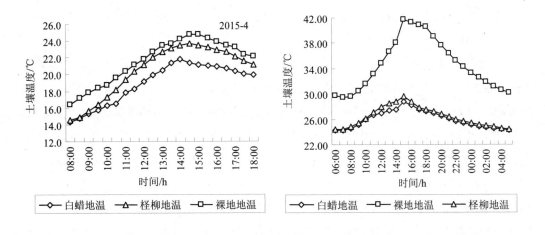

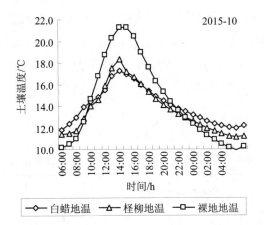

图 10-5 沾化项目区 2015 年 4 月、7 月、10 月土壤温度变化

由此看出，滨海盐碱地通过生态造林，林木充分发挥了改善小气候与环境的作用，使得项目区风速明显降低，有效防风范围达到 10H 范围；同时在春秋季节有效地增强了气温和大气相对湿度，在夏季则具有降低气温与增加大气相对湿度的作用。对于土壤温度，在不同树种与不同季节，其变化也各不相同，总体上呈现夏季降温、春秋季增温的效果。

### （五）病虫害

对各项目区进行了主要造林树种有害生物的调查，项目区病虫害相对较轻。退化山地植被恢复区主要病害为苗木的立枯病、白粉病，发病率在 2%以下；虫害主要为蚜虫、刺蛾、球坚蚧、松梢螟，虫株率<1%，其他病虫害较少。非项目区因树种比较单一，其病虫害危害逐渐加重，主要病害为杨树溃疡病（*Botryosphaeria dothidea*）、竹柳溃疡病、核桃枝枯病、桃树流胶病、核桃黑斑病等，发病率为 0.5%～26.0%；主要虫害有光肩星天牛、小线角木蠹蛾、松梢螟、刺蛾、球坚蚧、云斑天牛、柽柳红缘亚天牛等，虫株率为 0.4%～4%。

在滨海盐碱地植被恢复区，项目区主要病害为杨树溃疡病、竹柳溃疡病，发病率为 2.5%～3.5%；虫害主要有光肩星天牛、小线角木蠹蛾、球坚蚧、美国白蛾等，虫株率为 0.4%～3.6%，其他虫害较少。而在非项目区，病害主要为杨树溃疡病、竹柳溃疡病，发病率为 8.5%～37.5%；虫害主要有云斑天牛、柽柳红缘亚天牛、光肩星天牛、小线角木蠹蛾、球坚蚧、美国白蛾等，虫株率为 0.05%～20.0%。以蛀干害虫光肩星天牛（*Anoplophora glabripennis*）和小线角木蠹蛾（*Holcocerus orientalis*）危害最为普遍，但不同地区病虫害发生情况不同。2015 年杨树溃疡病（*Botryosphaeria dothidea*）在各项目区周边普遍发生，但沾化和河口区发生最为严重，发病率高达 30.0%和 37.5%，单株病斑数量达 13.5%和 15.0%，河口区义大路白蜡小线角木蠹蛾发生最为严重，通过对 48 棵白蜡的调查，虫株率达 20%，每株虫口数量达 11.3 个，竹柳溃疡病发病率达 16.5%，每棵病斑数达 4.45 个（见表 10-7）。同时在白蜡上发现云斑天牛，发病率在 0.05%，每株平均虫口密度 0.01，光肩星天牛发生率在 1%，每株平均虫口密度 0.2，成为白蜡树上新的虫害威胁。

表 10-7　2015 年世行项目区与非项目区病虫害危害情况

| 调查县 | 调查地点 | | 病害种类 | 发生率/每棵病斑数 | 虫害 | 发生率/每棵虫口数 |
|---|---|---|---|---|---|---|
| 新泰市 | 龙廷宝泉村 | 项目区 | 白粉病 | 2%/0.2 | 蚜虫 | 1%/0.2 |
| | | 非项目区 | 杨树溃疡病 | 8%/0.2 | 光肩星天牛 | 4%/0.6 |
| | | | 桃树流胶病 | 3%/0.1 | 刺蛾 | 2%/0.1 |

| 调查县 | 调查地点 | | 病害种类 | 发生率/每棵病斑数 | 虫害 | 发生率/每棵虫口数 |
|---|---|---|---|---|---|---|
| 新泰市 | 龙廷镇苗西村 | 项目区 | 立枯病 | 0.8%/0.1 | | |
| | | | 核桃枝枯病 | 0.4%/0.05 | | |
| | | 非项目区 | 核桃枝枯病 | 0.5%/0.05 | 光肩星天牛 | 0.1%/0.02 |
| | | | | | 刺蛾 | 1.5%/0.1 |
| | 汶南镇崖庄村 | 项目区 | | | 球坚蚧 | 0.5%/0.1 |
| | | 非项目区 | 杨树溃疡病 | 20.5%/1.5 | 介壳虫 | 4%/0.5 |
| 蒙阴县 | 召子官庄 | 项目区 | | | 球坚蚧 | 0.5%/0.1 |
| | | 非项目区 | 杨树腐烂病 | 10.2%/1.8 | | |
| | | | 杨树溃疡病 | 20.5%/2.96 | 光肩星天牛 | 1.5%/0.4 |
| 莒县 | 浮山镇 | 项目区 | 立枯病 | 0.3%/0.04 | 球坚蚧 | 0.5%/0.1 |
| | | 非项目区 | 杨树溃疡病 | 26.0%/2.5 | 美国白蛾 | 1.8%/0.2 |
| | | | | | 光肩星天牛 | 2.5%/0.5 |
| | 龙山镇 | 项目区 | 立枯病 | 0.5%/0.1 | 松梢螟 | 0.5%/0.1 |
| | | 非项目区 | 杨树溃疡病 | 18.0%/1.2 | 松梢螟 | 1.5%/0.1 |
| | | | 核桃黑斑病 | 3.5%/0.3 | | |
| 沾化区 | 枣旺林场 | 项目区 | 杨树溃疡病 | 3.5%/0.6 | 球坚蚧 | 1.5%/0.2 |
| | | 非项目区 | 杨树溃疡病 | 30.0%/13.5 | 美国白蛾 | 1.8%/0.2 |
| | | | | | 球坚蚧 | 7.5%/1.28 |
| 东营市 | 河口区新义路 | 项目区 | 杨树溃疡病 | 5.5%/2.0 | 美国白蛾 | 0.4%/0.05 |
| | | 非项目区 | 杨树溃疡病 | 37.5%/15.0 | 天牛（竹柳） | 5%/0.1 |
| | | | | | 美国白蛾 | 3.2%/0.5 |
| | 义大路 | 项目区 | 竹柳溃疡病 | 2.5%/0.6 | 小线角木蠹蛾 | 3.6%/1.5 |
| | | 非项目区 | 竹柳溃疡病 | 16.5%/4.45 | 小线角木蠹蛾 | 20%/11.5 |
| | | | | | 美国白蛾 | 3.8%/0.6 |
| | 河口区海宁路 | 项目区 | 竹柳溃疡病 | 2.5%/0.5 | 光肩星天牛 | 0.5%/0.1 |
| | | 非项目区 | 竹柳溃疡病 | 8.5%/1.5 | 云斑天牛 | 2%/0.04 |
| | | | 杨树溃疡病 | 17.5%/5.0 | 柽柳红缘亚天牛 | 0.05%/0.01 |
| | | | | | 光肩星天牛 | 1%/0.2 |
| 乳山县 | 凤凰山 | 项目区 | 枯枝病 | 0.4%/0.1 | 松梢螟 | 0.6%/0.1 |
| | | 非项目区 | 杨树溃疡病 | 5%/0.8 | 松梢螟 | 1.5%/0.3 |

　　通过项目区与非项目区的监测，项目区整体上有病有虫不成灾，而且已有的病虫害通过生物防治为主的方法进行了防治，效果明显。同时对东营本土天敌进行普查，发现了舞毒蛾黑瘤姬蜂、白蛾周氏啮小蜂、狭额寄蝇、日本追寄蝇4种天敌。

通过对东营市河口区光肩星天牛的天敌资源的调查，2015 年发现了寄生光肩星天牛的天敌花绒寄甲［*Dastarcus helophoroides*（Fairmaire）］的成虫、蛹及幼虫，这是首次在东营河口区发现该天敌，其他地域尚未发现。

为防止项目区周边的非项目区病虫害入侵和危害项目区树种，防止交叉感染和危害，课题组从 2012 年、2013 年开始对杨树的光肩星天牛进行春季投放花绒寄甲的生物防治，防治效果良好，2015 年继续调查田间虫害结果，田间未发现天牛危害，2012—2014 年出现的虫口已经完全愈合，树体生长健壮，防效达 100%。同时，在 2012 年、2013 年对杨树溃疡病进行了木霉菌涂抹防治杨树溃疡病效果监测，防治效果达到 57.3%～89%。

综合以上监测结果发现，与项目预期目标相比，项目区植被覆盖率较基准年（2010 年）大幅度提高，其中退化山地由 16% 提高到 88.9%，提高了 72.9%；滨海盐碱地由 7% 提高到 66.2%，提高了 59.2%；退化山地与滨海盐碱地植被覆盖率分别较末期目标值增高 12.9% 和 4.2%。项目区植物种类大幅度增加，其中退化山地项目区的物种数量从 10 种增加到 50 种；滨海盐碱地植物种数量从 3 种增加到 18 种；退化山地与滨海盐碱地植物种数目分别较终期预期目标增高 10 种和 3 种。同时，项目生态状况改善明显，与基准年相比（2010 年），退化山地的土壤侵蚀减少了 68%，滨海盐碱地风速降低 52%；较预期目标分别降低 48% 和 37%。

## 五、监测与评估成果的应用

### （一）退化山地植被恢复区造林模型

（1）石灰岩山地造林模型 S1 和 S2 均处于石灰岩山坡上部，坡度 >25°，海拔高度 400～600 m，均属于薄层土，土层厚度 5～25 cm。两个模型的主栽树种均为侧柏，从其林木生长量、土壤理化性状、土壤侵蚀量等生态效益指标测定结果来看无明显差异。而且，S1 模型也考虑了近自然经营及与自然状态下灌木的混交，因此，在后期的项目建设中，把山坡上部的 S1 和 S2 模型进行优化合并为 S1，栽植树种主要为侧柏，促进项目区灌草的自然修复，形成侧柏与自然灌草的混交模式。

（2）无论石灰岩山地还是砂石山地，混交林从林木生长、植物多样性、土壤改良、土壤侵蚀量减少、景观美化等角度均获得了明显的生态景观效益，今后荒山造林推荐在土层厚度适宜的条件下尽量使用混交模型，并增加彩叶与常绿、针叶与阔叶、乔木与灌木树种的混交配置，以突出生态经济与景观效益。

（3）对于砂石山地的茶叶经济林混交模型而言，科研与监测结果表明，在目前的气候条件下，只要合理配置以黑松、蜀桧等常绿树种为主的小网格防护林，即可获得良好的防风效应、温度效应及水分效应，能使茶园小气候向着更有利于茶树生长的方向发展，降低茶树冻害程度、降低茶园温度差、缓解茶园干旱情况，促进茶叶高产稳产。

## （二）造林树种

（1）监测表明，项目区可供选择的乡土树种、灌木树种数量为 56 种（附表 10-3），分别适应于不同的立地类型，除实际推广的 50 多个树种外，还有一些乡土树种自然生长于项目区，生长旺盛，可与造林树种形成自然混交模式；或者一些树种经造林实验表现良好或经济效益明显，这些树种也宜在今后纳入造林树种中，如山槐、蜀桧、珍珠油杏、扶芳藤、皂荚、杜梨。石灰岩山地与砂石山地应根据立地条件的差异，分别选择适宜的树种栽植。而且在山地混交树种的选择上，应增加黄栌、连翘、扶芳藤、紫穗槐等观花、观叶等树种的搭配，使之形成"春观花海夏纳荫，秋赏彩叶冬映雪"的防护林。在盐碱地，可加强白蜡、白榆、柽柳、紫穗槐的使用，将之应用于高含盐量地块造林。特别值得一提的是，监测与研究结果显示，白榆的耐盐性可达 0.7%，因此是今后含盐量高的盐碱地造林值得推广的树种之一。

（2）监测过程中发现，一些项目区内存在生长旺盛的散生树种，如散生的臭椿、五角枫、黄连木、柿树、苦楝、榆树、皂荚、黄栌、连翘、君迁子、山槐、杜梨等，说明这些树种适应项目区的立地条件，可以考虑进行研究和试验造林，以便增加项目区可供造林的使用树种。

## （三）造林密度

监测表明，在盐碱地造林过程中，适当增加初植密度，可发挥 4 个作用：

（1）可有效提高盐碱地造林的成活率与保存率，尤其对于盐碱含量高的地段；

（2）可有效减少补植、减少重复投资，节约成本；

（3）可促进林分郁闭、增加地表覆盖、减少地表蒸发，防止土壤返盐；

（4）可在苗木成活后进入抚育阶段，根据生长状况进行间伐或移栽，是合理利用盐碱地，提高经济收益的一种途径。

Y4 由于含盐量高，造林成活率低，林木生长差，灌木生长慢，冠幅小，郁闭晚，为使林分尽早郁闭，减少蒸发和返盐，可将原有密度由 $600 \sim 1\,500$ 株/hm$^2$ 适当增大为 $1\,100 \sim 2\,500$ 株/hm$^2$，Y1、Y2、Y3、Y5 为使林分尽早郁闭，也可适当增大初植密度，Y1、Y2、Y3 的初植密度可由 $600 \sim 900$ 株/hm$^2$ 增大为 $900 \sim 1\,600$ 株/hm$^2$，Y5 可由 $600 \sim 1\,500$ 株/hm$^2$ 增大为 $900 \sim 1\,660$ 株/hm$^2$。

山地生态造林模型也可适当增大初植密度，以便发挥其尽快覆盖地表、保持水土的目标。山体上部可将初植密度增大为 $2\,000 \sim 3\,000$ 株/hm$^2$，中部初植密度适当扩大到 $1\,110 \sim 2000$ 株/hm$^2$，下部经济林初植密度适当扩大到 $400 \sim 700$ 株/hm$^2$。

## （四）抚育管理

监测发现，生态造林过程中及时浇水非常重要，有助于提高造林成活率与林木保存率。在后期的抚育管理过程中，对于山地造林林地的抚育，除草应在穴内进行，以减少杂草对幼苗生长的影响，同时保护周边植被，避免水土流失发生。对于盐碱地造林地，在幼树期间，除草应在树穴内进行，尽量减少行间大面积除草，以免造成幼林下植物多样性下降和植被覆盖减少，加大土壤蒸发，影响改良盐碱的效果。对于修枝，应加强技术培训，以免造成过度修枝，影响树木生长。

# 六、经验与教训

## （一）构建并丰富了监测指标体系

项目实施过程中，在充分考虑科研、管理、项目实施单位、农户需求的基础上，兼顾实用性、可操作性、易获得性原则，构建了山东生态造林项目监测与评估指标体系，并对监测指标进行分类，共计包括项目发展、生态效益、社会经济效益 3 个目标层、9 个控制层和 61 个指标。其中，目标层生态效益包括 5 个控制层，41 个生态环境影响指标（附表10-4），对项目进行了全面监测。并在每一年度对各项目监测区进行动态监测，及时反馈项目实施动态、保证项目建设质量和进度，确保项目预期目标的顺利实现。

## （二）创建了多级联合监测联动机制

项目实施过程中，通过理论培训、实地指导，按照各类指标的监测频率与时间及可操作性，发展并培育了科研单位、各级项目办、农户参与的联运监测机制。其中生态效益采用科研单位定位监测为主、县级项目巡查监测为辅、农户直接反馈监测的复合监测机制，造林面积、质量与模型运用、推广、社会经济效益等监测建立了由省项目办、省林科院、山东农业大学指导的县、市和省级三级监测检查制，县级自测、市级复测、省级抽核。联合监测机制极大地推动了监测实效，省时省力。

## （三）建立了农户参与和专家指导相结合的监测报告制度

随着监测过程的进行，项目监测组发现，关于径流量、土壤侵蚀量的监测可以采用监测组与农户相结合的方式进行，产流情况、侵蚀情况可委托农户监测报告，由项目组派人监测。关于项目区林木生长情况、是否有病虫害，何种病虫害、是否使用农药等指标的情况，可依靠农户直接观测并向项目监测组汇报，由专家组织监测、鉴定，并给出防治措施。这种农户参与式的监测汇报制度既增加了一些指标的动态实时监测，又保证了监测的效果，值得推广。

（四）培养了基层与科研单位的监测队伍

项目实施过程中，培养了一批县级与基层监测人员、科研单位研究生与青年科研骨干人员，建立起一支联合监测队伍。监测工作加深了各级监测人员对项目的认识，提高了项目的影响力与监测的科学性。

## 七、问题与建议

（1）监测显示，在混交林建设过程中，如果选用的树种与混交方式搭配不适当，如速生树种与慢生树种为株间混交、单行混交时，会造成慢生树种的生长明显受到抑制。在莒县蔡家庄项目区，麻栎与黑松株间混交或单行混交，麻栎树高 3～4 m，而黑松树高仅为1.5 m 左右，生长明显受压。因而，在今后进行混交林营造时，应考虑树种的生长特性，并尽量以多行混交或块状混交为主，避免慢生树种受压，影响造林效果，且在造林时费时费力。同时建议进行连续监测，探索黑松在此条件下的死亡时间。

（2）监测发现，在混交林建设过程中，苗木补植宜采用与混交林林龄相同或相当的苗木，而不宜采用过小的苗龄，尽管苗龄不同可形成复层异龄林，但在缺乏林窗或林隙的行间或株间进行补植时，过小的苗木生长不佳或生长受到抑制，影响造林效果。

（3）监测表明，项目区的生态效益与社会经济效益初步显现，但随着项目的结束，生态造林生态效益与社会经济效益的后续持续监测成为值得关注的一个问题。由于生态造林项目周期长、见效慢，因而需要继续对项目的生态效益与社会经济效益进行动态跟踪研究，以便为项目的效益计量及后评价提供依据，提高项目的有效性与可持续性。

（4）监测与评估是一项复杂的任务，建立合理而简便易行的监测指标体系是基础，建立一支监测队伍是关键，在今后的持续监测及同类项目的监测中，需首要考虑这两个问题，以保障监测与评估的顺利实施。

## 第二节 林业工程项目环境监测评估报告样例解析

2010—2016 年，山东成功实施了世界银行贷款山东生态造林项目，项目总投资 10.02亿元人民币，其中利用世界银行贷款 6 000 万美元，共营造生态防护林 6.7 万 hm²。在本章第一节中，以世界银行贷款山东生态造林项目生态环境影响监测评价报告为例，展示了生态环境影响监测的内容、方法、结果与分析、结果应用、经验与教训、问题与建设等内容，期望对读者或其他项目实施者有所启发。下面就样例的普遍性内容做一些简要介绍。

## 一、编写框架与内容

### （一）前言

该部分内容可以从项目背景、监测目的与意义等方面进行论述。项目背景要求说明林业工程项目区林业的现状，以及为什么要实施该项目，在实施该项目的过程中可能会造成哪些生态环境方面的影响，然后简要说明为什么要进行项目监测，项目监测的目的是什么，项目监测对项目的实施具有何种意义。

### （二）项目生态环境影响监测的主要内容

根据具体林业工程项目实施过程中可能造成的生态环境影响、项目环境保护规程中的监测要求以及监测与评估方案中的具体要求，确定监测的主要内容，如生物多样性，土壤理化性质（物理结构、养分、水分、盐碱地盐分），退化山地水源涵养，土壤侵蚀，滨海盐碱地防风固沙效果，病虫害危害及防治等。同时根据监测内容及项目实施的目标，给出具体的监测指标，如生物多样性主要监测指标，包括乔木树种种类、数量、郁闭度、分布和生长；灌木树种种类、数量、盖度、分布和生长；草本植物种类、数量、盖度、分布和生长等指标。

### （三）监测的组织实施

监测的组织实施主要描述项目的实施过程，包括监测计划与方案的制订，野外踏查与监测点的选择确定，监测方法的拟定等。其中计划与方案一定要与监测总体目标要求一致，按监测与评估方案中给定的总体目标和阶段目标制订更为详细的具体执行计划与方案。监测点的选择与确定一方面要依据监测与评估方案中给定的监测项目区；另一方面更要去监测项目区选择具有代表性的监测点、监测模型、监测林分等。监测方法的拟定则根据监测指标与监测点的实际情况，采取定位、定点监测、样地监测、野外取样、野外调查、室内分析测试等相结合的方法。

### （四）监测结果与分析

结合野外调查与室内分析测试数据，对调查数据进行统计分析，分析各监测内容的现状情况，比较现状监测与本底或现状监测与前期监测之间的差异，描述各监测内容的消长动态，分析造成变化的原因，查找实施过程中存在的问题。特别要注意对消长动态的原因做出分析说明，以便能及时反馈项目实施过程中存在的问题，提醒决策者、实施者及世界银行检查团注意这种变化及其形成的原因，以便能针对问题，提出相应的解决问题方案，保障项目的顺利实施。

### （五）监测与评估成果的应用

此部分对监测与评估成果进行总结、归纳与集成，形成对项目实施具有指导意义的成果，并真正确保这些成果已经反馈到项目并在项目中进行了实施运用。如对树种选择、造林密度、抚育修枝、病虫害防治、环保规程执行情况等方面成果的应用。

### （六）经验与教训

此部分主要总结项目实施过程中取得了哪些有益的经验，获得了哪些教训，这些经验与教训对项目的实施具有何种意义等。如在世界银行项目实施过程中，主要的经验做法是：构建并丰富了监测指标体系、创建了多级联合监测联动机制、建立了农户参与和专家指导相结合的监测报告制度、培养了基层与科研单位的监测队伍等许多有益的经验，这些经验对今后实施其他项目具有指导性的意义。

### （七）问题与建议

该部分主要描述项目实施过程中存在哪些问题，可以从项目管理、监测过程、监测结果对项目存在的问题进行反馈，然后给出相应的解决问题的方法与建议，以便在下一阶段项目实施过程中或在其他项目的实施中注意到这些问题，避免问题的发生，或可根据这些问题的解决建议开展有益的探索，保障项目更好地实施。

## 二、项目监测与评估过程中应注意的问题

### （一）项目施工前期

项目实施前主要是制定好监测计划，确定监测方案、监测地点，确定监测内容与方法，进行项目实施区林业工程项目可行性研究报告、造林设计资料的收集、分析，选择监测点与监测模型。另外，开展相应的调查内容、调查路线、监测人员技术、监测仪器使用方法等的培训，为项目监测做好准备。

### （二）项目实施阶段

在确定的监测点，开展固定样方、固定样点、临时监测样方、径流小区、仪器的布设，按照监测频率定时进行监测，对于一些具有不确定性的监测指标，应加强对项目实施主体或农户监测方法与监测内容的培训，建立农户参与和专家指导相结合的监测报告制度，共同做好监测。对监测样品应开展室内分析、测试、鉴定，结合野外获得的资料与数据，进

行数据统计与分析,最后形成监测评价结果,建立监测数据库。同步按照监测评价报告提纲撰写监测与评估报告。

## 三、项目监测与评估报告的形成

根据世界银行的规定,在整个项目实施过程中,不同层次的监测与评估工作均应按照评估文件确定的范围、内容、方法和数据来源等来开展,也就是说监测评估的主要内容、标准方法、数据采集、统计分析以及与之相关的评估要求,均以评估文件为基准,各级项目办和第三方专题监测要保证不同阶段的监测与评估工作在监测指标体系和具体项目活动等方面具有很高的一致性。

年度监测与评估报告是以进度监测、质量监测和第三方专题监测研究为基础,并且利用县级项目办、市级项目办以及省级项目办对项目产生的生态环境效果、社会经济效果、技术效果监测结果和世界银行检查团的检查结果,由子项目年度监测与评估分报告和专题监测报告汇总形成年度监测报告;项目终期监测与评估报告是汇总了年度监测与评估报告、年度世界银行项目检查备忘录以及项目专题监测评估报告而形成的项目终期监测与评估报告。世界银行对中方提交的监测评估报告进行审查。项目监测与评估报告的框架内容包括:①前言;②监测与评估的主要内容;③监测与评估的组织实施;④监测与评估的结果;⑤监测评估结果的应用;⑥主要经验与教训;⑦问题与建议;共7个方面内容(见图10-6)。

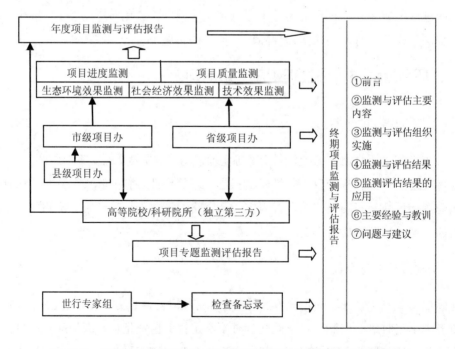

图10-6  世界银行贷款山东生态造林项目监测与评估报告形成框架图

## 四、项目监测与评估结果的使用

通过与世界银行、欧洲投资银行等国际金融组织的合作，发现这些金融组织有一个共同的特点是，非常重视项目监测与评估结果的使用。

世界银行在项目监测与评估结果的使用方面，主要体现在年度项目监测与评估结果使用、中期调整项目监测与评估结果使用以及最终项目监测与评估结果使用三种情况（见图 10-7）。

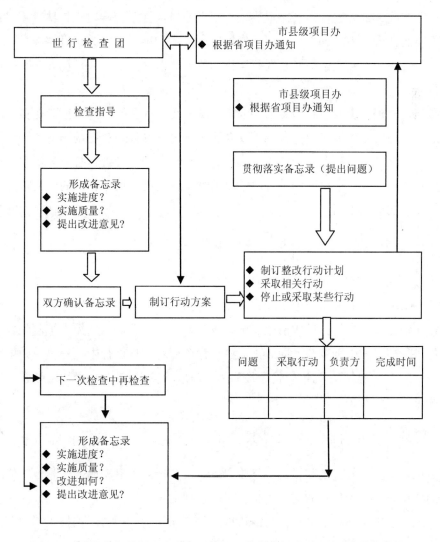

图 10-7　世界银行贷款山东生态造林项目检查团备忘录及其结果使用框图

## （一）年度项目监测与评估结果使用

项目启动实施后，世界银行将每年派出以项目经理为团长的项目检查监督团，到项目区抽查项目执行情况，形成项目检查备忘录，并就项目监测评估事项达成共识。

检查备忘录是依据第三方独立编写的项目监测与评估报告和世界银行项目检查团实地检查结果而形成的，其具有法律效力，项目单位在实施项目的过程中，必须严格遵守。在检查备忘录的使用上，有关项目单位将在限定的时间内，根据世界银行检查团备忘录中提出的问题和改进意见进行落实。世界银行根据项目执行质量确定项目检查频率和范围，项目年度监测评为"不满意"或抽查中发现问题较多的项目，世界银行将加大检查力度。通过监测与评估，发现项目不能实现开发目标或无法再继续下去时，及时采取补救行动或取消项目。

各级项目办根据世界银行检查备忘录提出的意见，有目的地到项目造林实体进行实地考察，发现问题及时通报整改；有的项目办还进行现场办公，对现场解决不了的问题，要求限时整改。世界银行检查团会在下一次检查时，以上年度检查备忘录为依据，对重点问题进行检查，对未按要求整改的，坚决予以调整。这是世界银行管理的一大特色，也是区别于其他项目的最大不同。

## （二）中期调整项目监测与评估结果使用

世界银行在项目实施的第 3 年（有时可能是第 4 年）有一个重要的环节，就是项目的中期调整，即对项目资金的使用或项目建设内容的中期调整。世界银行依据历年项目监测与评估报告中有关项目区劳动力涨幅、汇率变化、物价上涨、市场需求等监测数据，会同项目单位进行项目的中期调整。同时，世界银行还要对项目进行中期评价，如果项目的中期评价被评为"不满意"，则该项目会被列为"问题项目"，需要与受援国政府对项目进行协商，并进行项目改进。

## （三）最终项目监测与评估结果使用

项目进入竣工验收，是项目的最终阶段。经过几年的项目实施，监测与评估获得了大量宝贵的数据资料，为项目的竣工评价提供了重要的依据。

项目竣工后的总体评估结果，为改进以后的工作和新的项目实施提供参考和借鉴。通过项目的监测与评估，积累很多宝贵的项目管理经验和教训，把这些宝贵的经验及教训"反馈"到世界银行有关部门，运用到未来项目的设计中，为国际金融组织和我国国家的发展战略和贷款政策提供依据。

附表10-1 退化山地山东生态造林项目样地植物多样性调查汇总表

| 监测点 | 调查区 | 年份 | 乔木种数量/种 | 乔木树种生长/m | 乔木郁闭度 | 灌木优势种 | 灌木种数量/种 | 灌木层盖度/% | 草本优势种 | 草本数量/种 | 草本层盖度/% | 物种总丰富度/种 | 植被总盖度/% |
|---|---|---|---|---|---|---|---|---|---|---|---|---|---|
| 新泰汶南镇崖庄 | 项目区 | 2010年年底 | 0 | 0 | 0 | 荆条、胡枝子 | 2 | 2 | 黄背草、隐子草、荩草、结缕草 | 8 | 12 | 10 | 13 |
| | | 2013年 | 18 | 0.91 | 0.12 | 荆条、胡枝子 | 9 | 10 | 黄背草、荩草、结缕草 | 17 | 72 | 44 | 78 |
| | | 2015年 | 18 | 1.75 | 0.25 | 荆条、胡枝子 | 10 | 15 | 黄背草、荩草、结缕草 | 22 | 85 | 50 | 91 |
| | 非项目区 | 2010年年底 | 0 | 0 | 0 | 荆条、胡枝子 | 2 | 2 | 黄背草、隐子草、荩草、结缕草 | 8 | 12 | 10 | 13 |
| | | 2013年 | 0 | 0 | 0 | 荆条、胡枝子 | 2 | 5 | 黄背草、卷柏、隐子草 | 10 | 37 | 12 | 40 |
| | | 2015年 | 0 | 0 | 0 | 荆条、胡枝子 | 3 | 8 | 黄背草、卷柏、荩草、隐子草 | 14 | 45 | 17 | 51 |
| 新泰龙廷宝泉 | 项目区 | 2010年年底 | 0 | 0 | 0 | 荆条 | 2 | 2 | 黄背草、结缕草、隐子草 | 8 | 12 | 10 | 13 |
| | | 2013年 | 7 | 1.08 | 0.1 | 荆条、胡枝子 | 4 | 8 | 黄背草、结缕草、百里香 | 16 | 74 | 27 | 77 |
| | | 2015年 | 9 | 1.82 | 0.19 | 荆条、胡枝子 | 5 | 12 | 黄背草、结缕草、百里香、隐子草 | 22 | 85 | 36 | 90 |
| | 非项目区 | 2010年年底 | 0 | 0 | 0 | 荆条 | 2 | 2 | 黄背草、鹅观草 | 8 | 10 | 10 | 12 |
| | | 2013年 | 0 | 0 | 0 | 荆条、胡枝子 | 2 | 7 | 黄背草、结缕草、鹅观草 | 10 | 32 | 12 | 35 |
| | | 2015年 | 0 | 0 | 0 | 荆条、胡枝子 | 3 | 10 | 黄背草、结缕草、鹅观草 | 15 | 50 | 18 | 56 |

| 监测点 | 调查区 | 年份 | 乔木种数量/种 | 乔木树种生长/m | 乔木郁闭度 | 灌木优势种 | 灌木种数量/种 | 灌木层盖度/% | 草本优势种 | 草本数量/种 | 草本层盖度/% | 物种总丰富度/种 | 植被总盖度/% |
|---|---|---|---|---|---|---|---|---|---|---|---|---|---|
| 蒙阴镇召子官庄 | 项目区 | 2010年年底 | 0 |  | 0 | 荆条、胡枝子 | 2 | 2 | 白茅、荩草、卷柏 | 7 | 10 | 9 | 10 |
|  |  | 2013年 | 4 | 0.75 | 0.06 | 荆条、胡枝子 | 3 | 5 | 黄背草、荩草、卷柏、百里香 | 16 | 69 | 23 | 72 |
|  |  | 2015年 | 5 | 1.46 | 0.12 | 荆条、胡枝子 | 4 | 9 | 黄背草、荩草、卷柏、百里香 | 21 | 78 | 30 | 86 |
|  | 非项目区 | 2010年年底 | 0 |  | 0 | 荆条、胡枝子 | 2 | 2 | 白茅、荩草、卷柏 | 7 | 10 | 9 | 10 |
|  |  | 2013年 | 0 | 0 | 0 | 荆条、胡枝子 | 2 | 5 | 白茅、荩草、黄背草 | 10 | 33 | 12 | 35 |
|  |  | 2015年 | 0 | 0 | 0 | 荆条、胡枝子 | 4 | 8 | 白茅、荩草、黄背草 | 16 | 45 | 20 | 48 |
| 莒县龙山镇北上涧村 | 项目区 | 2010年年底 | 0 | 0 | 0 | 荆条 | 1 | 1 | 结缕草、黄背草 | 6 | 16 | 7 | 16 |
|  |  | 2013年 | 7 | 1.04 | 0.12 | 荆条、胡枝子 | 3 | 3 | 结缕草、黄背草、香石竹、米蒿 | 15 | 75 | 25 | 80 |
|  |  | 2015年 | 7 | 1.98 | 0.28 | 荆条、胡枝子 | 4 | 9 | 结缕草、黄背草、香石竹、米蒿 | 20 | 86 | 31 | 92 |
|  | 非项目区 | 2010年年底 | 0 | 0 | 0 | 荆条 | 1 | 1 | 结缕草、黄背草 | 6 | 16 | 7 | 16 |
|  |  | 2013年 | 0 | 0 | 0 | 荆条、胡枝子 | 2 | 2 | 结缕草、黄背草、地梢瓜 | 10 | 40 | 12 | 40 |
|  |  | 2015年 | 0 | 0 | 0 | 荆条、胡枝子 | 2 | 5 | 结缕草、黄背草、地梢瓜 | 16 | 62 | 18 | 63 |
| 莒县浮来山宋家山 | 项目区 | 2010年年底 | 0 | 0 | 0 | 荆条、杠柳、酸枣 | 3 | 5 | 委陵菜、隐子草、菅草 | 6 | 18 | 9 | 18 |
|  |  | 2013年 | 6 | 1.25 | 0.1 | 荆条、杠柳、酸枣 | 6 | 8 | 黄背草、卷柏、隐子草、荩草 | 19 | 60 | 30 | 67 |
|  |  | 2015年 | 6 | 1.91 | 0.18 | 荆条、杠柳、酸枣 | 7 | 12 | 黄背草、卷柏、隐子草、荩草 | 24 | 77 | 37 | 87 |
|  | 非项目区 | 2010年年底 | 0 | 0 | 0 | 荆条、酸枣 | 2 | 1 | 委陵菜、隐子草、菅草 | 6 | 15 | 8 | 15 |
|  |  | 2013年 | 0 | 0 | 0 | 荆条、酸枣 | 3 | 3 | 隐子草、黄背草、卷柏 | 11 | 33 | 14 | 35 |
|  |  | 2015年 | 0 | 0 | 0 | 荆条、酸枣 | 4 | 8 | 隐子草、黄背草、卷柏 | 17 | 45 | 21 | 48 |

| 监测点 | 调查区 | 年份 | 乔木种数量/种 | 乔木树种生长/m | 乔木郁闭度 | 灌木优势种 | 灌木种数量/种 | 灌木层盖度/% | 草本优势种 | 草本数量/种 | 草本层盖度/% | 物种总丰富度/种 | 植被总盖度/% |
|---|---|---|---|---|---|---|---|---|---|---|---|---|---|
| 乳山许家镇东峒岭凤凰山 | 项目区 | 2010年年底 | 0 | 0 | 0 | 荆条 | 1 | 1 | 菅草、结缕草、艾蒿 | 6 | 14 | 7 | 14 |
| | | 2013年 | 5 | 1.08 | 0.12 | 荆条、胡枝子 | 2 | 4 | 羊胡子草、黄背草、艾蒿、小白酒 | 14 | 53 | 21 | 60 |
| | | 2015年 | 5 | 3.24 | 0.22 | 荆条、胡枝子 | 3 | 9 | 羊胡子草、黄背草、艾蒿、小白酒 | 19 | 78 | 27 | 85 |
| | 非项目区 | 2010年年底 | 0 | 0 | 0 | 荆条 | 1 | 1 | 菅草 | 6 | 12 | 7 | 12 |
| | | 2013年 | 0 | 0 | 0 | 荆条、胡枝子 | 2 | 3 | 菅草、黄背草 | 10 | 28 | 12 | 30 |
| | | 2015年 | 0 | 0 | 0 | 荆条、胡枝子 | 3 | 8 | 菅草、黄背草 | 15 | 42 | 18 | 45 |
| 乳山海阳所镇杜家岛 | 项目区 | 2010年年底 | 0 | 0 | 0 | 荆条、山槐 | 2 | 2 | 羊胡子草、唐松草、结缕草 | 7 | 15 | 9 | 15 |
| | | 2013年 | 7 | 1.62 | 0.15 | 山槐、荆条、胡枝子 | 6 | 12 | 细叶芒、羊胡子草、艾蒿 | 16 | 78 | 29 | 84 |
| | | 2015年 | 9 | 3.12 | 0.25 | 山槐、荆条、胡枝子 | 8 | 18 | 细叶芒、羊胡子草、艾蒿 | 24 | 86 | 41 | 95 |
| | 非项目区 | 2010年年底 | 0 | 0 | 0 | 荆条、山槐 | 2 | 2 | 羊胡子草、唐松草、结缕草 | 7 | 15 | 9 | 15 |
| | | 2013年 | 0 | 0 | 0 | 荆条、山槐、胡枝子 | 3 | 5 | 羊胡子草、唐松草、细叶芒 | 12 | 35 | 15 | 38 |
| | | 2015年 | 0 | 0 | 0 | 荆条、山槐、胡枝子 | 4 | 12 | 羊胡子草、唐松草、细叶芒 | 19 | 65 | 23 | 70 |
| 乳山夏村镇西庄东山 | 项目区 | 2010年年底 | 1 | 0.5 | 0.02 | 胡枝子 | 1 | 1 | 羊胡子草、结缕草、牛筋草、艾蒿 | 6 | 16 | 8 | 16 |
| | | 2013年 | 5 | 1.84 | 0.15 | 胡枝子 | 1 | 1 | 结缕草、黄背草、艾蒿 | 14 | 65 | 20 | 70 |
| | | 2015年 | 6 | 3.05 | 0.21 | 胡枝子 | 2 | 5 | 结缕草、黄背草、艾蒿 | 18 | 78 | 26 | 85 |
| | 非项目区 | 2010年年底 | 0 | 0 | 0 | 胡枝子 | 1 | 1 | 羊胡子草、结缕草、牛筋草 | 6 | 15 | 7 | 15 |
| | | 2013年 | 0 | 0 | 0 | 胡枝子 | 1 | 1 | 羊胡子草、结缕草、牛筋草 | 10 | 30 | 11 | 30 |
| | | 2015年 | 0 | 0 | 0 | 胡枝子 | 2 | 5 | 羊胡子草、结缕草、牛筋草 | 13 | 45 | 15 | 48 |

附表 10-2　滨海盐碱地山东生态造林项目样地植物多样性调查汇总表

| 监测点 | 调查区 | | 年份 | 乔木种数量/种 | 乔木树种生长/m | 乔木郁闭度 | 灌木优势种 | 灌木种数量/种 | 灌木层盖度/% | 草本优势种 | 草本数量/种 | 草本层盖度/% | 物种总丰富度/种 | 植被总盖度/% |
|---|---|---|---|---|---|---|---|---|---|---|---|---|---|---|
| 河口区新户镇 | 项目区 | | 2010年年底 | 0 | 0 | 0 | | 0 | 0 | 芦苇、茅草、碱蓬 | 4 | 5 | 4 | 5 |
| | | | 2013年 | 4 | 3.8 | 0.28 | | 0 | 0 | 马绊草、芦苇、碱蓬 | 8 | 25 | 12 | 42 |
| | | | 2015年 | 4 | 6.5 | 0.48 | | 0 | 0 | 马绊草、芦苇、碱蓬 | 8 | 38 | 12 | 67 |
| | 非项目区 | | 2010年年底 | 0 | 0 | 0 | | 0 | 0 | 芦苇、茅草、碱蓬 | 4 | 5 | 4 | 5 |
| | | | 2013年 | 0 | 0 | 0 | | 0 | 0 | 马绊草、芦苇、碱蓬 | 10 | 30 | 10 | 28 |
| | | | 2015年 | 0 | 0 | 0 | | 0 | 0 | 马绊草、芦苇、碱蓬 | 10 | 45 | 10 | 45 |
| 河口区义和镇 | 项目区 | | 2010年年底 | 0 | 0 | 0 | | 0 | 0 | 碱蓬、芦苇 | 4 | 5 | 5 | 5 |
| | | | 2013年 | 0 | 0 | 0 | 柽柳 | 1 | 0.18 | 碱蓬、芦苇 | 8 | 28 | 9 | 38 |
| | | | 2015年 | 0 | 0 | 0 | 柽柳 | 1 | 0.48 | 碱蓬、芦苇 | 9 | 38 | 10 | 65 |
| | 非项目区 | | 2010年年底 | 0 | 0 | 0 | | 0 | 0 | 碱蓬、芦苇 | 4 | 5 | 4 | 5 |
| | | | 2013年 | 0 | 0 | 0 | | 0 | 0 | 碱蓬、芦苇 | 8 | 28 | 8 | 28 |
| | | | 2015年 | 0 | 0 | 0 | | 0 | 0 | 碱蓬、芦苇 | 10 | 45 | 10 | 45 |
| 沾化区大高镇马家村 | 项目区 | | 2010年年底 | 0 | 0 | 0 | 柽柳 | 1 | 3 | 芦苇、狗尾草、碱蓬 | 5 | 12 | 6 | 12 |
| | | | 2013年 | 3 | 2.1 | 0.15 | 柽柳 | 1 | 8 | 芦苇、狗尾草、碱蓬 | 8 | 28 | 12 | 40 |
| | | | 2015年 | 3 | 3.6 | 0.48 | 柽柳 | 1 | 12 | 芦苇、狗尾草、碱蓬 | 8 | 40 | 12 | 66 |
| | 非项目区 | | 2010年年底 | 0 | 0 | 0 | 柽柳 | 1 | 3 | 芦苇、狗尾草、碱蓬 | 5 | 12 | 6 | 12 |
| | | | 2013年 | 0 | 0 | 0 | 柽柳 | 1 | 5 | 芦苇、狗尾草、碱蓬 | 8 | 25 | 9 | 28 |
| | | | 2015年 | 0 | 0 | 0 | 柽柳 | 1 | 8 | 芦苇、狗尾草、碱蓬 | 8 | 38 | 9 | 43 |

| 监测点 | 调查区 | 年份 | 乔木种数量/种 | 乔木树种生长/m | 乔木郁闭度 | 灌木优势种 | 灌木种数量/种 | 灌木层盖度/% | 草本优势种 | 草本数量/种 | 草本层盖度/% | 物种总丰富度/种 | 植被总盖度/% |
|---|---|---|---|---|---|---|---|---|---|---|---|---|---|
| 沾化区下洼镇杨营村 | 项目区 | 2010年年底 | 0 | 0 | 0 | 柽柳 | 1 | 1 | 碱蓬、芦苇 | 4 | 3 | 6 | 6 |
| | | 2013年 | 6 | 2.5 | 0.22 | 柽柳、紫穗槐 | 2 | 8 | 碱蓬、芦苇、苣荬菜 | 9 | 30 | 17 | 40 |
| | | 2015年 | 6 | 6.2 | 0.50 | 柽柳、紫穗槐 | 2 | 14 | 碱蓬、芦苇、苣荬菜 | 10 | 32 | 18 | 68 |
| | 非项目区 | 2010年年底 | 0 | 0 | 0 | 柽柳 | 1 | 1 | 碱蓬、芦苇 | 4 | 3 | 5 | 6 |
| | | 2013年 | 0 | 0 | 0 | 柽柳 | 1 | 5 | 碱蓬、芦苇 | 9 | 30 | 10 | 30 |
| | | 2015年 | 0 | 0 | 0 | 柽柳 | 1 | 5 | 碱蓬、芦苇 | 10 | 40 | 11 | 45 |
| 沾化区冯家镇票家村 | 项目区 | 2010年年底 | 0 | 0 | 0 | | 0 | 0 | 芦苇、狗尾草、碱蓬 | 4 | 10 | 4 | 10 |
| | | 2013年 | 3 | 3.7 | 0.16 | | 0 | 0 | 芦苇、狗尾草、碱蓬 | 9 | 30 | 12 | 42 |
| | | 2015年 | 3 | 6.7 | 0.46 | | 0 | 0 | 芦苇、狗尾草、碱蓬 | 9 | 30 | 12 | 65 |
| | 非项目区 | 2010年年底 | 0 | 0 | 0 | | 0 | 0 | 芦苇、狗尾草、碱蓬 | 4 | 8 | 4 | 8 |
| | | 2013年 | 0 | 0 | 0 | | 0 | 0 | 芦苇、狗尾草、碱蓬 | 9 | 32 | 9 | 32 |
| | | 2015年 | 0 | 0 | 0 | | 0 | 0 | 芦苇、狗尾草、碱蓬 | 10 | 45 | 10 | 45 |
| 沾化区富国镇 | 项目区 | 2010年年底 | 0 | 0 | 0 | | 0 | 0 | 碱蓬 | 4 | 5 | 4 | 5 |
| | | 2013年 | 3 | 2.2 | 0.15 | 柽柳、紫穗槐 | 3 | 5 | 碱蓬、苣荬菜 | 8 | 30 | 14 | 42 |
| | | 2015年 | 3 | 4.8 | 0.49 | 柽柳、紫穗槐 | 3 | 15 | 碱蓬、苣荬菜 | 8 | 32 | 14 | 66 |
| | 非项目区 | 2010年年底 | 0 | 0 | 0 | | 0 | 0 | 碱蓬 | 4 | 5 | 4 | 5 |
| | | 2013年 | 0 | 0 | 0 | | 0 | 0 | 碱蓬 | 8 | 25 | 8 | 25 |
| | | 2015年 | 0 | 0 | 0 | | 0 | 0 | 碱蓬 | 9 | 44 | 9 | 44 |

附表 10-3　项目区可供选择的乡土树种

| 树种 | 学名 | 树种 | 学名 |
|---|---|---|---|
| 刺槐 | *Robinia pseudoacacia* Linn. | 山杏 | *Armeniaca sibirica*（Linn.）Lam. |
| 侧柏 | *Platycladus orientalis*（Linn.）Franco | 楸树 | *Catalpa bungei* C. A. Mey |
| 五角枫 | *Acer oliverianum* Pax | 核桃 | *Juglans regia* Linn. |
| 黄连木 | *Pistacia chinensis* Bunge | 板栗 | *Castanea mollissima* Blume |
| 黄栌 | *Cotinus coggygria* Scop. | 李 | *Prunus salicina* Linn. |
| 柿树 | *Diospyros kaki* Thunb. | 枣 | *Ziziphus jujuba* Mill. |
| 黑松 | *Pinus thunbergii* Parlatore | 杏 | *Armeniaca vulgaris* Lam. |
| 麻栎 | *Quercus acutissima* Carr. | 石榴 | *Punica granatum* Linn. |
| 油松 | *Pinus tabulaeformis* Carr. | 香椿 | *Toona sinensis*（A. Juss.）Roem. |
| 金叶女贞 | *Ligustrum* vicaryi | 花椒 | *Zanthoxylum bungeanum* Maxim. |
| 紫穗槐 | *Amorpha fruticosa* Linn. | 金银花 | *Lonicera japonica* Thunb. |
| 连翘 | *Forsythia suspensa*（Thunb.）Vahl | 银杏 | *Ginkgo biloba* Linn. |
| 黄荆 | *Vitex negundo* Linn. | 臭椿 | *Ailanthus altissima*（Mill.）Swingle |
| 构树 | *Broussonetia papyrifera*（Linn.）L'Hér. ex Vent. | 紫叶李 | *Prunus cerasifera Ehrhart f. atropurpurea*（Jacq.）Rehd. |
| 柽柳 | *Tamarix chinensis* Lour. | 君迁子 | *Diospyros lotus* Linn. |
| 旱柳 | *Salix matsudana* Koidz. | 水榆花楸 | *Sorbus alnifolia*（Sieb. et Zucc.）K. Koch |
| 木槿 | *Hibiscus syriacus* Linn. | 盐肤木 | *Rhus chinensis* Mill. |
| 白榆 | *Ulmus pumila* L. | 梨 | *Pyrus bretschneideri* Rehd. |
| 桑树 | *Morus alba* L. | 杞柳 | *Salix integra* Thunb. |
| 竹柳 | *Salix fragilis* Linn. | 合欢 | *Albizia julibrissin* Durazz. |
| 国槐 | *Sophora japonica* Linn. | 白蜡 | *Fraxinus chinensis* Roxb. |
| 苦楝 | *Melia azedarace* L. | 沙枣 | *Elaeagnus angustifolia* Linn. |
| 欧美杨 | *Populus* ×euramericana *Neva.* | 海州常山 | *Clerodendrum trichotomum* Thunb. |
| 山桃 | *Amygdalus davidiana*（Carr.）C. de Vos | 龙柏 | *Sabina chinensis*（Linn.）Ant. var. chinensis cv. Kaizuca Hort. |
| 茶树 | *Camellia sinensis*（L.）O. Ktze. | 冬枣 | *Elaeagnus macrophylla* Thunb. |
| 皂荚 | *Gleditsia sinensis* Lam. | 山槐 | *Albizia kalkora*（Roxb.）Prain |
| 蜀桧 | *Sabina chinensis*（L.）Ant. cv. Pyramidalis | 扶芳藤 | *Euonymus fortunei*（Turcz.）Hand.-Mazz. |
| 杜梨 | *Pyrus betulifolia* Bunge | 珍珠油杏 | *Armeniaca vulgaris* Lam. |

附表 10-4　山东生态造林项目生态环境影响监测指标体系

| 目标层 | 控制层（5） | 指标构成（41） | |
|---|---|---|---|
| 生态效益 | 植物多样性（12） | （1）植物种类/组成 | （2）总盖度 |
| | | （3）植被高度、地径 | （4）植被密度 |
| | | （5）乔木丰富度 | （6）乔木郁闭度 |
| | | （7）乔木生长量 | （8）灌木丰富度 |
| | | （9）灌木覆盖率 | （10）草本丰富度 |
| | | （12）草本盖度 | （12）重要值 |
| | 土壤理化性质指标（13） | （1）土壤含水量 | （2）土壤容重 |
| | | （3）总孔隙度 | （4）毛管孔隙度 |
| | | （5）非毛管孔隙度 | （6）毛管持水量 |
| | | （7）饱和持水量 | （8）pH |
| | | （9）有机质 | （10）全盐含量 |
| | | （11）速效 N | （12）速效 P |
| | | （13）速效 K | |
| | 病虫害监测指标（6） | （1）虫害种类 | （2）虫株率 |
| | | （3）病害种类 | （4）感病指数 |
| | | （5）农药种类 | （6）使用数量 |
| | 小气候监测指标（5） | （1）风速（林内、5H、10H、15H） | |
| | | （2）风速降低值 | （3）大气相对湿度 |
| | | （4）气温 | （5）地温 |
| | 土壤侵蚀（5） | （1）降雨量　（2）单位面积径流量 | |
| | | （3）单位面积土壤侵蚀量 | |
| | | （4）径流减少值　（5）侵蚀减少量 | |

# 参考文献

[1]　葛立波. 浅谈新形势下的林业生态工程建设[J]. 改革与开放，2010，12：116-116.

[2]　吴月仙，张俭卫，崔友君. 论我国林业生态工程的现状与对策[J]. 防护林科技，2006，1：80-82.

[3]　李世东. 中国林业生态工程建设的世纪回顾与展望[J]. 世界环境，1999，4：41-43.

[4]　温雅莉，万杰. 中国林业对外开放的实践典范——林业国际金融组织贷款项目系列报道. 中国林业网，2007-01-10.

[5]　林政，吴保国. 我国林业工程项目管理研究[J]. 北京林业大学学报（社会科学版），2003，2（3）：18-23.

[6]　董辉，董杰. 我国林业利用外资项目发展历程研究[J]. 林业经济，2011，4：60-63.

[7]　杨秋林，沈镇宇. 农业外资项目的管理——着重世界银行的经验[M]. 北京：农业出版社，1991.

[8]　中华人民共和国国家环境保护局. 中国生物多样性国情研究报告[M]. 北京：中国环境科学出版社，1998.

[9]　岳天祥. 生物多样性研究及其问题[J]. 生态学报，2001，21（3）：462-467.

[10]　马克平，钱迎倩. 生物多样性研究的现状与发展趋势[J]. 科技导报，1995，13（1）：27-30.

[11]　王国宏. 再论生物多样性与生态系统的稳定性[J]. 生物多样性，2002，10（1）：126-134.

[12]　赵平，彭少麟，张经纬. 恢复生态学——退化生态系统生物多样性恢复的有效途径[J]. 生态学杂志，2000，19（1）：53-58.

[13]　李巧，陈彦林，周兴银，等. 退化生态系统生态恢复评价与生物多样性[J]. 西北林学院学报，2008，23（4）：69-73.

[14]　张颖. 中国森林生物多样性价值核算研究[J]. 林业经济，2001（3）：37-42.

[15]　刘建婷，李海山，李素川. 河北坝上生态林业工程生物多样性问题的探讨[J]. 防护林科技，2004（2）：64-64.

[16]　李勇，杨旗. 森林作业对森林生物多样性的影响[J]. 森林工程，2004，20（1）：7-8.

[17]　林国钦. 生物多样性保护与生态林业建设[M]. 北京：中国林业出版社，2006.

[18]　彭萱亦，吴金卓，栾兆平，等. 中国典型森林生态系统生物多样性评价综述[J]. 森林工程，2013，29（6）：4-10.

[19]　徐秀梅，王汉杰. 荒漠带退化山地森林植被的恢复机制[J]. 南京林业大学学报（自然科学版），2004，28（2）：33-36.

[20] 张永涛，杨吉华，慕宗昭．山东退化山地立地分类体系构建及造林模型研究与应用[M]．北京：电子工业出版社，2016．

[21] 邵水仙，李红丽，董智，等．退化砂石山地人工林林下植物群落特征与物种多样性[J]．水土保持研究，2015，22（5）：146-151．

[22] 邵水仙，董智，李红丽，等．鲁中南退化砂石山地人工幼林草本群落特征与物种多样性[J]．林业资源管理，2015（1）：77-83．

[23] 吴宁．山地退化生态系统的恢复与重建——理论与岷江上游的实践[J]．生态研究，2007．

[24] 邵水仙．沂蒙山区退化石灰岩山地不同混交造林模式的生态效应[D]．山东农业大学，2015．

[25] 赵秀海．采伐迹地清理方式对水土流失及更新苗木的影响[J]．水土保持学报，1995（1）：43-47．

[26] 王立海．森林采伐迹地清理方式对迹地土壤理化性质的影响（英文）[J]．林业科学，2002，38（6）：87-92．

[27] 于宁楼．关于大面积营造人工林对水土保持和水源涵养影响的探讨[J]．林业资源管理，1996（3）：39-42．

[28] 韩久同．集约经营人工林的环境保护效应研究[J]．林业调查规划，2007，32（5）：71-75．

[29] 邹宽生，邓宗富．杉木人工林不同整地方式对水土保持和幼林生长的影响[J]．南方林业科学，1998（s1）：29-31．

[30] 张先仪．整地方式对水土保持及杉木幼林生长影响的研究[J]．林业科学，1986，22（3）：225-232．

[31] 胡建朋．鲁中南石灰岩退化山地不同造林模型蓄水保土效益研究[D]．山东农业大学，2012．

[32] 张国庆．鲁中砂石山退化山地不同混交造林模式蓄水保土效益研究[D]．山东农业大学，2014．

[33] 翁伯琦，应朝阳，黄毅斌，等．退化山地生态系统的生态恢复重建——以红壤丘陵开发地为例[C]．全国农业生态学研讨会，2005．

[34] 山东省林业引用外资项目办公室．世界银行贷款山东生态造林项目资料汇编[C]．2010．

[35] 邵水仙，董智，李红丽，等．不同造林模式对退化石灰岩山地土壤理化性质及水文效应的影响[J]．水土保持学报，2015，29（1）：263-267．

[36] 世界银行．山东生态造林项目评估文件[C]．2009．

[37] 朱超，刘方亮，杨同珂，等．石灰岩山地不同生态造林模型改良土壤及减蚀效益研究[J]．山东林业科技，2015，45（4）：82-84．

[38] 张杰．鲁中南石灰岩山地典型造林模式水土保持功能及其价值评估的研究[D]．山东农业大学，2013．

[39] 胡海清．林火生态与管理[M]．北京：中国林业出版社，2005．

[40] 林其钊，舒立福．林火概论[M]．合肥：中国科学技术大学出版社，2003．

[41] 文定远．森林防火基础知识[M]．北京：中国林业出版社，1994．

[42] 郑焕能，等．林火管理[M]．哈尔滨：东北林业大学出版社，1986．

[43] 郑焕能，等．综合森林防火体系[M]．哈尔滨：东北林业大学出版社，1989．

[44] 宋去杰. 林火原理和林火预报[M]. 北京：气象出版社，1991.

[45] 胡志东. 森林防火[M]. 北京：中国林业出版社，2003.

[46] 郑怀兵，张南群. 森林防火[M]. 北京：中国林业出版社，2006.

[47] [美]唐纳德·波瑞. 野外火的扑救[M]. 赵哲中，等译. 北京：中国林业出版社，1989.

[48] 孔繁文. 森林灾害经济评价与对策[M]. 北京：中国林业出版社，1993.

[49] 林业部森林防火办公室. 森林火灾扑救与指挥[M]. 北京：中国林业出版社，1996.

[50] 周淑贞. 气象学与气候学[M]. 北京：高等教育出版社，1984.

[51] 沈国舫. 森林培育学[M]. 北京：中国农业出版社，2001.

[52] 赵忠. 林学概论[M]. 北京：中国农业出版社，2008.

[53] 中华人民共和国森林法[M]. 北京：中国法制出版社，1998.

[54] 森林防火条例[M]. 北京：中国法制出版社，2008.

[55] 蔡元才，陈阿丽，毕克德. 树立森林健康理念 实现病虫害可持续控制[J]. 中国森林病虫，2004，24（4）：42-44.

[56] 曹支敏，景耀，周芳. 杨树溃疡病菌流行与土壤条件的关系[J]. 西北林学院学报，1991a，6（2）：55-59.

[57] 曹支敏，周芳，杨俊秀. 杨树溃疡病流行规律与测报研究[J]. 森林病虫通讯，1991b，3：5-9.

[58] 陈守常. 森林健康理论与实践[J]. 四川林业科技，2005，26（6）：14-16.

[59] 陈越渠，李立梅，毛赫，等. 杨树烂皮病内生拮抗菌的筛选及鉴定[J]. 植物保护，2015，41（6）：126-131.

[60] 付甫永. 森林健康理念对防治松材线虫病的启示[J]. 中国植保导刊，2009，9：41-42.

[61] 苟人平，土曦出，汪来发，等. 一种适于 PCR 和 LAMP 检测的松木中松材线虫 DNA 快速提取方法[J]. 林业科学，2015，51（6）：100-110.

[62] 胡学难，陈小帆，阮乐秋，等. 夜蛾斯氏线虫对松树上松墨天牛的毒力测定和室内防治效果[J]. 中国生物防治，2006，22（1）：45-48.

[63] 来燕学，杨忠岐，王小艺，等. 管氏肿腿蜂诱导松褐天牛幼虫推迟发育现象的初步研究[J]. 中国生物防治学报，2015，31（3）：305-311.

[64] 李立梅，李鑫，沈佳龙，等. 杨树烂皮病生防链霉菌的筛选及鉴定[J]. 植物保护学报，2017，44（1）：137-144.

[65] 梁军，张星耀. 森林有害生物的生态控制技术与措施[J]. 中国森林病虫，2004，23（6）：1-7.

[66] 刘会香，贾秀贞，吕全，梁军.中国杨树溃疡病的发生与防治[J]. 世界林业研究，2005，18（4）：60-63，80.

[67] 骆有庆，沈瑞祥. 试论森林有害生物可持续控制（SPMF）策略[J]. 北京林业大学大学学报，1998，20（1）：96-98.

[68]　宋芳旭，吴小芹，赵群，等．水拉恩氏菌 JZ-GX1 对杨树溃疡病菌的拮抗作用［J］．南京林业大学学报（自然科学版），2017，41（4）：42-48.

[69]　唐明，陈辉，商鸿生．VA 菌根真菌提高杨树抗溃疡病机制的研究[J]．林业科学，2000，36（2）：87-92.

[70]　王玉峰，张君达．河南发现雪松枝枯病[J]．森林病虫通讯，1994，4：38.

[71]　武红敢，常原飞．高新技术在林业有害生物普查中的应用前景分析[J]．中国森林病虫，2014，33（5）：30-34.

[72]　向玉英，魏舜明，候艳．杨树溃疡病与树皮酚化合物关系的研究[J]．森林病虫通讯，1993，1：5-7.

[73]　肖风劲，欧阳华．森林生态系统健康评价指标及其在中国的应用[J]．地理学报，2003，58（6）：803-809.

[74]　杨旺，沈瑞祥，刘红霞．杨树溃疡病可持续控制技术的研究[J]．北京林业大学，1999，21（4）：13-17.

[75]　张星耀，骆有庆，叶建仁，等．国家林业新时期的森林生物灾害研究[J]．中国森林病虫，2004，23（6）：8-12.

[76]　张星耀，骆有庆．中国森林重大生物灾害[M]．北京：中国林业出版社，2003.

[77]　赵良平，叶建仁，曹国江，等．森林健康理论与病虫害可持续控制——对美国林业考察的思考[J]．南京林业大学学报（自然科学版），2002，26（1）：5-9.

[78]　赵仕光，景耀，杨俊秀．杨树树皮内过氧化物酶和多酚氧化酶活性与抗溃疡病的关系[J]．西北林学院学报，1993，8（3）：13-17.

[79]　钟兆康，赵敏．杨树水泡型溃疡病症状识别[J]．森林病虫通讯，1988，1：42-48.

[80]　周仲铭．林木病理学[M]．北京：中国林业出版社，1990.

[81]　白钰，杨宁，钱喜友．林业苗圃苗木生产中安全用药用肥及使用技术[J]．中国西部科技，2011（14）：53.

[82]　卜元卿，孔源，智勇，等．化学农药对环境的污染及其防控对策建议[J]．中国农业科技导报，2014，16（2）：19-25.

[83]　陈晓明，王程龙，薄瑞．中国农药使用现状及对策建议[J]．农药科学与管理，2016，37（2）：4-8.

[84]　单正军，陈祖义．农药环境污染影响与污染控制技术[J]．农药科学与管理，2007，28（12）：13-20.

[85]　窦京平．当前我国农业及化肥行业形势综述[J]．磷肥与复肥，2016，31（7）：11-13.

[86]　段又生，毕超，邵姗姗．2014 年中国农药行业运行情况[J]．农药科学与管理，2015，36（3）：1-7.

[87]　段又生．数据分析我国农药行业发展态势[J]．中国石油和化工经济分析，2016（5）：57-61.

[88]　冯建国，吴学民．国内农药剂型加工行业的现状及展望[J]．农药科学与管理，2016，37（1）：26-30.

[89]　冯建国，张小军，于迟，等．我国农药剂型加工的应用研究概况[J]．中国农业大学学报，2013，18（2）：220-226.

[90]　洪维民. 加强预警监测体系建设高效应对突发生态环境问题[J]. 环境监测管理与技术，2009，21（4）：1-3.

[91]　李宇斌. 构建省级环境与健康监测评估体系[J]. 环境保护与循环经济，2009（12）63-65.

[92]　连兵，崔永峰. 环境应急监测管理体系研究[J]. 中国环境监测，2010，26（4）：12-15.

[93]　刘敬民，张梅凤. 安全 环保 生态 精细化[J]. 今日农药，2016（5）：41-42.

[94]　刘世友. 农药污染现状与环境保护措施[J]. 河北化工，2010，33（1）：74-75.

[95]　刘新兆. 回顾2016年农药行业 展望2017年发展趋势[J]. 今日农药，2017（1）：41-42.

[96]　刘英东. 化学农药对环境的危害及其防止对策的探讨[J]. 中国环境管理干部学院学报，2006，16（1）：84-86.

[97]　刘兆征. 构建适应我国现阶段环境保护需求的环境监测体系[J]. 经济问题探索，2009（10）：120-123.

[98]　马克比恩（C.MacBean）. 农药手册（原著第16版）[M]. 北京：化学工业出版社，2014.

[99]　农业部种植管理司，农业部农药检定所. 新编农药手册[M]. 北京：中国农业出版社，2015.

[100]　庞家礼. 中国环境监测技术体系建设研究分析[J]. 资源节约与环保，2014（2）：66.

[101]　邱德文. 生物农药的发展现状与趋势分析[J]. 中国生物防治学报，2015，31（5）：679-684.

[102]　肉孜·买买提. 农药对环境的影响及其防治措施[J]. 新疆师范大学学报，2007，26（3）：164-167.

[103]　邵振润，张帅. 提高我国农药利用率的主要措施与对策[J]. 农药，2014，53（5）：382-385.

[104]　束放，熊延坤，韩梅. 2015年我国农药生产与使用概况[J]. 农药科学与管理，2016，37（7）：1-6.

[105]　孙家隆. 新编农药品种手册[M]. 北京：化学工业出版社，2015.

[106]　田博. 科学使用化肥对农村环境安全的积极作用[J]. 河北农业科学，2012，16（5）：68-70.

[107]　王威，贺红武，王列平，等. 有机磷农药及其研发概况[J]. 农药，2016，55（2）：86-90.

[108]　武丽辉，赵永辉，吴厚斌，等. 农药管理的现状与思考[J]. 农药，2014，53（10）：771-772.

[109]　肖军，赵景波. 农药污染对生态环境的影响及防治对策[J]. 安徽农业科学，2005，33（12）：2376-2377.

[110]　杨峻，林荣华，袁善奎，等. 我国生物源农药产业现状调研及分析[J]. 中国生物防治学报，2014，30（4）：441-445.

[111]　杨益军，袁黎. 2014年农药行业运行全景总结和新趋势展望分析[J]. 农药，2015，54（5）：313-317.

[112]　益军. 当前我国农药（行业）市场发展述评及趋势分析[J]. 农药市场信息，2017（3）：30-34.

[113]　袁海勤. 关于建立环境监测质量管理体系模式的思考[J]. 环境科技，2011，24（增刊）（1）：71-73.

[114]　张敏恒. 农药品种手册[M]. 北京：化学工业出版社，2013.

[115]　张兴，马志卿，冯俊涛，等. 植物源农药研究进展[J]. 中国生物防治学报，2015，31（5）：685-698.

[116]　赵平. 2015年全球农药市场概况及发展趋势[J]. 2017，56（2）：79-85.

[117]　邹华燕. 我国农药对环境的影响现状及对策[J]. 现代农业科技，2010（15）：441-445.

[118] 李有平，欧阳进良，韩军，施筱勇．世行项目监测评价实践对国家科技重大专项监测评价的启示[J]．科研管理，2009，30（1）：156-163．

[119] 祁永新，赵臻．黄土高原水土保持世行贷款项目监测评价工作概述[J]．中国水利，2005，12：31-33．

[120] 米子明．世行项目周期和我国利用世行贷款程序[J]．天津建设科技，2000，2：29-31．

[121] 赵秀海．采伐迹地清理方式对水土流失及更新苗木的影响[J]．土壤侵蚀与水土保持学报，1985，1（1）：43-47．